21世纪高等学校规划教材

计算机应用基础教程
（第2版）

◎ 李健苹　主编

◎ 敖开云　陈郑军　副主编

人民邮电出版社

北京

图书在版编目（CIP）数据

计算机应用基础教程 / 李健苹主编. -- 2版. -- 北京：人民邮电出版社，2016.3（2023.2重印）
21世纪高等学校规划教材
ISBN 978-7-115-41728-2

Ⅰ. ①计… Ⅱ. ①李… Ⅲ. ①电子计算机－高等学校－教材 Ⅳ. ①TP3

中国版本图书馆CIP数据核字(2016)第021003号

内 容 提 要

本书以初学者对计算机知识的实际需求为出发点，以实用为最终目的，系统介绍计算机的基本知识和基本操作技术。本书内容包括计算机基础知识、Windows 7 操作系统、文字处理软件 Word 2010、电子表格软件 Excel 2010、电子演示文稿 PowerPoint 2010、数据库管理软件 Access 2010 以及网络基础与 Internet 应用。

本书采用"基于应用需求、面向应用实例"的编写模式，在软件版本的选择上采用较流行的 Windows 7 和 Office 2010，较好地反映了计算机技术研究与应用的新进展。本书内容丰富，语言浅显易懂，可操作性强，文中配以大量的插图和操作示例，使学习过程变得更加轻松，学生容易上手。

本书作为计算机初学者的入门教材，可供全国高职高专院校、广播电视大学、成人高校等各专业的学生学习，也适合各类计算机培训班学员及初高中学生、中专技校学生学习使用。

◆ 主　　编　李健苹
　　副 主 编　敖开云　陈郑军
　　责任编辑　桑　珊
　　责任印制　杨林杰

◆ 人民邮电出版社出版发行　　北京市丰台区成寿寺路 11 号
　　邮编　100164　　电子邮件　315@ptpress.com.cn
　　网址　http://www.ptpress.com.cn
　　北京九州迅驰传媒文化有限公司印刷

◆ 开本：787×1092　1/16
　　印张：21.5　　　　　　　　2016 年 3 月第 2 版
　　字数：566 千字　　　　　　2023 年 2 月北京第 20 次印刷

定价：49.80 元
读者服务热线：(010)81055256　印装质量热线：(010)81055316
反盗版热线：(010)81055315

前　言

本书第 1 版出版于 2011 年 2 月，在使用过程中得到了许多学校的老师和同学们的肯定，取得了较好的教学效果。结合近几年的教学实践及计算机应用技术的最新发展，我们在第 1 版基础上对全书内容进行了重新审核和更新，以便跟上计算机科学的发展。

第 2 版保持了第 1 版的特色，仍然定位在基础性强、指导性强、示例典型、技术新颖及内容丰富上，体现"教材内容与时俱进""广度与深度兼顾""理论够用、突出实践""实例丰富、应用性强"的特点。

本书分 7 章，在内容上以 Microsoft 公司推出的 Windows 7 操作系统为主线，全面介绍计算机的基础知识、Windows 7 操作系统、Office 2010 办公自动化软件、计算机网络、Internet 及多种应用软件等内容。主要内容与第 1 版的对应关系如下。

第 1 章讲解计算机基础知识，主要补充了近几年计算机的最新发展及计算机的特点、应用领域，多媒体技术的应用等内容。

第 2 章介绍 Windows 7 操作系统，包括 Windows 7 新功能、Windows 7 基本操作及 3 种媒体娱乐工具软件的使用方法。

第 3～6 章内容相对于第 1 版，主要是将 Microsoft Office 版本从 2007 更新到了 2010，包括Word、Excel、PowerPoint、Access 的创建方法和有关操作等内容。

第 7 章讲解网络基础与 Internet 应用，主要充实了计算机网络、Internet 的发展等内容，介绍了计算机网络理论基础和 Internet 理论基础的一些概况，包括如何接入 Internet、如何使用浏览器及使用工具软件收发邮件的操作方法。

此外，本书中的每一章均由学习目标、正文、小结和习题 4 部分组成。在学习每章之前，学生通过阅读学习目标能够了解本章的主要内容和所要达到的目标，从而增强学习的主动性和积极性；正文中插有提示、注意等小栏目，帮助学生理解相关知识；每章小结是对本章内容的总结、归纳和提炼，将所学知识条理化和系统化，从而进一步加深学生对学习内容的理解和认识；每章最后给出了一定量的习题，同学们学习每章内容后一定要认真做好习题及上机操作题，这样才能够加深对所学知识的理解和掌握，并提高灵活运用知识的能力。

本书由李健苹任主编，敖开云、陈郑军任副主编，由长期工作在教学第一线并具有丰富计算机基础教学经验的多位教师共同编写。其中，敖开云编写第 1 章、第 2 章和第 3 章，李健苹编写第 4 章和第 5 章，范京春编写第 6 章，陈郑军编写第 7 章。

由于作者水平有限，书中难免存在错误或疏漏之处，敬请广大读者批评指正。编者的电子邮箱：jsjggwh@126.com。

编　者
2015 年 10 月

目 录 CONTENTS

第1章 计算机基础知识 1

1.1 计算机概述 1
  1.1.1 计算机的诞生 1
  1.1.2 计算机的发展阶段 2
  1.1.3 计算机的特点 4
  1.1.4 计算机的分类 4
  1.1.5 计算机的应用领域 5
1.2 计算机中信息的表示 6
  1.2.1 计算机中数的表示 6
  1.2.2 制数转换 7
1.3 数据单位和编码 10
  1.3.1 数据单位 10
  1.3.2 编码方式 10
1.4 计算机系统组成 11
  1.4.1 计算机基本工作原理 11
  1.4.2 计算机硬件系统 12

1.4.3 计算机软件系统 12
1.4.4 程序设计语言 13
1.5 计算机硬件组成 14
  1.5.1 主机 14
  1.5.2 显示器 19
  1.5.3 键盘和鼠标 19
  1.5.4 计算机的其他外部设备 19
1.6 多媒体技术 20
  1.6.1 基本概念 21
  1.6.2 媒体的分类 21
  1.6.3 多媒体技术的特性 22
  1.6.4 多媒体技术的应用 22
  1.6.5 多媒体计算机系统的基本组成 23
本章小结 24
习 题 24

第2章 Windows 7 操作系统 25

2.1 Windows 7 简介 25
  2.1.1 认识 Windows 7 25
  2.1.2 Windows 7 的新功能特性 25
  2.1.3 Windows 7 版本介绍 29
  2.1.4 安装 Windows 7 的最低硬件配置 30
  2.1.5 Windows 7 的安装 30
  2.1.6 Windows 7 的启动 31
  2.1.7 Windows 7 的退出 33
2.2 Windows 7 桌面和窗口介绍 34
  2.2.1 Windows 7 桌面布局 34
  2.2.2 桌面图标 35
  2.2.3 桌面小工具 37
  2.2.4 『开始』菜单 38
  2.2.5 任务栏 42
  2.2.6 窗口介绍 43
2.3 资源管理器 43
  2.3.1 文件 44
  2.3.2 "资源管理器"窗口 44

2.3.3 文件夹和文件的常用操作 45
2.4 磁盘维护 54
  2.4.1 格式化磁盘 54
  2.4.2 清理磁盘 55
  2.4.3 磁盘碎片整理 55
2.5 控制面板 56
  2.5.1 "控制面板"窗口 56
  2.5.2 用户账户 57
  2.5.3 外观和个性化 60
  2.5.4 系统日期和时间设置 64
  2.5.5 鼠标和键盘设置 65
  2.5.6 汉字输入法的设置 68
  2.5.7 卸载应用程序 71
  2.5.8 打印机管理 71
2.6 媒体娱乐 74
  2.6.1 Windows 7 媒体中心 74
  2.6.2 媒体播放器 80
  2.6.3 DVD Maker 82

2.7	画图工具	87	本章小结		91
	2.7.1 "画图"窗口	87	习　题		92
	2.7.2 常用绘图方法介绍	89			

第3章　文字处理软件 Word 2010　93

3.1	Office 2010 的安装	93		3.5.2	页面设置	118
	3.1.1 Office 2010 中文版对系统的要求	94		3.5.3	添加页眉和页脚	120
	3.1.2 安装 Office 2010 中文版	94	3.6	文本格式处理		121
3.2	认识 Word 2010	96		3.6.1	设置字体及其效果	121
	3.2.1 Word 2010 的新增功能	96		3.6.2	设置字间距	126
	3.2.2 启动 Word 2010	97		3.6.3	段落格式	127
	3.2.3 退出 Word 2010	98		3.6.4	分页、分节和分栏	132
	3.2.4 Word 2010 窗口简介	98		3.6.5	项目符号和编号的用法	134
	3.2.5 Word 2010 的视图方式	100	3.7	制作表格		138
3.3	文档的基本编辑技术	104		3.7.1	创建表格	138
	3.3.1 输入文本	104		3.7.2	表格编辑	140
	3.3.2 显示文档中的特殊字符	106		3.7.3	表格内容的计算	145
	3.3.3 翻阅文档	106	3.8	文档图文混排		148
	3.3.4 选择文本	107		3.8.1	插入和编辑图片	148
	3.3.5 插入和改写文本	109		3.8.2	插入和编辑形状	152
	3.3.6 删除文本	109		3.8.3	插入和编辑 SmartArt 图形	155
	3.3.7 撤销以前的操作	109		3.8.4	文本框及其用法	157
	3.3.8 重复前面的操作	110	3.9	艺术字和数学公式		159
	3.3.9 复制文本	110		3.9.1	插入艺术字	160
	3.3.10 移动文本	110		3.9.2	编辑艺术字	160
	3.3.11 查找与替换	111		3.9.3	数学公式输入方法	161
3.4	文件操作	113	3.10	打印文档		163
	3.4.1 创建新文档	113		3.10.1	打印预览	163
	3.4.2 打开已有文档	115		3.10.2	打印文档	164
	3.4.3 保存文件	116	本章小结			164
	3.4.4 关闭文档	117	习　题			164
3.5	页面设置	117				
	3.5.1 标尺的作用	117				

第4章　电子表格软件 Excel 2010　166

4.1	Excel 概述	166		4.2.1	选择工作表	171
	4.1.1 Excel 2010 的功能	166		4.2.2	插入工作表	171
	4.1.2 Excel 2010 的工作窗口	167		4.2.3	更名工作表	172
4.2	工作表的基本操作	171		4.2.4	更改工作表标签的颜色	172

4.2.5 移动、复制和删除工作表 172
4.2.6 隐藏和显示工作表 173
4.2.7 工作表窗口的拆分和冻结 173
4.2.8 工作表数据的保护 174
4.3 单元格的基本操作 175
4.3.1 单元格和单元格区域 175
4.3.2 单元格和单元格区域的选择 176
4.3.3 插入单元格、行或列 176
4.3.4 输入和编辑数据 177
4.3.5 清除和删除数据 181
4.3.6 移动和复制单元格 182
4.4 工作表的格式化 184
4.4.1 调整行高、列宽 184
4.4.2 设置单元格格式 185
4.4.3 设置条件格式 190
4.4.4 套用单元格格式 192
4.4.5 套用工作表样式 193
4.4.6 设置数据有效性 194
4.4.7 创建页眉和页脚 195
4.5 公式与函数 195
4.5.1 公式 196

4.5.2 使用函数 201
4.5.3 常用函数格式及功能说明 203
4.5.4 应用实例 208
4.6 图表的建立 209
4.6.1 创建图表 211
4.6.2 图表的基本操作 212
4.6.3 图表的应用 215
4.6.4 图表模板 217
4.7 数据处理 218
4.7.1 数据排序 218
4.7.2 数据筛选 220
4.7.3 分类汇总 226
4.7.4 数据透视表 227
4.8 打印与输出 229
4.8.1 打印预览 229
4.8.2 设置打印页面 229
4.8.3 打印 230
本章小结 231
习 题 231

第 5 章 电子演示文稿 PowerPoint 2010 233

5.1 PowerPoint 的界面及视图模式 233
5.1.1 PowerPoint 2010 启动与退出 233
5.1.2 PowerPoint 2010 的工作界面 234
5.1.3 PowerPoint 2010 的视图模式 235
5.2 创建演示文稿 237
5.2.1 新建空白演示文稿 237
5.2.2 使用模板创建演示文稿 238
5.2.3 使用现有演示文稿新建 239
5.2.4 保存和打开演示文稿 240
5.3 编辑演示文稿 241
5.3.1 在幻灯片中输入和编辑文本 241
5.3.2 插入文本框、图形、表格、
图表以及多媒体对象 242
5.3.3 编辑幻灯片 248
5.4 幻灯片的外观设置 249
5.4.1 幻灯片版式设置 249
5.4.2 幻灯片背景设置 250

5.4.3 幻灯片主题设置 252
5.4.4 母版设计 254
5.5 添加动画效果 256
5.5.1 片间切换动画 256
5.5.2 片内对象的动画设置 257
5.6 设置超链接 259
5.6.1 幻灯片中创建超链接 259
5.6.2 电子相册 260
5.7 演示文稿放映设置与放映操作 261
5.7.1 幻灯片放映 261
5.7.2 设置放映方式 262
5.8 打印与输出 263
5.8.1 打印幻灯片 263
5.8.2 发布幻灯片 264
本章小结 265
习 题 265

第 6 章　数据库管理软件 Access 2010　267

6.1	Access 2010 基础	267
	6.1.1　Access 的主要功能与特点	267
	6.1.2　Access 2010 的启动与退出	268
	6.1.3　窗口组成	268
6.2	数据库文件的创建	269
	6.2.1　数据库文件的创建	269
	6.2.2　数据库文件的打开	272
	6.2.3　数据库对象	272
	6.2.4　保存和备份数据库	275
6.3	数据表的设计和应用	275
	6.3.1　创建表	276
	6.3.2　修改表结构	282
	6.3.3　记录的处理	283
	6.3.4　建立表间关系	287
6.4	创建和使用查询	288
	6.4.1　选择查询	289
	6.4.2　交叉表查询	290
	6.4.3　参数查询	291
	6.4.4　操作查询	293

	6.4.5　SQL 查询	294
6.5	窗体的创建和使用	295
	6.5.1　创建窗体	295
	6.5.2　在窗体中操作数据	297
	6.5.3　美化窗体	298
	6.5.4　主/子窗体	299
6.6	报表的设计和使用	300
	6.6.1　报表简介	300
	6.6.2　建立报表	300
	6.6.3　设计报表	302
6.7	数据导入与导出	305
	6.7.1　数据的导入	305
	6.7.2　数据的导出	308
6.8	应用实例	310
	6.8.1　系统功能	310
	6.8.2　系统设计	311
本章小结		315
习　　题		315

第 7 章　网络基础与 Internet 应用　317

7.1	计算机网络基本知识	317
	7.1.1　网络的形成与发展	317
	7.1.2　计算机网络的功能	319
	7.1.3　计算机网络的分类	320
	7.1.4　网络协议的基本概念	322
	7.1.5　网络地址的基本概念	323
7.2	Internet 基础知识	329
	7.2.1　Internet 的发展历史	329

	7.2.2　接入 Internet	332
7.3	Internet 常用工具	333
	7.3.1　浏览器	333
	7.3.2　电子邮件工具	334
	7.3.3　文件下载工具	335
本章小结		335
习　　题		336

PART 1

第 1 章
计算机基础知识

学习目标

- 了解计算机发展史及应用领域；
- 掌握计算机的特点和计算机的分类；
- 掌握计算机硬件系统和软件系统的组成；
- 掌握计算机的工作原理和主要性能指标；
- 掌握计算机中数值信息的表示方法和不同数制之间的转换方法；
- 掌握计算机的数据单位和编码方式；
- 掌握多媒体技术的基本概念、特性和应用。

1.1 计算机概述

计算机是一种能按照事先存储的程序，自动、高速地进行大量数值计算和各种信息处理的现代化智能电子设备。半个多世纪以来，以计算机技术为核心的现代信息技术得到了迅猛的发展和广泛的应用，计算机及其应用已渗透到社会的各个领域，并有力地推动了社会的电子信息化进程。

1.1.1 计算机的诞生

1．古代计算工具

在漫长的文明史中，人类为了提高计算速度，不断发明和改进各种计算工具。人类使用计算工具的历史可以追溯至两千多年前。

中国古人发明的算筹是世界上最早的计算工具。南北朝时期，著名的数学家祖冲之曾借助算筹成功地将圆周率π值计算到小数点后的第 7 位（介于 3.141 592 6 和 3.141 592 7）。

中国的唐代发明了使用更为方便的算盘。算盘是世界上第一种手动式计算器。

1622 年，英国数学家奥特瑞德（William Oughtred）根据对数原理发明了计算尺，可以完成加、减、乘、除、乘方、开方、三角函数、指数、对数等运算，计算尺成为工程人员常备的计算工具，一直被沿用到 20 世纪 70 年代才由袖珍计算器所取代。

1642 年，法国数学家布莱斯·帕斯卡（Blaise Pascal）发明了世界上第一个加法器，它采用齿轮旋转进位方式进行加法运算。

1673 年，德国数学家莱布尼兹（Gottfried Leibniz）在加法器的基础上加以改进，设计制造了能够进行加、减、乘、除及开方运算的通用计算器。

这些早期计算器都是手动式的或机械式的。

2．近代计算机

近代计算机是指具有完整意义的机械式计算机或机电式计算机，以区别于现代的电子计算机。

1834 年，英国人查尔斯·巴贝奇（Charles Babbage）设计出了分析机，该分析机被认为是现代通用计算机的雏形。巴贝奇也因此获得了国际计算机界公认的、当之无愧的"计算机之父"的称号。分析机包括 3 个主要部分，第 1 部分是齿轮式"存储仓库"；第 2 部分是对数据进行各种运算的装置，巴贝奇把它命名为"工厂"（Mill）；第 3 部分是对操作顺序进行控制，并对所要处理的数据及输出结果加以选择的装置。这种天才的思想，划时代地提出了类似于现代计算机 5 大部件的逻辑结构，也为后来计算机的诞生奠定了基础。遗憾的是，由于当时的金属加工业无法制造分析机所需的精密零件和齿轮联动装置，这台分析机最终未能完成。

1944 年，在 IBM 公司的支持下，美国哈佛大学的霍德华·艾肯（Howard Aiken）成功研制出机电式计算机——MARK I。它采用继电器来代替齿轮等机械零件，装备了 15 万个元件和长达 800km 的电线，每分钟能够进行 200 次以上的运算。MARK I 的问世不但实现了巴贝奇的夙愿，而且也代表着自帕斯卡加法器问世以来机械式计算机和机电式计算机的最高水平。

3．电子计算机

第二次世界大战中，美国陆军出于军事上的目的与美国宾夕法尼亚大学签订了研制计算炮弹弹道轨迹的高速计算机的合同。历时 3 年，终于在 1946 年，世界上第一台数字电子计算机在美国宾夕法尼亚大学问世，取名 ENIAC（Electronic Numerical Integrator and Computer），它使用了 18 800 多个电子管，运算速度为每秒 5 000 次，耗电 150kW，重量达 30t，占地面积 170m^2，是一台庞大的电子计算工具，如图 1-1 所示。尽管 ENIAC 还有许多弱点，但是在人类计算工具发展史上，它仍然是一座不朽的里程碑。它的成功，开辟了提高运算速度的极其广阔的可能性。它的问世，表明电子计算机时代的到来。

图 1-1　世界上第一台计算机 ENIAC

1.1.2　计算机的发展阶段

由于计算机科学理论、工程实践、工艺水平的提高和完善，以及计算机技术的广泛应用，极大地促进了其自身的发展，在短短的 50 多年间，它经历了 4 次更新换代，第五代产品也取得了重大的发展。下面主要从计算机硬件角度划分计算机产品的年代。

1．第一代计算机（1946—1958 年）

第一代计算机以电子管作为主要逻辑电路元件，用磁鼓或磁芯作为主存储器，运算速度为每秒几千次，因此，这一代计算机被称为电子管计算机，主要用于科学计算，这是计算机最初的用途。第一代计算机的特点是使用真空电子管和磁鼓储存数据，每种机器有各自不同的机器语言，速度慢。

2．第二代计算机（1959—1964 年）

第二代计算机采用了性能优异的晶体管代替电子管作为主要逻辑电路元件。晶体管的体积比电子管小得多，这样的晶体管计算机的体积大大缩小，但使用寿命和效率却都大大提高，并且采用磁芯作为主存储器，运算速度为每秒几万次到几十万次，因此，这一代计算机被称为晶体管计算机。其特点是体积小、速度快、功耗低、性能更稳定。第二代计算机除了用于科学计算外，还开始进入实时的过程控制和简单的数据处理。

3．第三代计算机（1965—1970 年）

第三代计算机使用了中小规模集成电路作为计算机逻辑部件，取代了分立元件，普遍使用磁芯作为主存储器，并开始使用半导体存储器，运算速度为每秒几十万次到几百万次，因此，这一代计算机被称为中小规模集成电路计算机。由于采用了集成电路作为计算机逻辑部件，并出现了多用户操作系统，系统软件和应用软件有了很大发展，故广泛用于各个领域，初步实现了计算机系列化和标准化。

4．第四代计算机（1971 年至今）

1971 年至今，称为大规模或超大规模集成电路计算机时代，主要特点是使用大规模或超大规模集成电路作为计算机逻辑部件和主存储器，运算速度在每秒上亿次以上。这个时代计算机的体积和价格不断下降，功能和可靠性不断增强。

大规模或超大规模集成电路的出现使计算机朝着微型化和巨型化两个方向发展。自 1971 年第一片微处理器诞生之后，基于"半导体"的发展，第一部真正的个人计算机诞生了。第四代计算机全面建立了计算机网络，实现了计算机之间的信息交流，多媒体技术的崛起，使计算机集图形、图像、声音和文字处理于一体，给今天人类的生产活动和社会活动带来了巨大的变革。

5．新一代计算机

从 20 世纪 80 年代开始，美国、日本及欧洲共同体都开展了新一代计算机的研究。人们认为新一代计算机系统会拥有智能特性，带有知识表示与推理能力，可以模拟人的设计、分析、决策、计划及其他智能活动，并具有人—机自然通信能力，可以作为各种信息化企业的智能助手，使计算机技术进入一个崭新的发展阶段。

日本曾在 20 世纪 80 年代初制定了发展第五代计算机的计划，要求第五代计算机具有如下功能。

① 智能接口功能：能识别自然语言的文字、语音，能识别图形、图像。

② 解题和推理功能：能根据自身存储的知识进行推理，求解问题。

③ 知识库管理功能：即能在计算机内存储大量知识，可供检索。

但目前对第五代计算机尚未有统一的定义。科学家认为，第五代计算机将采用并行处理的工作方式，即多个处理器同时解决一个问题，多媒体技术将会是向第五代计算机过渡的重要技术。

未来的计算机将朝着巨型化、微型化、网络化、多媒体化和智能化的方向发展。未来的计算机可能在一些方面取得革命性的突破，如智能计算机（具有人的思维、推理和判断能力）、生物计算机（运用生物工程技术替代现在的半导体技术）和光子计算机（用光作为信息载体，通过对光的处理来完成对信息的处理）等。

1.1.3　计算机的特点

1．运算速度快

运算速度是指计算机每秒能够执行多少条指令，常用的单位是 MIPS，即每秒钟能够执行多少百万条指令。电子计算机的工作基于电子脉冲电路原理，例如，主频为 2GHz 的 Pentium 4 处理器的运算速度是 4 000MIPS，即每秒钟 40 亿次。很多场合下，运算速度起决定作用。目前，普通计算机每秒可执行几千万条指令，巨型机可达数亿次或几百亿次，而中国国防科技大学研制的"天河二号"超级计算机，以每秒 33.86 千万亿次的浮点运算速度的优异性能位居世界榜首。随着新技术的不断发展，工作速度还在不断增加。这不仅极大地提高了工作效率，还使许多复杂问题的运算处理有了实现的可能性。

2．运算精度高

电子计算机的计算精度在理论上不受限制，一般的计算机均能达到 15 位有效数字的精度。计算的精度由计算机的字长和计算采用的算法决定，通过一定的技术手段，可以实现任何精度要求。

3．具有记忆功能

计算机中有许多存储单元，用以记忆信息。内部记忆能力，是电子计算机和其他计算工具的一个重要区别。

计算机存储器的容量可以做得很大，而且它的记忆力特别强，在这方面它远远胜于人的大脑。它不但能保存数值型数据，而且还能将文字、图形、图像、声音等转换成计算机能够存储的数据格式保存在存储装置中，可以根据需要随时使用。

4．具有逻辑运算能力

计算机用数字化信息表示数及各类信息，并采用逻辑代数作为相应的设计手段，不但能进行数值计算，而且能进行逻辑运算，还能判断数据之间的关系，如 7>5，"李" < "张"，其结果是一个逻辑值：真或假，根据判定的结果决定下一步的操作。人们正是利用计算机这种逻辑运算能力实现对文字信息进行排序、索引、检索，使计算机能够灵活巧妙地完成各种计算和操作，能应用于各个科学领域并渗透到社会生活的各个方面。

5．具有自动执行程序的能力

计算机能按人的意愿自动执行为它规定好的各种操作，只要把需要的各种操作和编好的程序存入计算机中，当它运行时，在程序的指挥、控制下，会自动地执行下去，一般不需要人工直接干预运算的处理过程。

1.1.4　计算机的分类

计算机是一种能自动、高速、精确地进行信息处理的电子设备，可以应用于不同的领域与工作环境中。正是基于这些特点，出现了许多不同种类的计算机。

1．按工作原理分类

根据计算机的工作原理可分为电子数字计算机和电子模拟计算机。

① 电子数字计算机采用数字技术，即通过由数字逻辑电路组成的算术逻辑运算部件对数字量进行算术逻辑运算。

② 电子模拟计算机采用模拟技术，即通过由运算放大器构成的微分器、积分器，以及函数运算器等运算部件对模拟量进行运算处理。

由于当今人们使用的计算机绝大多数都是电子数字计算机，故将其称为电子计算机。

2．按用途分类

根据计算机的用途可将其分为通用计算机和专用计算机。

① 通用计算机是指可以用来完成不同的任务，由程序来指挥，使之成为通用设备的计算机。日常使用的计算机均属于通用计算机。

② 专用计算机是指用来解决某种特定问题或专门与某些设备配套使用的计算机。

3．按功能强弱和规模大小分类

按照计算机的功能强弱和规模大小可将其分为巨型机、大型机、中/小型机、工作站和微型机。

① 巨型机：也称超级计算机，在所有计算机中体积最大，有极高的运算速度、极大的存储容量、非常高的运算精度。

② 大型机：体积仅次于巨型机，具有非常庞大的主机，通常由多个中央处理器协同工作，运算速度也非常快，具有超大的存储器，使用专用的操作系统和应用软件，有非常丰富的外部设备。一般网络服务器的主机使用的都是大型计算机。

③ 中/小型机：这类计算机的机器规模小，结构简单，设计制造周期短，便于及时采用先进工艺技术；软件开发成本低，易于操作维护。

④ 工作站：这是介于微型机与小型机之间的一种高档微型机，其运算速度比微型机快，且有较强的联网功能；主要用于特殊的专业领域，如图像处理、计算机辅助设计等。

⑤ 微型机：也称个人计算机，简称 PC，它以设计先进、软件丰富、功能齐全、价格便宜等优势而拥有广大的用户。微型机采用微处理器、半导体存储器、输入/输出接口等芯片组成，与小型机相比，它体积更小，价格更低，灵活性更好，可靠性更高，使用更加方便。

随着大规模集成电路的发展，当前微型机与工作站、小型机乃至中型机之间的界限已不明显，现在的微处理器芯片速度已经达到甚至超过 10 年前的一般大型机的中央处理器的速度。

1.1.5 计算机的应用领域

计算机已经广泛地深入人类社会的各个领域，各行各业都离不开计算机提供的服务。计算机的应用领域概括起来主要包括以下几个方面。

1．数值计算（科学计算）

数值计算是计算机的"看家本领"，如在数学、物理、化学、生物学、天体物理学等基础研究中；在航天、航空、工程设计、气象分析等复杂的科学计算中，都可以用计算机来进行计算，甚至可以处理手工计算无法完成的工作，对现代科学技术的发展起着巨大的推动作用。

例如，建筑设计中为了确定构件尺寸，通过弹性力学导出一系列复杂方程，长期以来由于计算方法跟不上而一直无法求解。而计算机不但能求解这类方程，还引起了弹性理论上的一次突破，出现了有限单元法。

2．过程控制

过程控制是利用计算机及时采集检测数据，按最优值迅速地对控制对象进行自动调节或自动控制。采用计算机进行过程控制，不仅可以大大提高控制的自动化水平，而且可以提高控制的及时性和准确性，从而改善劳动条件，提高产品质量及合格率。因此，计算机过程控制已在机械、冶金、石油、化工、纺织、水电、航天等领域得到广泛的应用。

例如，在汽车工业方面，利用计算机控制机床、控制整个装配流水线，不仅可以实现精度要求高、形状复杂的零件加工自动化，而且可以使整个车间或工厂实现自动化。

3．数据处理

数据处理是指对各种数据进行收集、存储、整理、分类、统计、加工、利用、传播等一系列活动的统称。据统计，80%以上的计算机主要用于数据处理，这类工作量大面宽，决定了计算机应用的主导方向。

目前，数据处理已广泛地应用于办公自动化、企事业计算机辅助管理与决策、情报检索、图书管理、电影电视动画设计、会计电算化等各行各业。信息正在形成独立的产业，多媒体技术使信息展现在人们面前的不仅是数字和文字形成，也有声情并茂的声音和图像信息。

4．计算机辅助系统

计算机辅助系统包括计算机辅助设计（CAD）、计算机辅助制造（CAM）、计算机辅助测试（CAT）、计算机辅助教学（CAI）等。计算机辅助系统可以帮助人们提高设计质量，缩短设计周期，减少设计差错，常用于建筑、桥梁、电子线路、集成电路等设计中。

5．人工智能

人工智能（Artificial Intelligence）是指计算机模拟人类的智能活动，诸如感知、判断、理解、学习、问题求解、图像识别等。现在人工智能的研究已取得不少成果，有些已开始走向实用阶段，如能模拟高水平医学专家进行疾病诊疗的专家系统，具有一定思维能力的智能机器人等。

6．计算机网络应用

计算机网络是指利用通信设备和线路将地理位置不同的、功能独立的多个计算机系统连接起来所形成的"网"。利用计算机网络，大大促进了地区间、国际间的通信与各种数据的传递与处理，同时也改变了人们的时空概念。目前，Internet（因特网）已成为全球性的互联网络，利用Internet的强大功能，可以实现数据检索、电子邮件、电子商务、网上电话、网上医院、网上远程教育、网上娱乐休闲等。

1.2 计算机中信息的表示

1.2.1 计算机中数的表示

1．常用的进位制

人们习惯用十进制表示一个数，即逢十进一。实际上，人们还使用其他的进位制。如十二进制数（一打等于12个，一年等于12个月）、十六进制数（如古代一市斤等于16两）、六十进制数（一小时等于60分钟，一分钟等于60秒）等，这些完全出于人们的习惯和实际需要。

电子数字计算机内部一律采用二进制数表示任何信息，也就是说，各种类型的信息（数值、文字、声音、图形、图像）必须转换成二进制数字编码的形式，才能在计算机中进行处理。虽然计算机内部只能进行二进制数的存储和运算，但为了书写、阅读方便，可以使用十进制、八进制、十六进制形式表示一个数，不管采用哪种形式，计算机都要把它们转换成二进制数存入计算机内部，运算结果可以经再次转换后，通过输出设备再次把它们还原成十进制、八进制、十六进制形式。

常用进制名称、符号及进位规律如表1-1所示。

表 1-1　常用进制

名称	表示符号	基本代码符号	进位规律
十进制	D	0、1、2、3、4、5、6、7、8、9	逢十进一，借一当十
二进制	B	0、1	逢二进一，借一当二
八进制	O	0、1、2、3、4、5、6、7	逢八进一，借一当八
十六进制	H	0、1、2、3、4、5、6、7、8、9、A、B、C、D、E、F	逢十六进一，借一当十六

2．为什么计算机采用二进制数

电子数字计算机内部一律采用二进制数表示，这是由于二进制数在电气元件中最容易实现，且稳定、可靠、运算简单。

① 二进制数只要求识别 "0" 和 "1" 两个符号，具有两种稳定状态的电气元件都可以实现，如电压的高和低，电灯的亮和灭等。计算机就是利用输出电压的高或低分别表示数字 "1" 或 "0" 的。

② 二进制的运行规则简单，具体如下所示。

例如：

<table>
<tr><td>加法</td><td>乘法</td></tr>
<tr><td>$0 + 0 = 0$</td><td>$0 \times 0 = 0$</td></tr>
<tr><td>$0 + 1 = 1$</td><td>$0 \times 1 = 0$</td></tr>
<tr><td>$1 + 0 = 1$</td><td>$1 \times 0 = 0$</td></tr>
<tr><td>$1 + 1 = 10$</td><td>$1 \times 1 = 1$</td></tr>
</table>

十进制数、二进制数和十六进制数对照表如表 1-2 所示。

表 1-2　十进制数、二进制数和十六进制数对照表

十进制数	二进制数	十六进制数	十进制数	二进制数	十六进制数
0	0000	0	8	1000	8
1	0001	1	9	1001	9
2	0010	2	10	1010	A
3	0011	3	11	1011	B
4	0100	4	12	1100	C
5	0101	5	13	1101	D
6	0110	6	14	1110	E
7	0111	7	15	1111	F

1.2.2　制数转换

1．将十进制整数转换为二进制整数

方法：除 2 取余法。

把一个十进制整数转换成二进制整数，只要将这个十进制整数反复除以 2，直到商为 0，每次得到余数，从最后一位将余数逆序排列，得到的数就是用二进制表示的数。

【例 1.1】把十进制整数 13 转换成二进制整数。

余数

$$2 \underline{\big|13} \quad \cdots\cdots \quad 1$$
$$2 \underline{\big|6} \quad \cdots\cdots \quad 0$$
$$2 \underline{\big|3} \quad \cdots\cdots \quad 1$$
$$2 \underline{\big|1} \quad \cdots\cdots \quad 1$$
$$0$$

得到：$(13)_{10} = (1101)_2$

2．将十进制小数转换为二进制小数

方法：乘 2 取整法。

把十进制小数转换成二进制小数，只要把该数每次乘以 2，然后取其整数，一直到该数无小数或需要保留二进制的位数为止，所得到的整数，从上往下排列就将十进制小数转换为二进制小数了。

【例 1.2】把 0.8125 转换成二进制数。

步骤	乘 2 取整	整数	
1	$0.8125 \times 2 = 1.625$	1	……最高位
2	$0.625 \times 2 = 1.25$	1	
3	$0.25 \times 2 = 0.5$	0	
4	$0.5 \times 2 = 1.0$	1	……最低位

得到：$(0.8125)_{10} = (0.1101)_2$

【例 1.3】把 37.625 转换成二进制数。

分两步计算，第一步计算整数部分，第二步计算小数部分，然后将两部分结果相加。

得到：$(37.431)_{10} = (100101.101)_2$

3．将二进制数转换为十进制数

方法：将二进制数按权展开求和。

十进制数 6384.036 可以表示为

$$(6384.036)_{10} = 6 \times 10^3 + 3 \times 10^2 + 8 \times 10^1 + 4 \times 10^0 + 0 \times 10^{-1} + 3 \times 10^{-2} + 6 \times 10^{-3}$$

同样，二进制数也可以采用相同的方法将其展开。

【例 1.4】把 $(100101.011)_2$ 转换成十进制数。

$$(100101.011)_2 = 1 \times 2^5 + 0 \times 2^4 + 0 \times 2^3 + 1 \times 2^2 + 0 \times 2^1 + 1 \times 2^0 + 0 \times 2^{-1} + 1 \times 2^{-2} + 1 \times 2^{-3}$$
$$= 32 + 4 + 1 + 0.25 + 0.125$$
$$= (37.375)_{10}$$

得到：$(100101.011)_2 = (37.375)_{10}$

4．二进制数与八进制数之间的转换

八进制数的运算规则是逢八进一，八进制数的基本数字有 8 个，即 0、1、2、3、4、5、6、7。

二进制数与八进制数之间的转换比较简单，方法是将一个八进制的基本数字对应一个 3 位二进制数。

【例 1.5】把二进制数 11101010.0011 转换成八进制数。

分析：首先对二进制数的整数和小数部分分别进行分组，每 3 位分为一组，如果整数部分的位数不是 3 的倍数，在最高位补 0，如果小数部分的位数不是 3 的倍数，在最低位补 0；然后把每组二进制数转换为八进制数，最后得到的结果就是八进制数。

其中　　　(011　101　010 · 001　100)

　　　　　　3　　5　　2　　　1　　4

得到：$(11101010.0011)_2 = (352.14)_8$

这样就把二进制数转换为八进制数了。用同样的方法可以将八进制数转换为二进制数。

【例 1.6】把八进制数 631.25 转换成二进制数。

分析： 把每位八进制数转换为 3 位二进制数。例如：

$(6)_8 = (110)_2$

$(3)_8 = (011)_2$

$(1)_8 = (001)_2$

$(2)_8 = (010)_2$

$(5)_8 = (101)_2$

得到：$(631.25)_8 = (110 011001.010101)_2$

这样就把八进制数转换为二进制数了。

5．二进制数与十六进制数之间的转换

十六进制数的运算规则是逢十六进一，十六进制数的基本数字有 16 个，即 0、1、2、3、4、5、6、7、8、9、A（表示 10）、B（表示 11）、C（表示 12）、D（表示 13）、E（表示 14）、F（表示 15）。

二进制数与十六进制数之间的转换比较简单，方法是将一个十六进制数的基本数字对应一个 4 位二进制数。

【例 1.7】把二进制数 10111010101.0011 转换成十六进制数。

分析： 首先对二进制数的整数和小数部分分别进行分组，每 4 位分为一组，如果整数部分的位数不是 4 的倍数，在最高位补 0，如果小数部分的位数不是 4 的倍数，在最低位补 0；然后把每组二进制数转换为十六进制数，最后得到的结果就是十六进制数。

其中　　　(0101　1101　0101 · 0011)

　　　　　　5　　D(13)　 5　　　3

得到：$(10111010101.0011)_2 = (5D5.3)_{16}$

这样就把二进制数转换为十六进制数了。用同样的方法可以将十六进制数转换为二进制数。

【例 1.8】把十六进制数 8D6.F5 转换成二进制数。

分析： 把每位十六进制数转换为 4 位二进制数。例如：

$(8)_{16} = (1000)_2$

$(D)_{16} = (1101)_2$

$(6)_{16} = (0110)_2$

$(F)_{16} = (1111)_2$

$(5)_{16} = (0101)_2$

得到：$(8D6.F5)_{16} = (100011010110.11110101)_2$

这样就把十六进制数转换为二进制数了。

1.3 数据单位和编码

1.3.1 数据单位

计算机的存储器由千千万万个小单元组成，每个小单元存放 1 位二进制数（0 或 1）。数据存储使用下列单位。

① 位（bit）：二进制数的最小单位。

② 字节（Byte）：8 位二进制数组成 1 个字节

③ 字（word）：由若干个字节组成 1 个字。通常我们把计算机 1 次所能处理数据的最大位数称为该机器的字长。显然，字长越长，一次所处理数据的有效位数就越多，计算精度就越高。因此，字长是判断计算机性能的一个重要标志。

存储容量是衡量计算机存储能力的重要指标，是用字节(B)来计算和表示的。除 B 外，还常用 KB、MB、GB、TB 作为存储容量的单位。其换算关系如下：

$$1KB = 1024B$$
$$1MB = 1024KB$$
$$1GB = 1024MB$$
$$1TB = 1024GB$$
$$1PB = 1024TB$$

1.3.2 编码方式

编码是指对输入到计算机中的某种非数值型数据用二进制数来表示的转换法则。不同的机器、不同类型的数据其编码方式是不同的，编码方式可采用国家标准或国际标准。

1．字符编码

字符是计算机中使用最多的非数值型数据，是人机交互的重要媒介。大多数计算机采用 ASCII 码作为字符编码，ASCII 即美国国际标准信息交换码。在计算机存储单元中一个 ASCII 码值占一个字节（8B），最高位置 0（或置为效验码），ASCII 码占后 7 位。ASCII 码采用 7 位二进制编码，可以表示 128 个字符，包括 52 个大小写英文字母，10 个阿拉伯数字 0～9，32 个标点符号和运算符及 34 个控制字符。例如，通过查看 ASCII 码表，可得出 01000001 代表大写字母 A，代表十六进制数 41，十进制数 65，而 01100001，代表十六进制数 61，十进制数 97，小写字母 a 等。

由于计算机普遍采用这种编码方式，因此为计算机软件的通用性打下了良好的基础。

2．汉字编码

汉字编码是指汉字在计算机中的表示方式。由于汉字是象形文字，数目比较多，常用的汉字就有 3000～5000 个，因此每个汉字必须有自己独特的编码形式，我国国家标准局于 1981 年 5 月颁布了《信息交换用汉字编码字符集——基本集》，国家标准代号为 GB2312—80，习惯上称国标码。其编码原则为汉字用两个字节表示，每个字节用 7 位码（高位为 0），包括 6 763 个汉字和 682 个图形字符。目前国家标准 GB18030—2000《信息交换用汉字编码字符集基本集的扩充》是我国继国家标准信息交换码 GB2312—1980 和 GB13000-1993 之后最重要的汉字编码标准，是未来我国计算机系统必须遵循的基础性标准之一。

1.4 计算机系统组成

目前世界上普遍使用的计算机，都沿用了冯·诺依曼结构，也称为冯·诺依曼计算机。从计算机系统的组成来看，它包括两大部分：硬件系统和软件系统。硬件系统是机器的实体，是构成计算机系统的各种物理设备的总称，又称硬设备；软件系统是计算机的灵魂，是运行、管理和维护计算机的各类程序和文档的总和。

硬件和软件是相辅相成的，两者缺一不可，硬件是基础，软件是建立在硬件之上的，它们必须有机地结合在一起，才能充分发挥计算机的作用。

1.4.1 计算机基本工作原理

1．基本概念

① 指令。指令是指计算机执行一个基本操作的命令。一条指令由操作码和操作数两部分组成。操作码指明计算机要完成的操作的性质，如加、减、乘、除，操作数指明了计算机操作的对象。例如，二进制运算 1001 + 1010 = 10011 式子中，"＋"表示操作码，而"1001"和"1010"代表操作数。一台计算机中所有指令的集合称为该计算机的指令系统。计算机的指令系统是计算机功能的基本体现，不同的计算机，其指令系统一般不同。

② 程序。人们为解决某一问题，将多条指令进行有序排列，这一指令序列就是程序。程序是人们解决问题步骤的具体体现。

③ 地址。整个内存被分成若干个存储单元，每个存储单元一般可存放 8 位二进制数（按字节编址）。每个存储单元可以存放数据或程序代码。为了能有效地存取以读到相应地址中该单元内存放的数据，指令中的操作数有时又可以用地址码来表示。

2．冯·诺依曼结构

冯·诺依曼是美籍匈牙利数学家，他在 1945 年提出了关于计算机组成和工作方式的基本设想。冯·诺依曼设计思想可以简要地概括为以下三大要点。

① 用二进制形式表示数据和指令。

② 把程序（包括数据和指令序列）事先存入主存储器中，使计算机运行时能够自动顺序地从存储器中取出数据和指令，并加以执行，即所谓的"程序存储和程序控制"思想。

③ 确立了计算机硬件系统的五大部件：运算器、控制器、存储器、输入设备和输出设备，并规定了这五部分的基本功能。

冯·诺依曼结构是以运算器、控制器为中心的，其基本组成如图 1-2 所示。

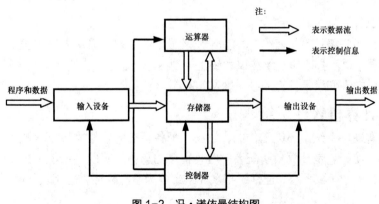

图 1-2　冯·诺依曼结构图

3．计算机基本工作原理

根据冯·诺依曼的设计思想，计算机能自动执行程序，而执行程序又归结为逐条执行指令，如图 1-2 所示，其基本工作原理如下。

① 程序存储：事先把解决问题的程序编写出来，通过输入设备把要处理的数据和程序送到存储器中保存起来。

② 取指令：从存储器某个地址中取出要执行的指令并送到 CPU 内部的指令寄存器暂存。

③ 分析指令：把保存在指令寄存器中的指令送到控制器，翻译该指令（即指令译码）。

④ 执行指令：根据指令译码，控制器向各个部件发出相应控制信号，完成指令规定的操作。

⑤ 为执行下一条指令做好准备，程序计数器自动加 1，即生成下一条指令地址，然后将步骤②~⑤循环执行，直至收到程序结束指令为止。

1.4.2　计算机硬件系统

按冯·诺依曼结构把计算机硬件系统分成五部分，其中运算器和控制器合称中央处理器或称微处理器，简称 CPU，是计算机的心脏。

1．运算器

运算器是计算机用来进行各种运算的部件，它是由能够进行运算的加法器、若干个暂时存放数据的寄存器、逻辑运算线路和运算控制线路组成，其功能是进行算术运算和逻辑运算。一切运算都在运算器中进行。

2．控制器

控制器是计算机指挥中心，它是由脉冲发生器（主频）、节拍发生器、指令计数器、指令寄存器和逻辑控制线路等组成。工作时控制器从主存储器中提取指令（1 至几个字节），根据指令的功能译成相应的电信号，控制计算机各部件协调一致的工作。

3．存储器

存储器是用来保存程序、数据、运算的中间结果及最后结果的记忆装置。存储器分成主存储器（也称内存）和辅助存储器（也称外存）。内存中存放将要执行的指令和运算数据，容量较小，但存取速度快；外存用于存放需要长期保存的程序和数据，容量大、成本低、存取速度慢。当存放在外存中的程序和数据需要处理时，必须先将它们读到内存中，才能进行处理。

4．输入设备

输入设备是用来完成输入功能的部件，即向计算机送入程序、数据及各种信息的设备。常用的输入设备有键盘、鼠标、扫描仪、磁盘驱动器和触摸屏等。除此以外还有摄像头、数码相机、手写板、语音输入装置等。

5．输出设备

输出设备是用来将计算机工作的中间结果及最后的处理结果从内存中送出的设备。常用的输出设备有显示器、打印机、绘图仪和磁盘驱动器等。显示器作为计算机的标准输出设备，通过显示屏可以向人们显示计算的结果、文字和图形、图像等。

1.4.3　计算机软件系统

计算机只有硬件系统是不能工作的，它必须配备相应的软件才能正常地运行。软件也称软设备或程序系统，它是计算机所配置的各种程序的总称。同硬件系统一样，软件系统的内容也十分丰富，如图 1-3 所示，通常，把软件系统分为系统软件和应用软件两大类。

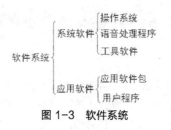

图 1-3　软件系统

1．系统软件

系统软件是用来管理、控制和维护计算机各种资源，并使其充分发挥作用、提高效率、方便用户的各种程序集合，是构成计算机系统必备的软件。

系统软件又分为操作系统、语言处理程序和工具软件 3 类。

（1）操作系统

操作系统用来直接控制和管理计算机系统的软硬件资源，使用户充分而有效地利用这些资源的程序集合。例如，MS DOS、Windows XP、Windows 7 等都是计算机常用的操作系统。操作系统的功能主要包括处理机管理、存储器管理、设备管理、文件管理和作业管理。

（2）语言处理程序

语言处理程序是用于对各种程序设计语言的程序进行翻译，使之产生计算机可以直接执行的目标程序（用二进制代码表示的程序）的各种程序的集合，如 C 语言、汇编语言、Delphi 语言、Visual Basic 6.0 等。

（3）工具软件

工具软件是用于开发和研制各种软件的专用程序，如诊断程序、调试程序、编译程序等。

2．应用软件

应用软件就是指利用各种计算机语言设计的应用程序。例如，"工资管理系统""图书管理系统""Word2 010"等都是应用软件。

1.4.4　程序设计语言

程序设计语言是人与计算机之间交换信息的工具。人们使用程序设计语言编写程序，然后把所编程序送入计算机，计算机对这些程序进行解释或翻译，并按人的意图进行处理，达到处理问题的目的。

程序设计语言分为机器语言、汇编语言和高级语言。

1．机器语言

机器语言就是用二进制代码表示的指令和指令系统，是计算机唯一能够直接识别和执行的程序设计语言。

使用机器语言编制的程序，是指令的有序序列，计算机可以直接识别和执行。所以，执行速度快，占存储空间小，且容易编制出质量较高的程序。其缺点在于，二进制指令代码很长，不易读，写起来烦琐，出错不易查找。因此，现代的计算机已不再使用机器语言编制程序。

2．汇编语言

汇编语言是用字母和代码来表示的语言。与机器语言一样，也是面向机器的程序设计语言。用汇编语言表示的指令，与用机器语言表示的指令一一对应。所以，对某一机器而言，两者有相同的指令集。

使用汇编语言编制的程序，是汇编语言语句的有序序列。由于此时程序是用字母和代码表示的，所以便于书写、记忆，易于查错，从而可提高编程速度，而且容易编制出质量较高的程序。

用汇编语言编制的程序，要经过汇编程序编译（即翻译），形成用机器语言表示的目标程序才能执行。

3．高级语言

高级语言是一种完全或基本上独立于机器的程序设计语言。它所使用的一套符号更接近人们的习惯，对问题的描述方法也非常接近人们对问题求解过程的表达方法，便于书写，易于掌握。用高级语言编写的程序，无需做太多修改，就可以在其他类型的机器上运行。

使用高级语言编制的程序，是高级语言语句的有序序列。将其输入到计算机后，要经过解释程序或编译程序的翻译，形成用机器语言表示的目标程序才能执行。

1.5 计算机硬件组成

计算机主要由主机、显示器、键盘、鼠标、打印机等组成，图 1-4 所示为目前市场上常见的几种计算机。

图 1-4 常见的几种计算机

1.5.1 主机

主机是计算机硬件中最重要的设备，相当于计算机的"大脑"。主机箱内部包括主板、CPU（中央处理器）、存储器、显卡、声卡、网卡等，如图 1-5 所示。

图 1-5 主机箱内部结构

主机箱有卧式和立式两种，卧式的主机箱已被淘汰，目前市场上主要是立式的主机箱。

主机箱的正面有电源开关、复位按钮、光驱等。主机箱的背面有很多大大小小、形状各异的插孔，这些插孔的作用是通过电缆将其他设备连接到主机上。

1．主板

主板也称主机板、系统板（SystemBoard）或母板。它是一块多层印制电路板，上面分布着南、北桥芯片，声音处理芯片，各种电容器、电阻器及相关的插槽、接口、控制开关等，如图1-6所示。

图1-6　主板

主板上的插槽主要包括 CPU 插槽、内存条插槽、AGP 插槽和 PCI 插槽。其中，CPU 插槽用于放置 CPU，内存条插槽用于放置内存条，AGP 插槽用于放置 AGP 接口的显卡，而 PCI 插槽则用于放置网卡、声卡等。

2．CPU

CPU 又称中央处理单元或微处理单元（MPU），它是运算器和控制器的总称，是计算机的"心脏"。它是决定计算机性能和档次的最重要部件。计算机常用的微处理器芯片主要是由 Intel 公司和 AMD 公司生产的，如 Intel 公司的奔腾和赛扬（低端产品）系列、AMD 公司的弈龙和速龙系列等，这两个公司生产的 CPU 如图1-7所示。

CPU 安装在主板上的 CPU 专用插槽内。由于 CPU 的线路集成度高、功率大，因此，在工作时会产生大量的热量，为了保证 CPU 能正常工作，必须配置高性能的专用风扇给它散热。当散热不好时 CPU 就会停止工作或被烧毁，出现"死机"等现象，因此，在高温环境下使用计算机时应注意通风降温。

3．内存

内存即内存储器，也称内存条，是继 CPU 后直接体现计算机档次的主要标志，如图1-8所示。

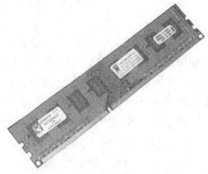

图1-7　CPU　　　　　　　　　　　图1-8　内存条

存储器通常分为 3 种：高速缓存存储器（Cache）、只读存储器（ROM）和随机存储器（RAM）。

① Cache 位于主存和 CPU 之间，有内外之分。访问速度通常是 RAM 的 10 倍左右。

② ROM 只能读出，不能写入。一般在 ROM 中存放着一些重要的程序，如 BIOS。存放在 ROM 中的信息能长期保存而不受断电的影响。

③ RAM 的特点是可读可写，用来存储计算机运行过程中所需的程序、数据及支持用户程序运行的系统程序等，但关机后，其中的信息会自动消失。

RAM 的大小影响计算机的运行速度。RAM 的大小一般有 512MB、1GB、2GB、4GB 等。RAM 的容量越大，运行时能容纳的用户程序和数据就越多。

4．外存储设备

计算机的大量数据必须在外存储器中保存，在需要时再调入内存储器使用。外存储器主要包括硬盘存储器、光盘存储器、U 盘存储器等。光盘必须要有其驱动器才能使用。

（1）光盘和光驱

光盘和光驱是激光技术在计算机中的应用。光盘具有存储信息量大、携带方便、可以长久保存等优点，应用范围相当广泛，也是多媒体计算机必不可少的存储介质。光盘分为 CD、DVD、蓝光碟等，其中 CD 又分为只读光盘（CD-ROM）和可读写光盘（CD-R 和 CD-RW）；DVD 即"数字通用光盘"，是 CD/VCD 的后继产品；蓝光光碟（BD）是 DVD 之后的新一代光盘格式之一，用于高品质的影音及高容量的数据存储，一个单层的蓝光光碟的容量为 25GB 或 27GB，足够录制一个长达 4 小时的高解析影片。光盘和光驱如图 1-9 所示。

普通 CD 光盘的容量为 650MB～700MB，DVD 光盘的容量为 4.7GB，保存时间为几十年甚至百年。

图 1-9　光盘和光驱

光驱的品牌较多，目前市场上比较知名的光驱品牌有 Acer、Aopen、SONY、Philips、美达、阿帕奇、大白鲨、NEC 等数十种。

（2）硬盘

硬盘存储器简称硬盘，普通硬盘也称为机械硬盘，是计算机中最主要的数据存储设备，主要用来存放大量的系统软件、应用软件、用户数据等。它包含一个或多个固定圆盘，盘外涂有一层能通过读/写磁头对数据进行磁记录的材料。它的特点是速度高、容量大。硬盘容量和硬盘转速是硬盘的两大重要技术指标。

近年来，硬盘容量提升很快，现在的硬盘容量一般在 500GB～2TB。目前，硬盘的转速主要有 5 400r/min 和 7 200r/min 两种。

硬盘是一种高精密的设备，通常采用密封型、空气循环方式和空气过滤装置，将硬盘密封在一个金属盒里，固定在主机箱内，如图 1-10 所示。当其工作时，机箱上的指示灯会点亮。

（3）固态硬盘

传统的机械硬盘在传输率方面受限于物理因素，不可能太快，接口带宽，即使是 SATA 3

高速接口，在机械硬盘上也难以表现出来。这样，固态硬盘技术也就应运而生了。

固态硬盘（Solid State Drives，SSD）是用固态电子存储芯片阵列制成的硬盘，由控制单元和存储单元（FLASH 芯片、DRAM 芯片）组成。固态硬盘在接口的规范和定义、功能及使用方法上与机械硬盘完全相同，在产品外形和尺寸上也完全与机械硬盘一致。固态硬盘被广泛应用于军事、车载、工控、视频监控、网络监控、网络终端、电力、医疗、航空、导航等领域，如图 1-11 所示。

图 1-10　机械硬盘

固态硬盘与机械硬盘相比，具有以下特点。

● 读写速度快。

采用闪存作为存储介质，读写速度相对机械硬盘更快。固态硬盘不用磁头，寻道时间几乎为 0。持续写入的速度非常惊人，固态硬盘厂商大多会宣称自家的固态硬盘持续读写速度超过了 500MB/s（机械硬盘的速度为 100MB/s）。

● 物理特性。

固态硬盘具有低功耗、无噪音、抗震动、低热量、体积小、工作温度范围大等特点。固态硬盘没有机械马达和风扇，工作时噪音值为 0 分贝。基于闪存的固态硬盘在工作状态下能耗和发热量较低（但高端或大容量产品能耗会较高）。内部不存在任何机械活动部件，不会发生机械故障，也不怕碰撞、冲击、振动。传统的机械硬盘驱动器只能在 5 到 55℃范围内工作，而大多数固态硬盘可在 - 10~70℃工作。固态硬盘比同容量机械硬盘体积小、重量轻。

（4）U 盘

U 盘是目前使用最多的外部存储设备，U 盘也叫闪存盘，是一种采用 USB 接口的无需物理驱动器的微型高容量移动存储产品，支持即插即用和热插拔。另外，U 盘还具有防潮、防磁、耐高低温等特性，安全可靠性很好。U 盘的外形如图 1-12 所示。

图 1-11　固态硬盘　　　　　　　　　　图 1-12　U 盘

5．显卡

显卡又称显示器适配器，它一般与显示器配套使用，一起构成计算机的显示系统。显卡外形如图 1-13 所示，显卡的好坏将从根本上决定显示的效果。常见的显卡有 PCI 显卡、AGP 显卡和新推出的 PCI-E 显卡。描述显卡性能的主要指标有显存容量、显示分辨率等。显存越大，可存储数据越多，显示的画面也就越流畅、清晰，常见的显存容量有 512MB、1GMB 等。

6．声卡

声卡是多媒体计算机中的一块语音合成卡，计算机通过声卡来控制声音的输入、输出，声卡的外形如图 1-14 所示。

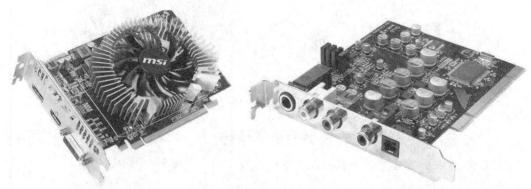

图 1-13　显卡　　　　　　　　　　　　　图 1-14　声卡

声卡获取的声音来源可以是模拟音频信号和数字音频信号。声卡还具备模数转换（A/D）和数模转换（D/A）功能。例如，它既可以把来自麦克风、收录机、CD 唱机等设备的语音、音乐信号变成数字信号，并以文件的形式保存，还可以把数字信号还原成真实的声音输出。有的声卡被集成在主板上，有的声卡独立插在主板的扩展插槽里。声卡的主要性能指标有采样精度、采样频率、声道数、信噪比等。

7．网卡

网卡又称网络接口卡（Network Interface Card，NIC），如图 1-15 所示。它是专为计算机与网络之间的数据通信提供物理连接的一种接口卡。

图 1-15　网卡

网卡的作用有以下两个方面。

① 接收和解包网络上传来的数据包，再将其传输给本地计算机。

② 打包和发送本地计算机上的数据，再将数据包通过通信介质（如双绞线、同轴电缆、无线电波等）送入网络。

1.5.2 显示器

显示器是计算机中不可缺少的输出设备，它可以显示程序的运行结果，也可以显示输入的程序或数据等。目前主要有阴极射线管（CRT）和液晶（LCD）两种显示器，其外形如图1-16所示。

按显示屏幕大小分类，通常有15英寸、17英寸、19英寸、20英寸等。

显示器的外形很像电视机，但与电视机有本质的区别。显示器支持高分辨率，如19英寸显示器可以支持1 440像素×900像素的高分辨率。显示器有两根连线，一根为电源线，提供显示器的电源；另一根为数据线，与机箱内的显卡连接，以输入显示数据。

图1-16　CRT显示器和LCD显示器

1.5.3 键盘和鼠标

键盘和鼠标是常用的输入设备。

1. 键盘

键盘是计算机最重要的输入设备，如图1-17所示。用户的各种命令、程序和数据都可以通过键盘输入计算机。

2. 鼠标

鼠标是计算机在窗口界面中进行操作必不可少的输入设备，如图1-18所示。鼠标是一种屏幕标定装置，不能直接输入字符和数字。在图形处理软件的支持下，使用鼠标在屏幕上处理图形要比使用键盘方便得多。目前市场上的鼠标主要有机械式鼠标、光电式鼠标、无线鼠标等。

图1-17　键盘　　　　　　　　　　　　　　　　图1-18　鼠标

1.5.4 计算机的其他外部设备

计算机的其他外部设备主要包括打印机、扫描仪、数码相机、数字摄像头等。

1. 打印机

打印机是计算机最重要的输出设备之一，它可以把文字或图形等输出到纸张、透明薄膜等介质上。根据打印原理的不同，可将打印机分为针式打印机、喷墨打印机和激光打印机3种，如图1-19所示。

图 1-19　打印机

① 针式打印机：主要由打印机芯、控制电路和电源 3 大部件构成。打印机芯上的打印头有 24 个电磁线圈，每个线圈驱动一根钢针产生击针或收针的动作，通过色带击打在打印纸上，形成点阵式字符。

② 喷墨打印机：使用打印头在纸上形成文字或图像。打印头是一种包含数百个小喷嘴的设备，每一个喷嘴都装满了从可拆卸的墨盒中流出的墨。喷墨打印机能打印的分辨率依赖于打印头在纸上打印的墨点的密度和精确度，打印质量根据每英寸上的点数（DPI）来衡量，点数越多，打印出来的文字图像越清晰、越精确。喷墨打印机的打印质量较高，打印噪声较低，但墨盒的费用较高。

③ 激光打印机：由激光发生器和机芯组成核心部件。激光头能产生极细的光束，经由计算机处理及字符发生器送出的字形信息，通过一套光学系统形成两束光，在机芯的感光鼓上形成静电潜像，鼓面上的磁刷根据鼓上的静电分布情况将墨粉粘附在表面上并逐渐显影，然后印在纸上。激光打印机输出速度快、打印质量好、无噪声，目前使用较为广泛。

2．扫描仪

扫描仪是计算机的辅助输入设备，其外形如图 1-20 所示。扫描仪主要用于将各类图像、图纸图形及文稿资料扫描到计算机中，以便对这些图像进行处理。

3．数字摄像头

摄像头是一种新型的视频设备，具有小巧的外形和较好的成像效果，可以实现一些高档数字设备（如数码相机、摄像机）的部分功能，如图 1-21 所示。

图 1-20　扫描仪　　　　　　　　　图 1-21　摄像头

1.6　多媒体技术

多媒体技术是一门融合了微电子技术、计算机技术、通信技术、数字化声像技术、高速网络技术和智能化技术于一体的综合的高新技术，它已经广泛地应用在我们生活、学习和工作的各个方面。

1.6.1 基本概念

1．媒体

媒体（Medium）在计算机领域中，主要有两种含义：一是指用以存储信息的实体，如磁带、磁盘、光盘、光磁盘、半导体存储器等；二是指用以承载信息的载体，如数字、文字、声音、图形、图像、动画等。

2．多媒体

多媒体（Multimedia）这一术语在计算机界流传甚广，它是指把文字、声音、图形、图像及视频信息结合为一体，变成一个传送信息的媒体。

3．多媒体计算机

多媒体计算机（MPC）是 PC 领域综合了多种技术的一种集成形式，它汇集了计算机体系结构，计算机系统软件，视频、音频信号的获取、处理、特技及显示输出等技术，使人与计算机的交互更加方便、友好。

4．多媒体技术

多媒体技术是处理文字、图像、动画、声音、影像等的综合技术，它包括各种媒体的处理和信息压缩技术、多媒体计算机系统技术、多媒体数据库技术、多媒体通信技术及多媒体人—机界面技术等。

5．多媒体的几个基本元素

① 文本：指以 ASCII 存储的文件，是最常见的一种媒体形式。

② 图形：指由计算机绘制的各种几何图形。

③ 图像：指由摄像机或图形扫描仪等输入设备获取的实际场景的静止画面。

④ 动画：指借助计算机生成的一系列可供动态演播的连续图像。

⑤ 音频：指数字化的声音，它可以是解说、音乐及各种声响。

1.6.2 媒体的分类

我们平时接触到的媒体可分为感觉媒体、表示媒体、表现媒体、存储媒体和传输媒体 5 种类型。

1．感觉媒体

感觉媒体是指直接作用于人的感觉器官，使人产生直接感觉的媒体，如文字、图形、图像、音乐、电影、电视等。

2．表示媒体

表示媒体是指传输感觉媒体的中介媒体，即用于数据交换的编码，如图像编码（JPEG、MPEG 等）、文本编码（ASCII、GB2312 等）、声音编码等。

3．表现媒体

表现媒体是指进行信息输入和输出的媒体，如键盘、鼠标、扫描仪、麦克风、摄像机等为输入媒体，显示器、打印机、扬声器等为输出媒体。

4．存储媒体

存储媒体是指用于存储表示媒体的物理介质，如硬盘、软盘、磁盘、光盘、ROM 及 RAM 等。

5．传输媒体

传输媒体是指传输表示媒体的物理介质，如电话线、电缆、光纤等。

1.6.3 多媒体技术的特性

1．多样性

由于多媒体是多种形式信息的组合，信息的多样化导致了信息载体的多样化。早期的计算机只能处理数值、文字等单一的信息，而多媒体计算机则可以处理文字、图形、图像、声音、动画和视频多种形式的媒体信息。在媒体输入时，不仅可以靠简单的键盘输入，还可以通过话筒、扫描仪、采集卡等设备完成声音、图像、动画的获取；信息的变化也不再局限于简单的编辑和罗列，而是能够根据人的构思、创意进行交换、组合和加工来处理文字、图形、动画等媒体信息，以达到生动、灵活、自然的效果。

2．集成性

多媒体技术是文字、图形、影像、声音、动画等各种媒体的综合应用，它不仅包括信息媒体的集成，还包括处理这些媒体的设备的集成。信息媒体的集成包括信息的多通道获取、多媒体信息的统一组织和存储、多媒体信息合成等方面。多媒体技术不同于一般传统文件，是一个利用计算机技术的应用来整合各种媒体的系统。

3．交互性

多媒体的交互性是指用户可以与计算机的多种信息媒体进行交互操作，从而为用户提供更加有效地控制和使用信息的手段，这也正是多媒体和传统媒体最大的不同。人们不仅可以根据自己的意愿来接收信息，还可以按照自己的思维方式来解决问题，同时可以借助这种交互式的沟通来进行学习、测试。

4．非线性

在现实生活中人们接收到的信息不可能全都是有序的线性结构信息，很大一部分都是关系复杂交错的非线性结构的信息。多媒体的信息结构形式一般是一种超媒体的网状结构。它改变了人们传统的读写模式，借用超媒体的方法，把内容以一种更灵活、更具变化的方式呈现给用户。超媒体不仅为用户浏览信息、获取信息带来极大的便利，也为多媒体的制作带来了极大的便利。

1.6.4 多媒体技术的应用

多媒体作为一种新兴的技术，具有很强的渗透性，目前多媒体技术已经被广泛地应用到各个领域，尤其给教育教学、大众传媒、娱乐、医疗、广告等方面带来了巨大变化，对人们的生活、学习和工作产生了巨大影响。

1．教育教学方面

教育教学包括教育培训，是多媒体计算机优势体现最明显的应用领域之一，现在世界各地的教育者们都在努力研究用先进的多媒体技术改变传统的教育教学模式。在我国，多媒体教学已经替代了传统的黑板式教学方式，从以教师为中心的教学模式，逐步向学生为主体、自主学习的新型教学模式转变。音频、动画和视频的加入使教育教学活动变得丰富多彩，尤其是各种计算机辅助教学软件（CAI）及各类视听类教材图书、培训材料等的使用使现代教育教学和培训的效果越来越好。

2．大众传媒方面

随着互联网在人们生活中的广泛应用，电影、电视等一些传媒的作用已不再像以前那样受重视了。人们已不再仅仅满足于信息的接收，而是要亲自参与到信息的交流和处理过程中，所以要求电影、电视等具有灵活的交互功能，最大限度地服务于用户。在这种技术环境下，电视台所拥有的丰富的信息资源都以数字化多媒体信息的形式保存在一个巨大的信息库中，用户可以通过计算机网络随时随地访问信息库，选择所需要的内容，选择播放时间，不再受节目内容、播放时间等限制。

另外，随着人类知识和信息量的迅猛增长，信息表现形式丰富多样的多媒体视听产品正在大量地取代纸张。各类电子出版物（如电子文献库、电子百科全书、电子字/词典等）得到了蓬勃发展。电子书（E-book）正以其大信息量、阅读检索方便、便于携带等鲜明特点而受到越来越多学习者的青睐。

3．娱乐方面

目前，数字影视和娱乐工具也已经进入人们的生活，如人们可以利用多媒体技术制作影视作品，观看交互式电影，就连在 KTV 唱卡拉 OK 都可以看到系统评分结果。

4．医疗方面

在医疗方面，多媒体技术可以进行远程问诊，不仅能够帮助不方便出门或者远离医疗服务中心的病人通过多媒体通信设备、远距离多功能医学传感器和微型遥测接受医生的询问和诊断，还可以为异地医生会诊提供条件，为抢救病人赢得宝贵的时间，同时还能够充分发挥名医专家的作用，为病人节省开支。

5．广告方面

在广告和销售服务工作中，采用多媒体技术可以高质量、实时、交互地接收和发布商业信息，提高产品促销的效果，为广大商家赢得商机。另外，各种基于多媒体技术的演示查询系统和信息管理系统，如车票销售系统、气象咨询系统、病历库、新闻报刊音像库等也在人们的日常生活中扮演着重要的角色，发挥着重要的作用。

1.6.5 多媒体计算机系统的基本组成

多媒体计算机系统是一个能处理多媒体信息的计算机系统。它是在现有计算机基础上加上处理多媒体信息必需的硬件设备和相应的软件系统，使其具有综合处理文字、图形、图像、声音、动画、视频等多种媒体信息的多功能计算机系统。多媒体计算机系统与普通计算机一样，也是由多媒体硬件和多媒体软件两部分组成。

1．多媒体计算机的硬件系统

多媒体计算机硬件系统的核心是计算机系统，它除了需要较高配置的计算机主机以外，还需要音频处理设备、视频处理设备、光盘驱动器、各种媒体输入/输出设备等。

① 视频处理设备负责多媒体计算机图像和视频信息的数字化摄取和回放，主要包括视频压缩卡（也称视频卡）、电视卡、加速显示卡等。视频卡主要完成视频信号的 A/D 和 D/A 转换及数字视频的压缩和解压缩功能，其信号源可以是摄像头、录放像机、影碟机等。电视卡（盒）主要完成普通电视信号的接收、解调、A/D 转换及与主机之间的通信，从而可以在计算机上观看电视节目，同时还可以以 MPEG 压缩格式录制电视节目。加速显示卡主要完成视频的流畅输出。

② 音频处理设备主要完成音频信号的 A/D 和 D/A 转换及数字音频的压缩、解压缩、播放等功能，主要包括声卡、外接音箱、话筒、耳麦、MIDI 设备等。

③ 多媒体输入/输出设备十分丰富，按功能分为视频/音频输入设备、视频/音频输出设备、人—机交互设备、数据存储设备。视频/音频输入设备包括数码照相机、摄像机、扫描仪、麦克风、录音机、VCD/DVD、电子琴键盘等；视频/音频输出设备包括音箱、电视机、立体声

耳机、打印机等；人—机交互设备包括键盘、鼠标、触摸屏、光笔等；数据存储设备包括CD-ROM、磁盘、刻录机等。

2．多媒体计算机的软件系统

多媒体计算机的软件系统由多媒体操作系统、媒体处理系统工具和用户应用软件组成。其中多媒体操作系统是核心部分，具有实时任务调度、多媒体数据转换和同步对多媒体设备的驱动和控制，以及图形用户界面管理等功能；媒体处理系统工具又称多媒体系统开发工具软件，是多媒体系统重要的组成部分；用户应用软件是指根据多媒体系统终端用户的要求而定制的应用软件或面向某一领域的用户应用软件系统，它是面向大规模用户的系统产品。

本章小结

本章作为计算机的入门篇，主要从理论上讲解计算机系统的基本知识，包括计算机的发展与应用、计算机系统的组成等内容。通过对计算机的发展过程、计算机基本的特点和分类、计算机的应用领域、计算机工作原理、计算机中信息的表示与存储、计算机中的数制和各数制之间的转换、计算机系统组成、多媒体技术的特点及应用、多媒体计算机系统的基本组成等内容的学习，读者对计算机系统有了一个整体的认识，为今后进一步学习奠定了基础。

习　　题

1．计算机的发展经历了哪几代？每一代的主要划分特征是什么？

2．计算机有哪些应用领域？请举例说明。

3．简述计算机的特点。

4．计算机的硬件系统包括哪些内容？

5．计算机的软件系统包括哪些内容？

6．简述计算机的基本工作原理。

7．打印机包括哪几种类型？各有什么特点？

8．简述多媒体技术的特性。

9．简述多媒体技术的应用领域。

10．数值转换。

（1）$(213.625)_{10} = ($　　　　　$)_2$

（2）$(111001.101)_2 = ($　　　　　$)_{10}$

（3）$(100110111.1101)_2 = ($　　　　　$)_8$

（4）$(501.32)_8 = ($　　　　　$)_2$

（5）$(10010111010.11)_2 = ($　　　　　$)_{16}$

（6）$(7AD.2B)_{16} = ($　　　　　$)_2$

PART 2

第 2 章
Windows 7 操作系统

- 了解 Windows 7 的版本和新功能特性；
- 了解 Windows 7 的安装方法；
- 掌握 Windows 7 启动和退出方法；
- 掌握 Windows 7 的基本操作；
- 掌握 Windows 7 资源管理器的基本操作和磁盘维护；
- 掌握 Windows 7 控制面板的操作；
- 掌握 Windows 7 中 3 个媒体娱乐工具软件的使用；
- 掌握 Windows 7 中画图程序的使用方法。

2.1 Windows 7 简介

2.1.1 认识 Windows 7

在微软 Windows 操作系统家族中，Windows XP 获得了巨大的成功，Windows Vista 虽然肩负重托，表现却不尽如人意，于是微软公司推出了新一代的 Windows 7 系统。Windows 7 系统汇聚了微软公司多年来研发操作系统的经验和优势，其最突出的特点在于用户体验、兼容性及性能都得到极大提高。与其他 Windows 版本相比，它对硬件有着更广泛的支持，能最大化地利用计算机自身的硬件资源。

2.1.2 Windows 7 的新功能特性

Windows 7 丰富的新功能让用户应接不暇，这些新的功能和组件不仅方便了用户的操作，同时也在很大程度上提升了用户的使用体验和工作效率。

1．华丽简洁的界面感观

Windows 7 实现了迄今为止最佳设计、最高性能的图形窗口用户界面，Windows Aero 的半透明窗口、Flip 3D、活动任务栏缩略图等精彩功能让桌面更清晰，方便用户观看并处理信息，为用户提供了更加流畅、稳定的桌面体验。

2．Windows Flip 3D

Windows 7 提供了查找程序窗口的新方法。当用户按<Win + Tab>组合键时，Windows 会动态显示桌面上所有打开的三维堆叠视图的窗口，如图 2-1 所示。这一功能称为 Windows Flip 3D。

在该视图中，用户可以反复按<Win + Tab>组合键来查找指定的窗口，并将其置顶。Windows Flip 3D 甚至可以显示活动的进程，如播放视频。用户也可以使用箭头键或鼠标上的滚轮在打开的窗口间进行翻转，并选择所需的窗口。

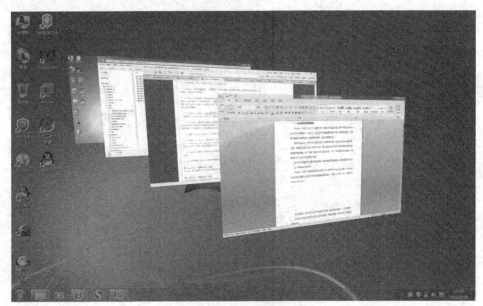

图 2-1　Flip 3D 堆叠效果

3．新的任务栏

在 Windows 7 中，用户可以按照自己的喜好，随意地使用鼠标移动程序图标在任务栏中的摆放位置。当将鼠标指针移动到程序图标上时，Windows 7 会自动地在桌面上显示这个程序的窗口，这个功能在某些情况下非常有用，如将多个网页窗口都最小化时，这个功能可以快速地找到其中的一个页面。另外，Windows 7 将所有图标都做得更大，当使用触摸屏时，操作会更加方便，如图 2-2 所示。

图 2-2　活动任务栏缩略图效果

4. 新的窗口功能

如果用户希望同时浏览两个网页，将其中一个网页拖曳到屏幕左侧的边缘，而将另外一个网页拖曳到屏幕右侧的边缘，此时窗口的形状将自动改变，并自动占满屏幕的左半边和右半边。这样用户就可以同时浏览两个网页，比较其中的不同内容了，如图 2-3 所示。在很多情况下，用户都会打开更多的页面，如何从 4 个、8 个甚至 12 个网页中快速找到想要的内容，并清晰地显示出来呢？在遍布桌面的窗口中找到想要的内容后，使用鼠标指针单击这个窗口的标题栏并进行晃动，这时除了选中的窗口外，其他的窗口将会被自动最小化。

图 2-3　同时浏览两个网页窗口效果图

5. 快捷键操作

Windows 7 的界面有很多新的变化，例如，Windows 7 中有一些新的组合键，灵活使用这些组合键能让 Windows 7 的操作更加方便。

调整程序窗口大小是用户经常会遇到的操作，尤其是默认窗口和最大化窗口之间的切换。在 Windows 7 中当用户希望当前窗口最大化时，可以通过按<Win + ↑>组合键来实现。按<Win + ↓>组合键则可以还原到原始窗口，特别是在原始窗口下按<Win + ↓>组合键还可以将其最小化。部分 Windows 7 快捷键的功能如表 2-1 所示。

表 2-1　部分 Windows 7 快捷键及功能

快捷键	功能
Win + ↑	最大化窗口
Win + ↓	最小化窗口
Win + ←	使窗口占领左侧的一半屏幕
Win + →	使窗口占领右侧的一半屏幕
Win + Shift + ←	使窗口在左边的显示器显示
Win + Shift + →	使窗口在右边的显示器显示
Win + Home	还原/最小化所有的非活动窗口

6．新的设备管理

在 Windows 7 中，用户可以访问连接计算机的几乎所有设备，如手机、MP3 等。打开"控制面板"→"设备和打印机"，在这里可以对连接在计算机上的设备进行操作。例如，用鼠标右键单击显示器图标，在弹出的快捷菜单中选择"显示设置"命令，可以重新设置它的分辨率。

7．多彩易用的媒体娱乐

Windows 7 特别适合用于家庭娱乐。它的界面简单、直观而且易用，且启用了最佳设备网络媒体平台，可以连接到家里的媒体库和播放设备，同时可以接受不同的媒体标准，并执行最高质量的标准，以使视听高保真。

（1）媒体中心

在 Windows 7 中，Windows 媒体中心比以往任何版本的 Windows 视听媒体都要有用。Windows 7 媒体中心提供了数字广播电视支持、节目指南、互联网电视支持，能够从桌面进入媒体中心，并支持用于图像音乐回放的 RAW 文件。

（2）媒体播放器

Windows Media Player 12 的界面是变化最显著的，它与 Windows 7 的界面已经很统一了，比版本 11 更简洁、颜色更鲜亮。

在 Windows Media Player 12 中将正在播放（Now Playing）和音乐库（Library）两种视图模式分开了。在"正在播放"模式中，包含视觉特效、播放列表、音乐与视频等；而"库"模式中则只有音乐和视频的管理操作功能。

（3）Windows DVD Maker

Windows DVD Maker 是一款实用的工具，用于制作 DVD，以便在计算机或电视机上观看。最快速的 DVD 制作方法就是将图片和视频添加到 Windows DVD Maker 中，然后刻录 DVD。如果想让 DVD 具有新意，用户可以先自定义 DVD 菜单样式和文本，然后再刻录 DVD。

8．集中高效的管理维护

操作中心是 Windows 7 查看警报和执行操作的核心位置，集中管理来自 Windows 维护和安全功能的各种任务与通知，它可帮助保持 Windows 7 稳定可靠地运行。

Windows 7 的操作中心主要由两大功能块组成，分别是"安全"和"维护"。其中"安全"功能块就相当于 Windows Vista 的"Windows 安全中心"，不过与安全中心相比还是有很大的变化。在 Windows 7 中防火墙被从操作中心分离出去，单独成为一个控制面板项；另外，还加强了对病毒和恶意软件的查杀和监控。"维护"功能区集成了系统更新、错误报告和设置备份 3 个组件。

9．可靠实用的安全保密

Windows 7 可无缝地远程连接企业网络，保护 U 盘中的资料；且相比于 Windows Vista，更少出现用户账户控制提示来打扰用户，允许用户通过拉杆来调整提示信息的多少。

Windows 7 中的软件防火墙有了革命性的改进，提供了更加友好的功能，并且为移动用户的使用做了明显的改善。在移动计算机中，能够支持更多类型的防火墙策略。

Windows 7 的新安全功能还包括 Direct Access 与 BitLocker To Go。还使用了 AppLocker 技术，允许管理人员控制企业网络中的软件，确保只有合法的脚本、安装程序与 DLL 库可被访问。

10．智能优化的网络通信

Windows 7 网络的使用更加智能化，它提供了一个"网络发现"的管理平台。通过网络发现管理平台，可以控制 Windows 7 计算机能否在网络中被其他计算机找到。

Windows 7 提供了 4 种典型的"网络位置"供用户选用：家庭网络、工作网络、公用网络和域网络，系统根据连接网络的类型自动设置恰当的防火墙和安全设置。如果用户在不同的位置连接到网络，如在家中或办公室，则需要选择合适的网络位置，以确保始终将计算机设置为恰当的安全级别。

11．开放的应用兼容性

Windows 7 的出现使微软公司虚拟化产品线中又多了一个新成员——XP MODE。XP MODE 是 Windows 7 中一个功能强大的新组件，其设计目的在于解决 Windows 7 对应用程序的兼容性问题。用户可以使用 Windows Virtual PC 来加载 XP MODE 虚拟机，然后在虚拟机中运行一些老版本的应用程序。

2.1.3　Windows 7 版本介绍

Windows 7 包含 6 个版本，分别为 Windows 7 Starter（初级版）、Windows 7 Home Basic（家庭基础版）、Windows 7 Home Premium（家庭高级版）、Windows 7 Professional（专业版）、Windows 7 Enterprise（企业版）和 Windows 7 Ultimate（旗舰版）。Windows 7 的所有版本都能够在包括上网本在内的多种硬件上运行。

1．Windows 7 Starter（初级版）

这是功能最少的版本，缺乏 Aero 特效功能，没有 64 位支持，它最初被设计为不能同时运行 3 个以上应用程序，幸运的是，微软公司最终取消了这个限制，最终版几乎可以执行任何 Windows 任务。

主要功能：增强的任务栏，跳转列表，WMP 播放器，备份和恢复，行动中心，Device Stage，Play To，传真和扫描，基本游戏。

缺少的功能：Aero Glass 特效，许多 Aero 桌面增强功能，Windows 多点触摸，媒体中心，移动中心，Live 缩略图预览，创建家庭组等。

它主要用于类似上网本的低端计算机，通过系统集成或者 OEM 计算机上预装获得，并限于某些特定类型的硬件。

2．Windows 7 Home Basic（家庭基础版）

这是简化的家庭版，中文版售价 399 元，据说是全球最低价格。

主要功能：除初级版功能外，还包括移动中心，多显示器支持，快速用户切换，桌面窗口管理器。

缺少的功能：Aero 特效，媒体中心，Tablet 支持，远程桌面主机，创建家庭组（Home Group）等。

3．Windows 7 Home Premium（家庭高级版）

面向家庭用户，满足家庭娱乐需求，包含所有桌面增强和多媒体功能。

主要功能：除家庭普通版功能外，还包括 Aero Glass，Aero Background，Windows 多点触摸，创建家庭组，媒体中心，手写识别，DVD 回放及编辑，高级游戏，移动中心。

缺少的功能：加入 Windows 域，远程桌面主机，Windows XP 模式，基于网络备份，加密文件系统，离线文件夹等。

4. Windows 7 Professional（专业版）

面向爱好者和小企业用户，满足办公开发需求，包含加强的网络功能。

主要功能：除家庭高级版功能外，还包括活动目录和域支持，远程桌面主机，位置感应打印，加密文件系统，演示模式，离线文件夹，Windows XP 模式等，64 位可支持更大内存（192GB）。

缺少的功能：BitLocker 驱动器加密，BitLocker To Go，应用程序控制（AppLocker），直接访问（DirectAccess），分支缓存（BrancheCache），多语言包，虚拟硬盘（VHD）启动等。

5. Windows 7 Enterprise（企业版）

面向企业市场的高级版本，满足企业数据共享、管理、安全等需求。

主要功能：拥有软件全部功能，除专业版功能外，还包括 BitLocker 驱动器加密，BitLocker To Go，应用程序控制（AppLocker），直接访问（DirectAccess），分支缓存（BrancheCache），UNIX 应用支持，多语言包，虚拟硬盘（VHD）启动。

6. Windows 7 Ultimate（旗舰版）

与企业版基本是相同的产品，仅仅在授权方式及其相关服务上有区别。面向高端用户、IT 专业人员和软件爱好者。

主要功能：与企业版相同，拥有全部功能。

在这 6 个版本中，Windows 7 家庭高级版和 Windows 7 专业版是两大主力版本，前者面向家庭用户，后者针对商业用户。只有家庭基础版、家庭高级版、专业版和旗舰版会出现在零售市场上，且家庭基础版仅供应给发展中国家和地区。而初级版提供给 OEM 厂商预装在上网本上；企业版则只通过批量授权提供给大企业客户，在功能上和旗舰版几乎完全相同。

2.1.4 安装 Windows 7 的最低硬件配置

微软公司推荐 Windows 7 最低安装配置如下。

① CPU：32-bit 或 64-bit，主频 1 GHz 以上。

② 内存：1GB（64 位系统需要 2GB）。

③ 硬盘空间：16 GB（64 位系统需要 20GB）。

④ 显卡：支持 DirectX 9。

⑤ 显存：128MB（这样才可以打开玻璃效果）。

⑥ 显示器：要求分辨率在 1 024 像素×768 像素及以上（否则无法显示部分功能），或支持触摸技术的显示设备。

⑦ 光驱：DVD-R/W（这个有没有都可以，从硬盘安装也一样）。

以上硬件配置是运行 Windows 7 的最低配置，如果在这种配置的计算机上运行 Windows 7，其运行速度非常慢，因此要能够充分体现出 Windows 7 的最佳性能，计算机硬件配置越高越好。

2.1.5 Windows 7 的安装

安装 Windows 7 非常简单，一般情况下有两种方法可供用户选择。

① 安装全新的 Windows 7 系统。

② 多系统安装。

1. 安装全新的 Windows 7 系统

如果要安装全新系统，则必须使用安装光盘。安装方法很简单，首先将 Windows 7 安装光盘放入光驱中，重新启动计算机，按住<Del>键进入 CMOS 的设置界面，将系统启动顺序设置为光驱启动，保存设置后启动计算机，按照屏幕上的提示进行选择，再用鼠标单击"下一步"按钮继续进行安装，直到安装完成为止。

2．多系统安装

很多用户还在使用 Windows XP，既想体验使用 Windows 7，又舍不得彻底删除原有的操作系统。这时就可以安装 Windows 7 和 Windows XP 的双系统，根据需要启动到不同的操作系统中。

安装过程比较简单。用户需要先安装 Windows XP，然后在不同的硬盘分区安装 Windows 7。最好不要反过来，否则 Windows XP 会将 Windows 7 的启动管理器覆盖掉，引起不必要的麻烦。

同样，如果用户喜欢，还可以安装 Windows XP、Windows Vista 和 Windows 7 这 3 个系统，安装顺序建议遵循"从低版本到高版本的安装原则"。

2.1.6　Windows 7 的启动

启动 Windows 7 非常简单，只要打开计算机电源，Windows 7 就能够自动启动系统，进入 Windows 7 的图形界面（桌面）。当出现如图 2-4 所示的图形界面时，表示完成了 Windows 7 的启动。

图 2-4　Windows 7 桌面

Windows 7 不仅可以自动启动，而且还可以由用户控制 Windows 7 的启动方式，即启动管理器。Windows 7 采用了启动管理器，为用户提供各种高级启动选项，用户可通过其进入安全模式或者对计算机进行修复等；系统还使用启动参数编辑器提供简单的启动参数输入，供用户进行系统启动过程的定制。

1．启动管理器

在 Windows XP 时代，如果要想进入安全模式，必须在启动画面出现前按<F8>键；在 Windows Vista 系统中，启动菜单的功能得到改进，并被命名为"Windows 启动管理器"，在系统启动时按空格键可调用启动管理器。

作为 Windows Vista 的继任者，Windows 7 也继承了这一传统，即在 BIOS 加载完毕后按空格键即可进入 Windows 7 启动管理器，如图 2-5 所示。

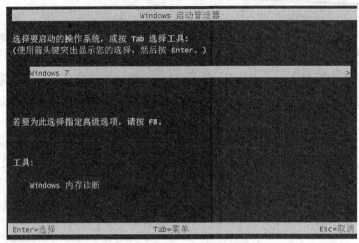

图 2-5　Windows 7 启动管理器

2．高级启动选项

在启动 Windows 7 时，当 BIOS 加载完毕后按<F8>键即可进入 Windows 7 高级启动选项，如图 2-6 所示。

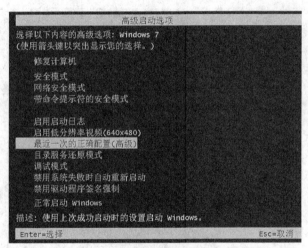

图 2-6　Windows 7 高级启动选项

下面简要介绍"高级启动选项"中的各项功能。

（1）修复计算机

在 Windows 7 中，集成了一个名为 Win RE 恢复环境（Windows Recovery Environment）的开机修复功能。当系统出现故障不能启动的时候，用户可通过该功能让系统自动进行修复，省去了使用第三方工具手动修复的麻烦。

当系统不能正常启动时，用户选择"修复计算机"后，即可进入系统修复向导。整个过程不需要用户的过多参与，只需在修复时进行 3 次确认，系统就会修复完毕。最后重新启动计算机，用户即可成功登录系统。

（2）安全模式

这是 Windows 7 的故障排除选项，该模式在受限状态下启动计算机，仅运行 Windows 7 所必需的基本文件和驱动程序，运行时会在显示器的四角显示"安全模式"的字样，以标识当前正在使用的 Windows 模式。如果在安全模式启动时没有出现问题，就可以将默认设置和基本设备驱动程序排除在可能的故障原因之外。

（3）网络安全模式

在网络安全模式下启动 Windows 7，可以访问 Internet 或网络上的其他计算机所需的网络驱动程序和服务，并能从网络上下载相应的修复工具和驱动程序来解决各种问题。

（4）带命令提示符的安全模式

使用带命令提示符的安全模式启动 Windows，而不是通过图形化的 Windows 界面启动。此选项相当于在安全模式中进入命令提示符，然后通过输入相应的命令来解决各种问题，可实现的功能与"安全模式"完全一样。

（5）启用启动日志

启用启动日志将创建一个名为 ntbtlog.txt 的日志文件，列出在启动期间安装的所有驱动程序，以及所有可能有助于进行高级故障排除的驱动程序。

（6）启用低分辨率视频（640 像素×480 像素）

选择启用低分辨率视频选项，将启动使用当前视频驱动程序，配置低分辨率和刷新率设置的 Windows。使用此模式可以重置显示设置，删除安装错误的显卡、显示器等驱动程序。

（7）最后一次的正确配置（高级）

选择该选项则 Windows 每次正常关闭时，重要的系统设置都会被保存在注册表中。如果出现问题，如不合适的驱动程序、不正确的注册表设置导致系统无法正常启动时，可以使用最后一次正常运行的注册表和驱动程序配置来启动计算机。

（8）目录服务还原模式

选择该模式可启动运行 Active Directory 的 Windows 域控制器，可以还原目录服务。

（9）调试模式

选择该选项表示在高级故障排除模式下启动 Windows，可以检查硬件使用的实模式驱动程序是否与 Windows 7 操作系统发生冲突，以便找出硬件问题的原因。

（10）禁用系统失败时自动重新启动

选择该选项表示如果错误导致 Windows 启动失败，则阻止 Windows 自动重新启动。仅当 Windows 陷入循环状态时使用此选项，即 Windows 启动失败，重新启动后再次失败。

（11）禁用驱动程序签名强制

选择该选项表示允许安装包含未验证签名的驱动程序。

（12）正常启动 Windows

选择该选项表示不管启动状况如何，按正常方式启动 Windows。

2.1.7 Windows 7 的退出

Windows 7 系统启动后，在内存中运行了很多系统程序，并且在硬盘上产生了很多临时文件，因此，在使用完 Windows 7 系统后，必须按照正常的退出过程退出 Windows 7 系统，否则有可能造成 Windows 7 系统被破坏。

Windows 7 的退出方式包括注销、睡眠、重新启动等。打开『开始』菜单，然后单击"关闭"按钮右边的三角形箭头按钮，这时会看到很多选项，如图 2-7 所示。这些选项大部分含义都很直白，用途一目了然。

图2-7　关闭 Windows 7 选项

1．关闭计算机

当用户需要关闭计算机时，单击"关机"按钮。Windows 7 进行关机前，系统会关闭内存中的所有程序和数据，并保存到硬盘中，删除硬盘上的所有临时文件，然后断开计算机的电源。

2．将计算机转入睡眠状态

如果用户要离开较长一段时间，为了减轻计算机的负荷，可以选择"睡眠"选项，这时计算机将进入睡眠状态。选择"睡眠"选项后，Windows 会切断除了内存之外其他所有设备的供电，但对内存的供电依然持续，内存中依然保存了系统运行的所有数据。

若要唤醒计算机，可按下机箱上的电源按钮。因为不必等待 Windows 启动，所以可在数秒钟之内唤醒计算机，并且几乎可以立即恢复工作。

3．将计算机转入休眠状态

"休眠"是一种为便携式计算机设计的状态操作选项。如果选择"休眠"，Windows 7 不执行程序关闭动作，运行中的所有程序将保存到硬盘，并把内存中的所有内容都清空，然后断开计算机的电源。对于便携式计算机，如果用户将有很长一段时间不使用它，并且在那段时间不能给电池充电，则应使用"休眠"模式。

4．重新启动

如果选择"重新启动"选项，表示首先要关闭计算机，计算机将保存当前内存中的所有信息，然后计算机将重新启动。

2.2　Windows 7 桌面和窗口介绍

2.2.1　Windows 7 桌面布局

启动计算机自动进入 Windows 7 系统，此时呈现在用户眼前的屏幕图形就是 Windows 7 系统的桌面（见图 2-4）。使用计算机完成的各种操作都是在桌面上进行的。Windows 7 的桌面包括桌面背景、桌面图标、『开始』按钮和任务栏 4 部分。

正如我们日常使用的书桌一样，桌面布置的整齐与否、台布的颜色图案、工具的摆放位置等都直接影响到工作的效率。图 2-4 中展现的 Windows 7 桌面布置得非常整齐，只有 3 个图标。

2.2.2 桌面图标

Windows 7 刚安装完成时桌面上一般只有一个"回收站"图标，用户也可以根据自己的需要在桌面上任意添加图标。下面简单介绍添加桌面图标的操作方法。

1．添加桌面图标

操作步骤如下。

① 在『开始』菜单的右边窗口中选择"控制面板"命令，弹出图 2-8 所示的"控制面板"窗口。

图 2-8 "控制面板"窗口

② 用鼠标单击"外观和个性化"下的"更改主题"选项，弹出图 2-9 所示的"个性化"设置窗口。

③ 单击左边列表中的"更改桌面图标"选项，弹出图 2-10 所示的"桌面图标设置"对话框。

④ 在"桌面图标"栏选中需要添加的桌面图标，然后单击"确定"按钮即可。

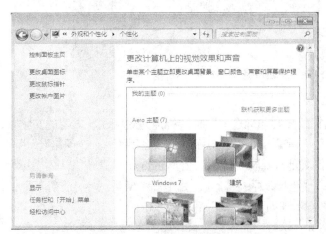

图 2-9 "个性化"设置窗口

图 2-10 "桌面图标设置"对话框

2．图标的排序方式

用鼠标右键单击桌面上的空白区域，弹出图 2-11 所示的快捷菜单，单击"查看"→"自动排列图标"命令，Windows 7 会将图标排列在左上角并将其锁定在该位置。

若要对图标解除锁定以便可以再次移动它们，可再次单击"自动排列图标"，清除旁边的复选标记即可。

默认情况下，Windows 会在不可见的网格上均匀地隔开图标。若要将图标放置得更近或更精确，可关闭网格。方法用鼠标右键单击桌面上的空白区域，弹出图 2-11 所示的快捷菜单，单击"查看"→"将图标与网格对齐"命令，清除复选标记。重复这些步骤可将网格再次打开。

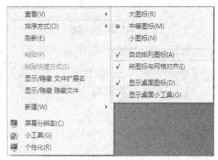

图 2-11　"桌面图标排序方式"快捷菜单

3．移动图标的位置

一般情况下，桌面上的图标放置在左上部。有时用户需要将图标摆放到另外的位置。

移动图标的方法很简单，只要用鼠标单击某个图标，并按住鼠标左键拖曳图标到适当的位置，然后释放鼠标左键即可。图 2-12 所示为图标移动后的桌面。

图 2-12　"桌面图标移动"效果

4．改变图标的标题

每个图标由两个部分组成，即图标的图案和标题。图标的标题是说明图标内容的文字信息，显然用户会希望这个标题能让自己一看就知道这个图标是做什么用的，如"网络"，用户一看就知道这个图标的作用是用来访问其他计算机资源的。但 Windows 7 系统默认的图标标题有些并不一定适合用户的要求，用户希望修改图表标题，如用户希望将图标"计算机"的标题改成"计算机资源信息管理"。操作步骤如下。

① 首先用鼠标选中"计算机"图标，这时它的图案变暗，如图 2-13（a）所示。

② 再用鼠标在它的标题行单击一下，标题周围就会出现一个黑色边框，边框内出现蓝底白字，这说明已经可以对标题进行编辑了，如图 2-13（b）所示。

③ 这时用户如果输入文字，就会替代原有的标题。例如，输入"计算机资源信息管理"替代了原来的"计算机"，如图 2-13（c）所示。

（a）　　　　　（b）　　　　　（c）

图 2-13　改变图表标题

5．调整图标大小

用鼠标右键单击桌面上的空白区域，弹出图 2-11 所示的快捷菜单，单击"查看"命令，然后选择"大图标""中等图标"或"小图标"，可调整图标大小。

用户也可使用鼠标上的滚轮调整桌面图标的大小，方法是在桌面上按住<Ctrl>键同时滚动鼠标滚轮即可放大或缩小图标。

2.2.3　桌面小工具

Windows 7 支持桌面小工具程序，而且这些小工具得到了进一步的改进。新的小工具不仅能够实时显示来自于网络或用户计算机中的信息，为用户呈现最新的新闻条目、股市行情、天气情况等，还可以为用户的日常使用带来各种各样的便利和娱乐休闲功能等。

1．添加和关闭小工具

用户可以用鼠标右键单击桌面，在弹出的快捷菜单中单击"小工具"命令，即可打开小工具的管理界面，如图 2-14 所示。

在小工具的管理界面中，可以看到 Windows 7 自带了 9 个小工具。选中某个小工具后，可以单击"显示详细信息"来查看该工具的具体信息，获悉它的用途、版本、版权等。

如果用户希望添加某个小工具，把它放置到桌面上，方法有两种：最简便的方法是直接将其拖曳到桌面上，另一种方法是在小工具管理界面中双击欲使用的小工具，即可将其添加到桌面，如图 2-15 所示。

图 2-14　小工具管理界面

如果要关闭某个小工具，可用鼠标右键单击小工具，在弹出的快捷菜单中单击"关闭小工具"命令，也可单击小工具图标右边的"关闭"按钮。

2．小工具选项

对于大多数小工具，可以对其进行更多的设置，如外观显示、配置参数等。以"时钟"小工具为例，用鼠标右键单击"时钟"小工具，在弹出的快捷菜单中选择"选项"命令，弹出如图 2-16 所示的"小工具选项设置"对话框。在该对话框中可以对时钟名称、时区、显示秒针和外观进行设置。

图 2-15　添加小工具　　　　　　　图 2-16　"小工具选项设置"对话框

通过各种设置调整后，每一个小工具都会更加符合用户的喜好，更匹配桌面的整体风格。

2.2.4 『开始』菜单

『开始』按钮处于任务栏的最左边。这个按钮是整个 Windows 7 的焦点，它包含 Windows 7 中所需的全部命令。

用鼠标单击『开始』按钮，会在其上方出现一个菜单，这个菜单通常被称为『开始』菜单，如图 2-17 所示。利用这个菜单，可以运行所有应用程序。

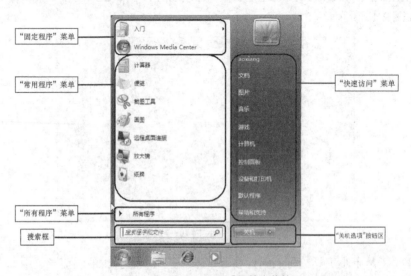

图 2-17　Windows 7『开始』菜单

『开始』菜单包括"固定程序"菜单、"常用程序"菜单、"所有程序"菜单、搜索框、"快速访问"菜单和"关机选项"按钮区。

① "固定程序"菜单：默认只有"入门"和"Windows Media Center"两个程序，当然，用户根据需要可以进行调整。

② "常用程序"菜单：默认只有 7 个常用的系统程序，但是随着日后对一些程序的频繁使用，系统会自动调整并显示最常用的 10 个应用程序。

③ "所有程序"菜单：单击该菜单命令，就会弹出"所有程序"列表，其中包含 Windows 7 的所有应用程序。

④ 搜索框：通过键入搜索项可在计算机上查找程序和文件。

⑤ "快速访问"菜单：列出了一些经常使用的程序链接，如"文档""图片""音乐""游戏""计算机""控制面板""设备和打印机"等。

⑥ "关机选项"按钮区：包括"关机"按钮和"关闭选项"按钮。利用这两个按钮可以实现关闭计算机、重新启动、切换用户、注销、睡眠等操作。

用户使用『开始』菜单可执行常见的操作，包括切换 Windows 操作状态、启动程序、打开常用的文件夹、调整计算机设置、获取 Windows 操作系统的帮助信息等。

1．打开程序

『开始』菜单最常见的一个用途是打开计算机上的程序。若要打开『开始』菜单左边菜单中显示的程序，可单击它。程序打开后，『开始』菜单随之关闭。

例如，如果用户希望利用『开始』菜单启动"记事本"程序，其操作方法是首先用鼠标单击『开始』按钮，当出现『开始』菜单后，用鼠标单击"所有程序"，在左边菜单中单击"附件"，系统将会展开"附件"的子菜单列表，如图 2-18 所示，最后单击"记事本"命令即可。

用户可能会注意到，随着时间的推移，『开始』菜单中的程序列表会发生变化。出现这种情形有两种原因：一是安装新程序时，新程序会添加到"所有程序"列表中；二是『开始』菜单会检测最常用的程序，并将其置于左边菜单中以供快速访问。

2．搜索框

使用搜索框是在计算机上查找项目最便捷的方法之一。搜索框将遍历当前用户的程序及个人文件夹中的所有文件夹，包括"文档""图片""音乐""桌面"及其他常见位置，还可以搜索电子邮件、已保存的即时消息、约会和联系人等。

若要使用搜索框，可打开『开始』菜单并键入搜索项。用户键入内容之后，搜索结果将显示在『开始』菜单左边窗格中的搜索框上方。

对于以下情况，程序、文件和文件夹将作为搜索结果显示。

① 标题中的任何文字与搜索项匹配或以搜索项开头。

② 该文件实际内容中的任何文本(如字处理文档中的文本)与搜索项匹配或以搜索项开头。

③ 文件属性中的任何文字（如作者）与搜索项匹配或以搜索项开头。

单击任一搜索结果可将其打开，或者单击"清除"按钮清除搜索结果并返回到主程序列表。还可以单击"查看更多结果"以搜索整个计算机，如图 2-19 所示。

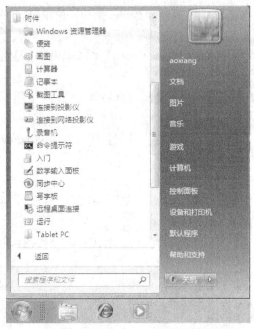

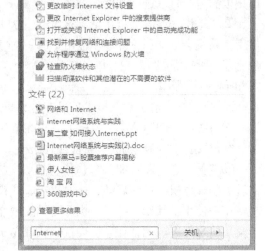

图 2-18 『开始』菜单"附件"子菜单列表　　　　图 2-19 "搜索框"搜索效果

　　利用搜索框除可搜索程序、文件及文件夹之外，还可搜索 Internet 收藏夹和访问网站的历史记录。如果网页包含搜索项，则该网页会出现在"收藏夹和历史记录"标题下。

3．个人文件夹

　　个人文件夹就是『开始』菜单右边菜单中的第一项，它实际上就是当前登录到 Windows 的用户命名。例如，假设当前用户是 aoxiang，则该文件夹的名称为 aoxiang。此文件夹依次包含特定用户的文件，包括"我的文档""我的音乐""我的图片""我的视频"文件夹等，如图 2-20 所示。

4．文档

　　"文档"文件夹是用户用来存储个人文档的地方，用户可以将自己日常工作中创建的各种文档存放在这个文件夹中，用户还可在该文件夹下创建子文件夹进行分类存放。

图 2-20 "个人文件夹"窗口

5．计算机

用户可以在这里访问磁盘驱动器、数码相机、打印机、扫描仪及其他连接到计算机的硬件。

6．控制面板

Windows 7 系统的"控制面板"集中了计算机的所有相关设置，用户可以在这里对计算机的外观和功能、安装或卸载程序、设置网络连接和管理用户账户及所有计算机软硬件进行设置。Windows 7 的控制面板将同类相关设置都放在一起，整合成"系统和安全""用户账户和家庭安全""网络和 Internet""外观和个性化""硬件和声音""时钟、语言和区域""程序"和"轻松访问"8 大块。

7．设备和打印机

用户可以在这里查看有关打印机、鼠标和计算机上安装的其他设备的信息，如图 2-21 所示。

8．默认程序

用户可以在这里选择用于 Web 浏览、收发电子邮件、播放音乐和其他活动的默认程序，如图 2-22 所示。

图 2-21 "设备和打印机"窗口

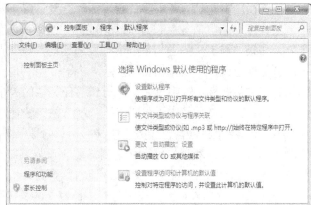

图 2-22 "默认程序"窗口

9．帮助和支持

帮助菜单项用以启动 Windows 7 的帮助程序。选择此项可获得有关 Windows 7 的任何问题的帮助。

10．运行

允许用户使用命令行的方式运行 DOS 或者 Windows 应用程序，也可以用这个对话框打开文件夹。

例如，如果运行用户自己设计的"试题生成系统"程序，文件名为"tkxt.exe"。首先用鼠标单击『开始』按钮打开『开始』菜单，并将鼠标指针移至"运行"处，单击"运行"命令，弹出图 2-23 所示的"运行"对话框，在"打开"文本框中键入需要运行的文件名及其路径，然后单击"确定"按钮即可。

图 2-23 "运行"对话框

2.2.5 任务栏

任务栏位于 Windows 7 桌面的底部，而且不会被其他窗口所覆盖，如图 2-24 所示。它由 3 个部分组成："开始"按钮，用于打开『开始』菜单；中间部分，显示已打开的程序和文件，并可以在它们之间进行快速切换；通知区域，包括时钟及一些显示特定程序和计算机工作状态的图标。

图 2-24　任务栏

每次启动一个程序或打开一个窗口后，任务栏上就会出现一个代表该窗口的按钮，如图 2-24 所示。在关闭一个窗口之后，其按钮也将从任务栏上消失。

任务栏的右边是时钟。要查看或更改这些设置，只需双击相应的图标。

用户可以调整任务栏的大小。用鼠标右键单击任务栏上的任何空白区域，弹出一个快捷菜单，如果"锁定任务栏"旁边带有复选标记，则表明任务栏已锁定。单击"锁定任务栏"，可以解除锁定任务栏，即删除复选标记。将鼠标指针指向任务栏的边缘，当鼠标指针变为"↕"形状时，按住鼠标左键拖曳边框即可调整任务栏的大小。

在 Windows 7 系统中可采用以下 3 种方法来快速切换窗口。

方法 1：将鼠标停留在任务栏中某个运行的程序图标上，任务栏上方就会显示该类已经打开的小预览窗口，然后将鼠标移动到需要的预览窗口上，会即时在桌面上显示该内容的界面状态，单击该预览窗口即可快速打开该内容界面。

方法 2：按住<Alt>键，在任务栏中已打开的程序图标上单击鼠标左键，任务栏中该图标上方就会显示该类程序打开的文件预览窗口。松开<Alt>键，按<Tab>键，就会在该类程序几个文件窗口间切换，大大缩小了切换范围，使得窗口定位的速度更快，如图 2-25 所示。

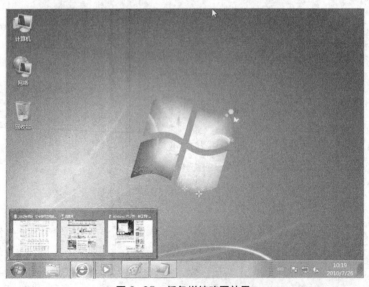

图 2-25　任务栏缩略图效果

方法 3：使用 Windows Flip 3D。当用户按<Win + Tab>组合键时，Windows 会动态显示桌面上所有打开的三维堆叠视图的窗口（见图 2-1）。在该视图中，用户可以反复按<Win + Tab>组合键来查找指定的窗口，并将其置顶。

2.2.6　窗口介绍

在熟练使用 Windows 7 之前，首先要掌握 Windows 7 窗口的操作基础，而要掌握 Windows 7 的窗口操作，又先要熟悉 Windows 7 窗口中的元素，如图 2-26 所示。

图 2-26　"Windows 7"窗口

下面将介绍如何移动、缩放窗口及 Windows 7 的界面操作基础。

1．移动窗口

在需要移动的窗口标题栏上按下鼠标左键不放，拖曳鼠标到所需的窗口位置，然后松开鼠标左键，这时窗口就移动到所需的位置上了。

2．缩放窗口

用户可以根据自己的需要任意改变窗口的大小，只需将鼠标移动到窗口的 4 个边框之上，待鼠标指针形状由 ↖ 变成 ↕ 或 ↔ 之后就可以对窗口的大小分别进行水平调整或垂直调整。若将鼠标移动到窗口的 4 个边框对角之上，待鼠标指针形状由 ↖ 变成 ↘ 或 ↗ 之后就可以沿对角线调整窗口的大小（即同时调整窗口的水平和垂直大小）。

3．滚动窗口中的内容

如果窗口中的内容较多，不能显示在当前大小的窗口中，则会出现水平滚动条和（或）垂直滚动条，用户可以使用鼠标拖曳滚动条上的滚动滑块，或者单击滚动箭头，水平或垂直滚动窗口中的内容，如图 2-26 所示。

4．关闭窗口

Windows 7 中所有窗口标题栏的最右边均有一个关闭按钮 ✕（见图 2-26），单击这个按钮即可关闭窗口。也可以用鼠标单击窗口中的"文件"菜单，选择"退出"命令即可退出窗口。

2.3　资源管理器

在 Windows 7 中，资源管理器是进行文件管理的实用程序，提供了管理文件的最好方法。它能对文件及文件夹进行管理，还能对计算机的所有硬件、软件及控制面板、回收站进行管理。

2.3.1 文件

在介绍 Windows 7 系统的"资源管理器"之前，首先介绍 4 个概念：长文件名、文件夹、库和快捷方式。

1. 长文件名

从 Windows 95 开始就可以使用长文件名，即可以使用长达 255 个字符的文件名，其中还可以包含空格，字符有大小写之分。使用长文件名可以用描述性的名称帮助用户记忆文件的内容或用途，如用户写了一篇论文，题目为"多媒体设计技术"，如果是用 Word 编辑的，那么可以将这篇论文文件命名为"多媒体设计技术.doc"。当然，Windows 7 系统继承了这一特点。

2. 文件夹

文件夹是 Windows 7 系统中重要概念之一，是存储文件的容器，是系统组织和管理文件的一种形式，是为方便用户查找、维护和存储而设置的，用户可以将文件分门别类地存放在不同的文件夹中。

文件夹下还可以包含其他文件夹（称为"子文件夹"）。用户可以创建任意数量的子文件夹，每个子文件夹中又可以容纳任意数量的文件和其他子文件夹。

3. 库

库收集不同位置的文件，并将其显示为一个集合，无论其存储位置如何，也无需从其存储位置移动这些文件。Windows 7 包含 4 个默认库，分别是文档库、图片库、音乐库和视频库。用户可以从『开始』菜单打开常见库，如图 2-27 所示。

在某些方面，库类似于文件夹。例如，打开库时将看到一个或多个文件。但与文件夹不同的是，库可以收集存储在多个位置的文件。库实际上不存储项目，只是监视所包含项目的文件夹，并允许用户以不同的方式访问和排列这些项目。例如，如果在硬盘和外部驱动器上的文件夹中有音乐文件，则可以使用音乐库来访问这些音乐文件。

图 2-27　系统默认库

4. 快捷方式

快捷方式实际上是一个磁盘文件，它的作用是快速运行应用程序。快捷方式不仅包括应用程序的位置信息，还有一些运行参数，这些参数是快捷方式的属性，可以通过激活快捷方式的属性对话框进行修改。

2.3.2 "资源管理器"窗口

在 Windows 7 中启动资源管理器的方法有 3 种。

① 利用『开始』菜单：用鼠标单击『开始』按钮，在弹出的『开始』菜单中单击"所有程序"，在左边窗口中单击"附件"菜单，最后在"附件"子菜单中选择"Windows 资源管理器"即可。

② 利用任务栏：用鼠标单击任务栏中的"Windows 资源管理器"按钮 ▨ （见图 2-24）。

③ 利用组合键：<Win + E>。

Windows 7 资源管理器窗口界面如图 2-28 所示。

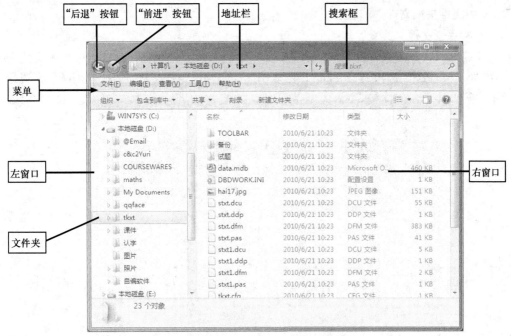

图 2-28　Windows 7 资源管理器窗口

图 2-28 所示为典型的 Windows 7 资源管理器窗口，它主要由两个子窗口构成，左边一个窗口用来列出树形结构的文件夹列表，即每个文件夹的路径，右边一个窗口用来列出被选中文件夹中的内容。例如，如果用户用鼠标单击左边窗口中的文件夹"tkxt"，使文件夹"tkxt"变色，那么右边窗口就会列出文件夹"tkxt"中的所有文件夹（下一级子目录）和所有文件目录及它们的大小、类型、修改时间等。

1．"后退"和"前进"按钮

"后退"按钮：它的作用是回到最近一次查看过的文件夹。在查看文件夹的过程中，如果要返回到上一次访问过的文件夹，可单击工具栏上的"后退"按钮。

"前进"按钮：它的作用是前进到最后一次后退之前的文件夹。如果想转到下一个文件夹，可单击工具栏上的"前进"按钮。

这两个按钮可与地址栏一起使用。例如，用户使用地址栏更改文件夹后，可以使用"后退"按钮返回到前一个文件夹。

2．地址栏

用户使用地址栏可以导航至指定的文件夹或库，或返回前一个文件夹或库。可以通过单击某个链接或键入位置路径来导航到其他位置。

3．搜索框

搜索框位于资源管理器的右侧顶部，在搜索框中键入词或短语可查找当前文件夹或库中的文件夹和文件。它根据所键入的文本筛选当前视图。搜索将查找文件名和文件内容中的文本，以及标记等文件属性中的文本。在库中搜索时，将遍历库中所有文件夹及其子文件夹。

2.3.3　文件夹和文件的常用操作

文件夹和文件的操作是 Windows 资源管理器的一项主要功能，它将用户对文件夹的创建，文件夹和文件的复制、移动、改名、删除、属性的修改等日常操作变得非常简单。

1．选中文件夹或文件

（1）选中一个文件夹或文件

在对某个文件夹或者文件进行操作之前，必须选择被操作的对象。例如，要复制文件夹"tkxt"中的文件"数据结构（本）.mdb"，在复制之前必须选中该文件，方法是用鼠标在资源管理器的左窗口中单击文件夹"tkxt"，使它变色，如图 2-29 所示，表示文件夹"tkxt"已经被选中。

图 2-29　选中单个文件

（2）选中多个不连续的文件夹或文件

如果要选中多个文件，只需按下<Ctrl>键不放，用鼠标单击需要的文件，这时可以看到被选中的文件名都变色了，如图 2-30 所示。

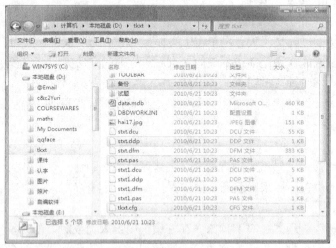

图 2-30　选中不连续的多个文件

（3）选中连续的若干个文件夹或文件

如果要选中连续的若干个文件，可以用鼠标单击需要选中的第一个文件（或最后一个文件），然后按住<Shift>键不放，再用鼠标单击最后一个文件（或第一个文件），即可选中连续的若干个文件。

（4）选中全部文件

如果要选中全部文件，可以用鼠标单击"资源管理器"中的"编辑"菜单，然后将滚动条拖至"全选"菜单项处并单击它，即可选中全部文件。也可以按<Ctrl＋A>组合键来选中全部文件。

2．建立新文件夹

如果想在某一个文件夹中创建一个新的文件夹，则首先需要选中该文件夹。例如，要在如图 2-30 所示的文件夹"tkxt"下建立一个新文件夹"tkxtbak"，应先单击左窗口中的"tkxt"图标以选中它，然后在"文件"菜单中，选中"新建"选项以便弹出其级联菜单。在级联菜单中选择"文件夹"选项并单击它，这时在资源管理器右窗口中会显示如图 2-31 所示的默认名为"新建文件夹"的文件夹图标，然后键入文件夹名字"tkxtbak"，就完成了该文件夹的创建，如图 2-32 所示。

图 2-31　在 tkxt 中创建一个新文件夹

图 2-32　在 tkxt 中创建 tkxtbak 文件夹

3．文件夹或文件重命名

更改文件夹名和更改文件名的方法完全相同，有 3 种方法可以用来更改文件夹名和文件名，下面以将文件夹"tkxtbak"更名为"tk"为例，介绍这 3 种方法的操作步骤。

（1）用"文件"菜单

首先用鼠标选中文件夹"tkxtbak"，然后单击"文件"菜单，并将滚动条拖至"重命名"选项，在单击该菜单项后，文件夹"tkxtbak"变为可编辑状态，如图 2-33 所示，这时键入新文件夹名"tk"，就完成了更改文件夹名的操作，如图 2-34 所示。

图 2-33　使用文件菜单更改文件夹名

图 2-34　更改完文件夹名的窗口

（2）用快捷菜单

将鼠标放在需要更改的文件夹"tkxtbak"上，单击鼠标右键，在弹出的快捷菜单中选择"重命名"命令，则文件名变为可编辑状态，键入新文件夹名"tk"就可完成文件夹的重命名。

（3）用鼠标单击

这是一种最便捷的方法，用鼠标单击文件夹"tkxtbak"使之变色，即选中该文件夹，在文件夹名称处再次单击就会出现文件夹名的编辑状态，键入新文件夹名"tk"即可完成文件夹的重命名。

4．删除文件夹或文件

删除文件夹的操作也很简单，需要提醒的是，如果删除了文件夹则该文件夹内的文件及子文件夹将全部被删除，执行此操作前应确认是否真正要删除该文件夹中的所有内容。Windows系统默认会弹出一个如图2-35所示的确认是否删除的对话框，为用户提供了一个补救误操作的机会。

图2-35　删除文件夹确认对话框

删除文件夹和删除文件的方法完全相同，下面介绍删除文件夹的4种方法。

（1）用"文件"菜单

用鼠标选中要删除的文件夹，单击"文件"菜单中"删除"菜单项，这时就会弹出如图2-35所示的删除文件夹确认对话框，如果用户确实要删除该文件夹，则用鼠标单击"是"按钮，即可删除该文件夹。

（2）利用快捷菜单

将鼠标放在需要删除的文件夹上，单击鼠标右键，在弹出的快捷菜单中选择"删除"命令，这时就会弹出如图2-35所示的删除文件夹确认对话框，单击"是"按钮，即可删除该文件夹。

（3）利用键盘

用鼠标选中要删除的文件夹，然后按键盘上的<Del>键，就会弹出如图2-35所示的删除文件夹确认对话框，单击"是"按钮，即可删除该文件夹。

（4）利用鼠标拖曳

单击要删除的文件夹图标并拖曳它到桌面上的回收站图标上，释放鼠标左键，即可删除该文件夹。

5．永久删除或恢复文件夹和文件

前面介绍了4种删除文件夹和文件的方法，在对指定的文件夹和文件做了删除操作之后，实际上并没有真正删除，而是将其移入了回收站，如果希望永久删除或者恢复文件夹和文件，则到回收站中进行相应操作即可完成此工作。

用鼠标双击Windows 7桌面上的回收站图标，即可打开如图2-36所示的"回收站"窗口。

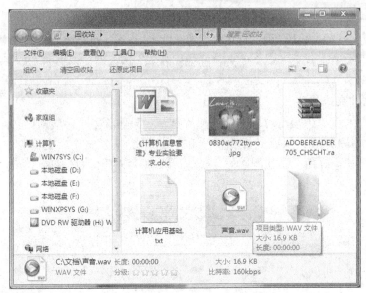

图 2-36　"回收站"窗口

在回收站中最常用的操作有 3 个：清空回收站、永久删除指定文件和恢复文件。

（1）清空回收站

在如图 2-36 所示的"回收站"窗口中，在未选中任何文件时单击"文件"菜单，如图 2-37 所示，选择"清空回收站"命令，此时回收站中的所有文件夹及文件全部被永久删除。清空回收站操作是在确定回收站中内容无用的情况下，迅速永久删除所有文件，挪出可用磁盘空间的有效方法。

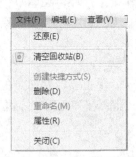

图 2-37　回收站的"文件"菜单

（2）永久删除指定文件

在如图 2-36 所示的"回收站"窗口中，在文件列表中选中确实要永久删除的文件，然后单击"文件"菜单，选择"删除"命令，此时系统仍会提示是否确认删除，选择"是"按钮后则可永久删除选中的文件。

（3）恢复文件

在如图 2-36 所示的"回收站"窗口中，如果发现有些文件不应该删除，需要恢复，则用鼠标选中要恢复的文件，然后单击"文件"菜单，选择"还原"命令，此时被选中的文件将从"回收站"窗口中消失，还原到删除前所在的位置。

6．复制文件夹或文件

复制文件夹或文件是经常要执行的文件操作。用户可以将一个文件夹中的一个或多个文件复制到另一个文件夹中，或者将一个文件夹或多个文件夹复制到另一个文件夹中。用户还可以将文件夹或文件复制到其他的磁盘中。

复制文件夹和复制文件的方法完全相同，下面只介绍复制文件夹的 4 种方法。

（1）利用“编辑”菜单

用鼠标选中要复制的文件夹，单击“编辑”菜单中的“复制”命令，如图 2-38 所示，再用鼠标选中需要复制的目的磁盘及其文件夹，最后单击“编辑”菜单中“粘贴”命令，就可以将指定文件夹及其文件夹下的所有文件和所有子文件夹都复制到指定的位置。

图 2-38　编辑菜单

（2）利用快捷菜单

将鼠标指针放在需要复制的文件夹上，单击鼠标右键，在弹出的快捷菜单中单击“复制”命令，再将鼠标指针放在目的磁盘及其文件夹上，单击鼠标右键，在弹出的快捷菜单中单击“粘贴”命令，即可完成文件夹的复制。

（3）利用键盘

用鼠标单击要复制的文件夹，按<Ctrl + C>组合键，再用鼠标选中目的磁盘及其文件夹，按<Ctrl + V>组合键，即可完成文件夹的复制。

（4）利用鼠标拖曳

单击需要复制的文件夹图标并拖曳它到目的磁盘及其文件夹上，释放鼠标左键，即可完成文件夹的复制。

7．移动文件夹或文件

前面已经介绍过，复制文件夹和文件的方法有 4 种，但归纳起来，不管是哪一种方法，都有如下两个步骤。

① 选中需要复制的文件夹或文件并“复制”。

② 选中目的磁盘及其文件夹后进行“粘贴”。

移动文件夹和文件的方法与复制文件夹和文件的方法基本相同，不同的是第一步。移动文件夹和文件的方法是选中需要移动的文件夹或文件后进行“剪切”。其中“剪切”的方法也有几种，如可以利用“编辑”菜单中的“剪切”命令、快捷菜单中的“剪切”命令、按<Ctrl + X>组合键进行“剪切”等。

8．设置文件夹或文件的属性

文件夹和文件的属性有 3 种：只读文件、隐含文件和归档文件。用户可以通过设置文件夹或文件的属性来保护文件。例如，用户设计了一个应用程序"试题生成系统"，程序名为"tkxt.exe"，存放在 D 盘的文件夹"tkxt"中，为了避免误删除或者不希望别人知道在 D 盘上存放有文件夹"tkxt"，可将文件夹"tkxt"的属性设置为"隐藏"，这样别人就看不见该文件夹了，而将该文件夹下面的文件"tkxt.exe"的属性改为"只读"，别人则不能修改该文件。

修改文件夹或者文件属性的方法非常简单，下面介绍两种方法。

（1）利用"文件"菜单

用鼠标选中需要修改属性的文件夹或者文件，单击"文件"菜单中"属性"菜单命令后，出现如图 2-39 所示的设置文件夹或者文件属性的对话框。假如希望将该文件夹或者文件的属性设置为"隐藏"，只需用鼠标单击对话框中"隐藏"复选框，使之出现"☑隐藏(H)"，然后单击"确定"按钮就完成设置。用同样的方法可以设置其他属性。

（2）利用快捷菜单

将鼠标放在需要修改属性的文件夹或者文件上，单击鼠标右键，在弹出的快捷菜单中选择"属性"命令，弹出如图 2-39 所示的设置文件夹或者文件属性的对话框，后面的步骤同（1）。

图 2-39 "修改文件属性"对话框

9．查找文件

通常在计算机硬盘上都存放有成千上万个文件和文件夹，有些文件在长时间的使用过程中，用户可能会忘记其保存位置，如果需要查找这些文件，就需要用到 Windows 7 系统提供的搜索功能。

用户可以使用搜索框查找文件。若要查找文件，打开最有相关性的文件夹或库作为搜索的起点，然后单击搜索框并键入关键词。如果文件或文件夹名称不清楚，可以使用文件通配符"?"和"*"代替不清楚部分，例如，"计算机*"，可得如图 2-40 的结果。其中通配符"?"表示任意一个字符，"*"表示任意多个字符。用"搜索"功能也可同时搜索多个文件，只需要用逗号、分号或空格将文件隔开，例如，"计算机 英语 数学"。

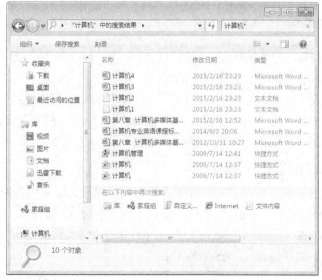

图2-40 搜索文件效果

如果基于属性（如文件类型）搜索文件，可以在键入关键词前，单击搜索框，然后选择搜索框正下方的某一属性来缩小搜索范围。这样会在搜索条件中添加一条"搜索筛选器"（如"类型"），可得到更准确的结果。或在"在这里寻找"下拉列表框中选定待查找文件的位置，缩小搜索的范围，如"本地硬盘（C:）""本地硬盘（D:）""My Documents"。

10．共享

在 Windows 7 中，用户可以与他人共享文件和文件夹，甚至整个库。共享最快速的方式是使用 Windows 7 资源管理器中"共享"菜单。在资源管理器中，选中要共享的文件夹，然后单击"共享"菜单，进行简单设置后即可共享，如图 2-41 所示。

在"共享"菜单中有如下 4 个选项。

① 不共享：表示该文件夹取消共享。

② 家庭组（读取）：表示共享该文件夹，且共享属性设置为只读。

③ 家庭组（读取/写入）：表示共享该文件夹，且共享属性设置为读写。

④ 特定用户：如果家庭组中的计算机比较多，只想把文件共享给特定的人，选择该选项。弹出如图 2-42 所示的对话框，选择需要共享的计算机名即可。如果列表中没有用户需要的计算机名，可以单击"添加"按钮将其添加进去。

图2-41 设置"共享"菜单

图2-42 "文件共享"对话框

2.4 磁盘维护

Windows 7 不仅可以方便地管理计算机中的文件，而且还可以方便地管理磁盘驱动器。在本节中，将介绍如何使用和维护计算机中的硬盘。

针对磁盘的使用，Windows 7 提供了多种工具，如监视计算机性能的工具"资源监视器"，用户可以使用它监视系统资源的使用情况；使用"磁盘碎片整理程序"，则可以对硬盘进行重新整理，从而提高硬盘的性能；使用"磁盘清理"，可以释放硬盘空间，提高系统性能等。

2.4.1 格式化磁盘

格式化磁盘就是在磁盘内进行磁盘分割，标识内部磁盘，以方便存取。在使用新的磁盘存储数据之前，用户应当首先将其格式化。格式化硬盘可分为高级格式化和低级格式化，高级格式化是指在 Windows 操作系统下对硬盘进行的分区和格式化操作；低级格式化是指在高级格式化操作之前，对硬盘进行的物理格式化。

操作步骤如下。

① 在资源管理器中选中要格式化的磁盘，如 D 盘。

② 用鼠标右键单击 D 盘，在弹出的快捷菜单中选择"格式化"命令，弹出图 2-43 所示的"格式化 本地磁盘"对话框。

③ 在"格式化 本地磁盘"对话框中设置如下参数。

图 2-43　"格式化本地磁盘"对话框

- 容量：如果对软盘进行格式化，在"容量"下拉列表中要选择格式化磁盘的容量（3.5 英寸软盘的容量有 1.44MB 和 720KB，5.25 英寸软盘的容量有 1.20MB 和 360KB）。如果对硬盘分区进行格式化，则选择默认容量。

- 文件系统：Windows 7 支持 3 种文件系统，它们是 FAT、FAT32 和 NTFS。NTFS 相对稳定，是服务器硬盘的首选；FAT32 相比 NTFS 速度较快，但稳定性稍差；FAT 文件系统主要用于软盘，是较早使用的一种文件系统。

- 分配单元大小：文件占用磁盘的基本单位。只有当文件系统采用 NTFS 才可以选择，其他情况都用默认值。

- 卷标：磁盘的内部名称，也可以改变。卷标的名称可以示意盘中的主要内容，光盘、USB 盘常用卷标名称进行分类标识。

- 快速格式化：只是对已格式化过的磁盘上的文件进行删除，并不对磁盘盘面进行检测，所以速度很快。若不选择"快速格式化"，则默认为全面格式化（正常格式化）。

④ 完成所有选项的设置后，单击"开始"按钮，即开始进行格式化。此时在对话框的底部可以看到格式化执行的进展情况，直到格式化完成为止。

提示

当 Windows 7 系统正在运行时，不能格式化安装有 Windows 7 系统的硬盘分区。如果用户需要格式化该硬盘，只能在退出 Windows 7 系统的情况下，用其他方法来完成。

2.4.2　清理磁盘

使用磁盘清理程序可以释放硬盘驱动器空间，删除临时文件、Internet 缓存文件和不需要的文件，腾出它们占用的系统资源，以提高系统性能。

用户可指定要删除的文件类型，释放其所占用的磁盘空间，在进行清理时会将其删除。操作步骤如下。

① 用鼠标单击『开始』按钮，在弹出的『开始』菜单中选择"所有程序"，在左边菜单中选择"附件"，在"附件"子菜单中选择"系统工具"，最后选择"磁盘清理"命令，弹出"磁盘清理：选择驱动器"对话框。

② 在"驱动器"下拉列表中选择需要清理的磁盘，单击"确定"按钮，弹出图 2-44 所示的"磁盘清理"对话框。

③ 在"要删除的文件"列表中选中需要删除的文件项目（如果要删除 Internet 临时文件，则将 Internet 临时文件前的复选框打上"√"）。

④ 单击"确定"按钮即可开始清理工作。

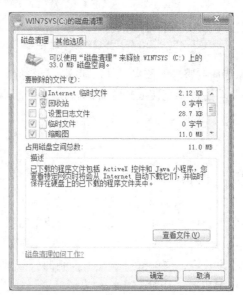

图 2-44　"磁盘清理"对话框

2.4.3　磁盘碎片整理

磁盘在使用一段时间之后，经过反复的删除和复制文件，磁盘中的空闲扇区会分散在不连续的物理位置上，从而使得磁盘上的文件保存在不连续的扇区中，这样在读写文件时就会增加磁头的移动次数，降低系统读写磁盘的速度。

为了提高磁盘的性能，可以使用磁盘整理工具"磁盘碎片整理程序"重新整理磁盘，从磁盘的开始位置存放文件，将文件存放在连续的扇区中，从而在存储文件的扇区后形成连续的空闲空间，用于存储以后生成或复制的文件，这样就可以有效地提高磁盘的读写性能。

使用"磁盘碎片整理程序"整理磁盘的步骤如下。

① 用鼠标单击『开始』按钮，在弹出的『开始』菜单中选择"所有程序"，在左边菜单中选择"附件"，在"附件"子菜单中选择"系统工具"，最后选择"磁盘碎片整理程序"命令，弹出如图 2-45 所示的"磁盘碎片整理程序"对话框。

图 2-45 "磁盘碎片整理程序" 对话框

② 在 "磁盘" 列表中选择要整理的磁盘，然后单击 "磁盘碎片整理" 按钮，进入磁盘整理进程。需要注意的是，整理磁盘要花费很长的时间，特别是整理硬盘，用户要耐心等待。

2.5 控制面板

2.5.1 "控制面板" 窗口

系统的所有资源包括软硬件资源都是可以调整设置的，用户可以根据自己的需要和喜好来修改这些设置以使软硬件资源被合理利用，满足用户的使用习惯，并使系统界面富有个性。例如，更改主题、背景颜色、屏幕保护方式、鼠标、键盘、日期时间、桌面墙纸的设置、显示颜色深度及显示分辨率的设置等，这些都可以在 "控制面板" 里进行。

单击『开始』按钮，在弹出的『开始』菜单右边菜单中选择 "控制面板" 命令，弹出图2-46 所示的 "控制面板" 窗口。

图 2-46 "控制面板" 窗口

"控制面板"中有很多功能项目，在本节中只介绍一些常用的功能。

2.5.2 用户账户

"用户账户和家庭安全"功能选项主要用来实现账户管理、家长控制设置、用户信息卡管理、登录凭据管理、邮件功能等，这里只介绍"用户账户"功能选项。用鼠标单击"控制面板"窗口中的"用户账户和家庭管理"图标，弹出如图2-47所示的"用户账户和家庭安全"窗口。

图 2-47 "用户账户和家庭安全"窗口

为了保障计算机系统和数据安全，Windows 7允许为使用计算机的每一个用户建立自己的专用账户，不同账户可能有着不同的权限，在启动Windows 7时必须输入正确的用户名和密码。

1．账户类型

Windows 7有3种类型的用户账户：管理员账户、标准账户和来宾账户。每种类型有着不同的权限。

（1）管理员账户

管理员账户又称超级用户，是允许完全访问计算机的用户账户类型。管理员账户可以对计算机进行最高级别的控制。

Windows 7要求一台计算机上至少有一个管理员账户。安装Windows 7时，会要求创建用户账户。此账户就是管理员账户，默认为Administrator。

如果用户是管理员，则可以更改其他用户的账户类型，如管理员或标准账户。

（2）标准账户

标准账户是一种可用于安装软件或更改系统配置，但不影响其他用户或计算机安全性的用户账户。

完成计算机设置后，建议使用标准用户账户进行日常计算机使用。这样可防止用户做出对该计算机的所有用户造成影响的更改（如删除计算机工作所需要的文件），从而更好地帮助保护用户的计算机。

使用标准账户登录到Windows时，可以执行管理员账户下的大多数操作。但是如果要执行影响该计算机其他用户的操作，如安装软件或更改安全设置，则Windows会要求提供管理员账户的密码。

如果计算机上只有一个账户，则无法更改为标准账户。

（3）来宾账户

来宾账户主要针对需要临时使用计算机的用户。如果希望他人具有对计算机的临时访问权，则可以创建来宾账户。使用来宾账户无法安装软件或硬件、更改设置或者创建密码。由于来宾账户允许用户登录到网络、浏览Internet及关闭计算机，因此应该在不使用时将其禁用。

来宾账户只能启用或者关闭，不能将其转换为标准账户或者管理员账户。

2．创建用户账户

通过用户账户，多个用户可以轻松地共享一台计算机。每个用户都可以有一个具有唯一设置和首选项（如桌面背景或屏幕保护程序）的单独用户账户。

创建用户账户的操作步骤如下。

① 用鼠标单击如图 2-46 所示"用户账户和家庭安全"窗口中的"添加或删除用户账户"选项，弹出如图 2-48 所示的"管理账户"窗口。

② 单击"创建一个新账户"选项，弹出如图 2-49 所示的"创建新账户"窗口。

③ 在文本框中输入新账户名称后单击"创建账户"按钮即可。

图 2-48 "管理账户"窗口

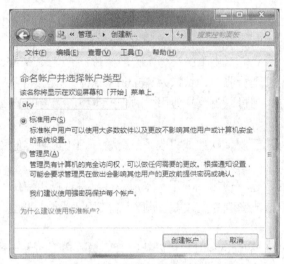

图 2-49 "创建新账户"窗口

3．设置账户密码

为了确保系统安全，每个账户都应该设置登录密码，操作步骤如下。

① 用鼠标单击如图 2-48 所示"用户账户和家庭安全"窗口中的"添加或删除用户账户"选项，弹出如图 2-50 所示的"管理账户"窗口。

② 用鼠标单击需要设置账户密码的账户名称，如单击"aky"图标，弹出如图 2-51 所示的"更改账户"窗口。

图 2-50 "管理账户"窗口

图 2-51 "更改账户"窗口

③ 单击"创建密码"选项，弹出如图 2-52 所示的"创建密码"窗口。

图 2-52 "创建密码"窗口

④ 根据窗口中的提示输入该账户的新密码和确认密码，最后单击"创建密码"按钮即可。

4．删除用户账户

管理员用户可以删除其他用户账户。当删除某用户账户时，可以选择是否保留该账户创建的文件，但该账户的电子邮件和计算机设置将被自动删除。

删除账户的方法很简单，只需在如图 2-51 所示的"更改账户"窗口中单击"删除账户"选项即可。

2.5.3 外观和个性化

Windows 7 系统的"外观和个性化"功能项目的内容很丰富，下面主要介绍如何设置 Windows 7 系统的桌面主题、桌面背景、屏幕分辨率和屏幕保护程序。

1．设置桌面主题

一个主题的风格决定了用户所看到的 Windows 的外观。主题是计算机上的图片、颜色和声音的组合，包括桌面背景、屏幕保护程序、窗口边框颜色和声音方案。Windows 7 提供了多个主题。

用户可以选择 Aero 主题使计算机界面更加美观；如果计算机配置较低，可以选择 Windows 7 基本主题；如果希望屏幕更易于查看，可以选择高对比度主题。操作步骤如下。

① 在"控制面板"窗口中单击"更改主题"选项，弹出如图 2-53 所示的"个性化"窗口。

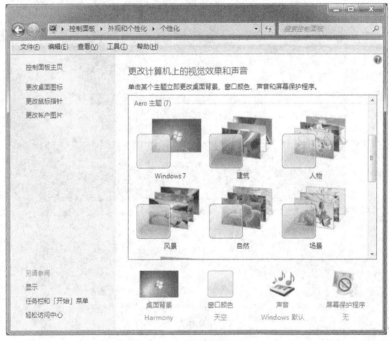

图 2-53 "个性化"窗口

② 在"Aero 主题"栏中有 7 种主题可供用户选择，用鼠标单击主题图标，Windows 桌面就会发生改变，直到用户选择到满意的主题为止。

提示 　将滚动条往下移动还可以看到 Windows 7 的基本主题和高对比度主题，用户可以根据需要进行选择。

2．设置桌面背景

桌面背景是 Windows 7 桌面的背景图片或者幻灯片，也称壁纸。桌面背景可以是个人收集的数字图片、Windows 提供的图片、纯色或带有颜色框架的图片。

用户可以选择一个图片作为桌面背景，可以选择对图片进行裁剪以使其全屏显示、拉伸图片以适合屏幕大小、平铺图片或者使图片在屏幕上居中显示。操作步骤如下。

① 在"控制面板"窗口中单击"更改桌面背景"选项，弹出如图 2-54 所示的"桌面背景"窗口。

图 2-54 "桌面背景"窗口

② Windows 7 系统提供了很多桌面背景图片，用户只需用鼠标单击背景图标，Windows 桌面就会发生改变，直到用户选择到满意的桌面背景图片为止。

③ 如果用户希望将自己准备的一张图片设置为桌面背景，只需用鼠标单击"图片位置"栏右边的"浏览"按钮，根据提示在硬盘上找到图片保存位置，然后在"图片位置"栏右边的下拉列表中选择即可。

④ 如果用户对图片在桌面上的显示效果不满意，还可以选择图片的显示方式。单击"图片位置"栏下面的"填充"按钮，弹出如图 2-55 所示的"填充"下拉列表，从中选择喜欢的填充方式。

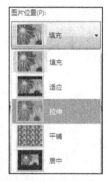

图 2-55 "填充方式"列表

⑤ 用户还可以使用幻灯片作为桌面背景，如果要在桌面上创建幻灯片背景，必须使用多张图片。用户可以使用自己的图片，也可以使用 Windows 某个主题提供的图片。方法是在如图 2-54 所示的"桌面背景"窗口中选中多张图片（只需在每张图片左上角的复选框中打上"√"即可），如图 2-56 所示。

图 2-56　"使用幻灯片作为桌面背景"窗口

通过单击"更改图片时间间隔"下拉列表中的项目，可选择幻灯片变换图片的时间间隔，选中"无序播放"复选框，图片将以随机顺序显示。

⑥ 设置完成后，单击"保存修改"按钮即可。

3．设置显示分辨率

屏幕分辨率的大小直接影响屏幕所能显示的信息量，较高的屏幕分辨率会减小屏幕上显示项目的大小，同时增大桌面上的相对空间。然而，屏幕分辨率的调整范围取决于显示器和显卡的性能，一般常用的分辨率有 640×480、800×600、1024×768，宽屏显示器一般是 1440×900，还有一种高清的分辨率是 1920×1080。为了达到更好的显示效果，可以对显示器的分辨率进行设置。操作步骤如下。

① 在"控制面板"窗口中单击"调整屏幕分辨率"选项，弹出如图 2-57 所示的"屏幕分辨率"窗口。

图 2-57　"屏幕分辨率"窗口

② 根据需要对"屏幕分辨率"窗口中的参数进行设置。

● 显示器：设置显示器的型号，此处一般情况下选择默认设置。

● 分辨率：用鼠标单击右边的"下箭头"按钮，在弹出的下拉列表中选择用户需要的分辨率即可。

● 方向：用鼠标单击右边的"下箭头"按钮，在弹出的下拉列表中选择一种显示方式即可，如图 2-58 所示。

③ 设置完成后，单击"确定"按钮。

图 2-58 显示方向

4．屏幕保护程序

屏幕保护程序是一种特殊的应用程序，如果用户打开了 Windows 的屏幕保护功能，而且在指定的时间段内没有任何输入，系统就会自动启用屏幕保护程序。设置屏幕保护程序的最初目的是为了防止显示器的老化，延长显示器的使用寿命。随着科技的发展，如今的屏幕保护程序更多是作为一种娱乐，或通过提供密码保护来增强计算机安全性。

Windows 7 提供了多个屏幕保护程序，用户也可以使用保存在计算机上的个人图片来创建自己的屏幕保护程序，还可以从网站上下载更多的屏幕保护程序。

设置屏幕保护程序操作步骤如下。

① 在"控制面板"窗口中单击"外观和个性化"选项，弹出如图 2-59 所示的"外观和个性化"窗口。

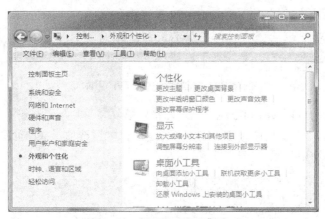

图 2-59 "外观和个性化"窗口

② 单击"更改屏幕保护程序"选项，弹出如图 2-60 所示的"屏幕保护程序设置"对话框。

③ 在"屏幕保护程序"栏下面单击"下箭头"按钮，在弹出的下拉列表中选择一种屏幕保护程序。

④ 在"等待"数字输入框中输入等待时间。如输入"10"，则表示在 10min 内没有任何输入，系统就会自动启用屏幕保护程序。

⑤ 若需要密码保护，可以选中"在恢复时显示登录屏幕"复选框。

⑥ 最后单击"确定"按钮。

计算机的闲置时间达到"等待"数字输入框中设置的值时，屏幕保护程序将自动启动。要终止屏幕保护的画面，只需移动鼠标或按任意键。

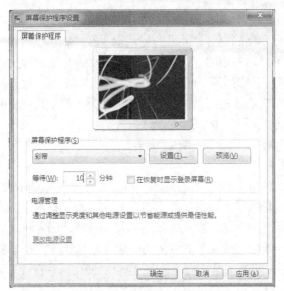

图 2-60 "屏幕保护程序设置"对话框

2.5.4 系统日期和时间设置

系统日期和时间总是出现在任务栏的最右边。任务栏上的时间一般只显示"时：分"，如图 2-61 所示。

图 2-61 "任务栏"中显示日期和时间

如果发现系统的日期和时间出现了误差，希望修改它，操作步骤如下。

① 在"控制面板"窗口中单击"时钟、语言和区域"选项，弹出如图 2-62 所示的"时钟、语言和区域"窗口。

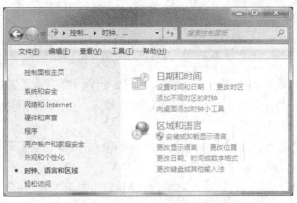

图 2-62 "时钟、语言和区域"窗口

② 单击"设置时间和日期"选项，弹出如图 2-63 所示的"日期和时间"对话框。

③ 单击"更改日期和时间"按钮，弹出如图 2-64 所示的"日期和时间设置"对话框。

④ 在这个对话框中，用户可以调整日期和时间。设置日期的方法非常直观，在"日期"栏设置年、月、日，在右边的时间数字输入框中输入正确的时间。注意，时间的数字输入框

虽然看起来是一个输入框，其实为 3 个输入框，分别为时、分、秒，中间用“:”分隔。

图 2-63 "日期和时间"对话框

图 2-64 "日期和时间设置"对话框

2.5.5 鼠标和键盘设置

鼠标和键盘是计算机使用最频繁的设备，几乎所有的操作都要用到鼠标和键盘。

1．鼠标设置

用户可以通过多种方式来定义鼠标。例如，可以交换鼠标按钮的功能，使鼠标指针可见效果更好，还可以更改鼠标滚轮的滚动速度。操作步骤如下。

① 在"控制面板"窗口中单击"硬件和声音"选项，弹出如图 2-65 所示的"硬件和声音"窗口。

② 单击"鼠标"选项，弹出如图 2-66 所示的"鼠标 属性"对话框，选择"鼠标键"选项卡。

图 2-65 "硬件和声音"窗口

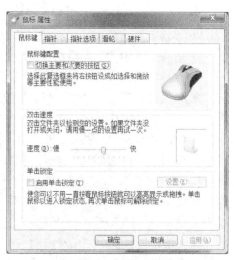

图 2-66 "鼠标 属性"对话框

③ 根据需要对"鼠标键"选项卡参数进行设置。

● 鼠标键配置：系统默认鼠标左键为主要键，若选中"切换主要和次要的按钮"复选框，则设置鼠标右键为主要键（适合惯用左手的用户）。

● 双击速度：拖动滑块可调整鼠标的双击速度，双击旁边的文件夹可检验设置的速度。

● 单击锁定：若选中"启用单击锁定"复选框，则可以在移动项目时不用一直按着鼠标键。单击"设置"按钮，在弹出的"单击锁定的设置"对话框中可调整实现单击锁定需要按鼠标键或轨迹球按钮的时间。

④ 单击"指针"选项卡，如图 2-67 所示。

在"方案"下拉列表中提供了多种鼠标指针的显示方案，用户可以选择自己喜欢的鼠标指针方案；在"自定义"列表框中显示了该方案中鼠标指针在各种状态下显示的样式，如果用户对某种样式不满意，可选中它，单击"浏览"按钮，打开"浏览"对话框，在该对话框中选择自己喜欢的鼠标指针样式。

⑤ 单击"指针选项"选项卡，如图 2-68 所示。

图 2-67 "指针"选项卡　　　　图 2-68 "指针选项"选项卡

⑥ 根据需要对"指针选项"选项卡参数进行设置。

● 移动：拖动滑块可调整鼠标指针的移动速度。

● 对齐：选中"自动将指针移动到对话框中的默认按钮"复选框，则在打开对话框时，鼠标指针会自动放在默认按钮上。

● 可见性：若选中"显示指针轨迹"复选框，则在移动鼠标指针时会显示指针的移动轨迹，拖动滑块可调整轨迹的长短；若选中"在打字时隐藏指针"复选框，则在输入文字时将隐藏鼠标指针；若选中"当按 CTRL 键时显示指针的位置"复选框，则按<Ctrl>键时会以同心圆的方式显示指针的位置。

⑦ 单击"滑轮"选项卡，如图 2-69 所示。对于有滑轮的鼠标用户，若要设置每滚动一个鼠标滚轮齿格时屏幕滚动的行数，可在"垂直滚动"栏选中"一次滚动下列行数"单选钮，然后在微调框中输入要滚动的行数。若要使每滚动一个鼠标滚轮齿格滚动整个文本屏幕，可在"垂直滚动"栏选中"一次滚动一个屏幕"单选钮。如果鼠标具有支持水平滚动的滚轮，在"水平滚动"栏的"鼠标滚轮可一次滚动显示以下数量的字符"微调框中，输入将滚轮向左或向右滚动时要水平滚动的字符数。

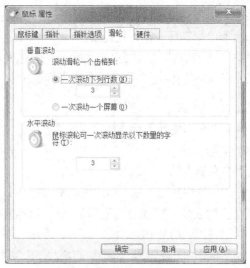

图 2-69 "滑轮"选项卡

⑧ 设置完成后，单击"确定"按钮。

2．键盘设置

自定义键盘设置可帮助用户更好、更高效地工作。通过自定义设置，可以设定在键盘字符开始重复之前按键的时间长度、键盘字符重复的速度，以及光标闪烁的频率等。操作步骤如下。

① 在"控制面板"窗口的搜索框中输入"键盘"文本，弹出如图 2-70 所示的"键盘搜索"窗口。

② 单击"键盘"选项，弹出如图 2-71 所示的"键盘 属性"对话框。

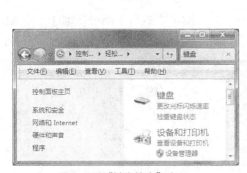

图 2-70 "键盘搜索"窗口

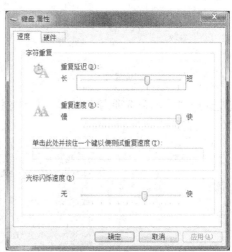

图 2-71 "键盘属性"对话框

③ 根据需要对"键盘属性"参数进行设置。

● 重复延迟：拖曳"重复延迟"滑块，可调整在键盘上按住一个键需要多长时间才开始重复输入该键。滑块可以左右滑动，向左滑动，表示重复延缓的时间长；向右滑动，表示重复的延缓时间短。

- 重复速度：该滑块用来设置调整在按住某个键时，该键代表的字符的重复速度。设置好这些参数后，可以立即单击其下的输入框，按住一个键试试字符重复的速度是否合适。
- 光标闪烁速度：用来设置在文本编辑框里的光标闪烁的速度，拖曳滑块，可调整光标的闪烁频率。改变闪烁频率能使用户更容易发现光标的位置。

2.5.6 汉字输入法的设置

Windows 7 中文版提供了多种中文输入法，其中包括全拼、双拼、微软拼音、郑码输入法等，当然还可以安装其他中文输入法。

1．添加 Windows 7 中文输入法

Windows 7 中文版内置了多种中文输入法，用户可以更改输入语言，以方便采用多种语言输入文本或编辑文档，但在使用之前，需要将它们添加到语言列表中。操作步骤如下。

① 用鼠标右键单击"任务栏"上的"输入法"图标，弹出如图 2-72 所示的快捷菜单。

② 单击"设置"命令，弹出如图 2-73 所示的"文本服务和输入语言"对话框。

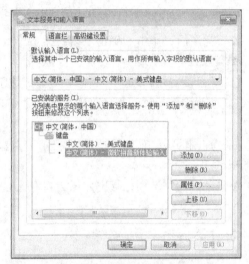

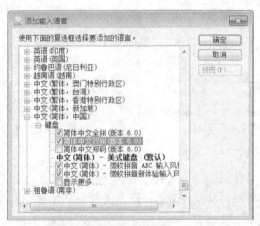

图 2-72 "输入法"快捷菜单　　　　　　　图 2-73 "文本服务和输入语言"对话框

③ 选择"常规"选项卡，单击"添加"按钮，弹出如图 2-74 所示的"添加输入语言"对话框。

图 2-74 "添加输入语言"对话框

④ 在该"添加输入语言"对话框中,将"中文（简体,中国）"展开,选择需要的输入法（在复选框中打上"√"即可）,然后单击"确定"按钮。此时在图 2-75 所示的"文本服务和输入语言"对话框中就可以看见添加的输入法了。

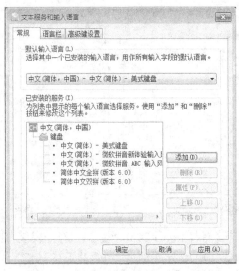

图 2-75 "文本服务和输入语言"对话框

⑤ 最后单击"确定"按钮即可。

2．安装其他中文输入法

目前,中文输入法种类繁多,如搜狗输入法、QQ 拼音输入法、自然码、五笔字型等。要在 Windows 7 中文版中使用这些输入法,必须将其安装到 Windows 7 系统中。下面以安装搜狗输入法为例来说明安装步骤和安装方法。

① 到网上下载一个搜狗输入法,并运行安装程序,弹出如图 2-76 所示的"安装向导"对话框。

② 单击"下一步"按钮,弹出如图 2-77 所示的"许可证协议"对话框。

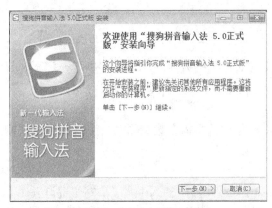

图 2-76 "安装向导"对话框

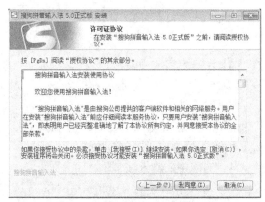

图 2-77 "许可证协议"对话框

③ 单击"我同意"按钮,弹出如图 2-78 所示的"选择安装位置"对话框。一般选择默认位置即可,如果希望安装到其他位置,单击"浏览"按钮,弹出一个"浏览文件夹"对话框,在其中选择需要安装搜狗输入法的位置。

④ 单击"下一步"按钮，弹出如图 2-79 所示的"选择'开始菜单'文件夹"对话框。如果选中"不要创建快捷方式"复选框，则系统不会在"开始"菜单中创建搜狗输入法菜单选项。

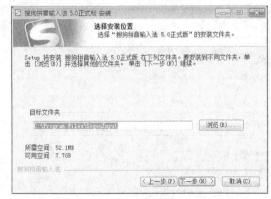 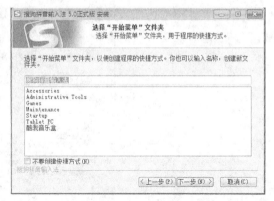

图 2-78 "选择安装位置"对话框   图 2-79 "选择'开始菜单'文件夹"对话框

⑤ 单击"下一步"按钮，弹出如图 2-80 所示的"选择安装'附加软件'"对话框。

⑥ 单击"安装"按钮，弹出如图 2-81 所示的"正在安装"对话框，此时系统正在对搜狗输入法进行安装，其中的进度条表示安装进度。

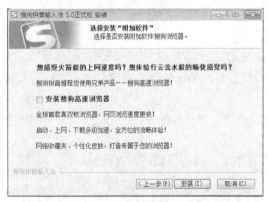 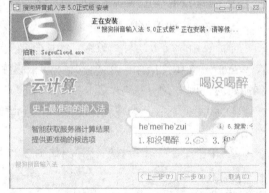

图 2-80 "选择安装'附加软件'"对话框   图 2-81 "正在安装"对话框

⑦ 当安装完成后，用户可以根据自己的需要对搜狗输入法的相关属性进行设置。此时在图 2-75 所示的"文本服务和输入语言"对话框中就可以看见"搜狗"输入法了。

3．输入法的删除

删除输入法非常简单，只需在图 2-75 所示对话框中选中需要删除的输入法，然后单击"删除"按钮，并单击"确定"按钮即可。

4．选用中文输入法

安装中文输入法后，就可以在 Windows 系统及应用程序中输入中文了。对于键盘操作，可以使用<Ctrl + 空格>组合键来启动或关闭中文输入法，使用<Ctrl + Shift>组合键在英文及各种中文输入法之间进行切换。

另外，也可以通过鼠标直接选用，方法是用鼠标单击任务栏上的输入法图标，就会弹出一个输入法选择菜单，如图 2-82 所示，然后单击其中要选用的输入法即可。

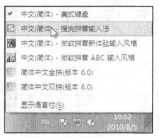

图 2-82 "输入法选择"菜单

2.5.7 卸载应用程序

计算机在使用过程中经常要安装一些应用软件，也经常需要删除一些暂时不用的应用软件，腾出磁盘空间。为了解决这个问题，Windows 7 系统提供了一个卸载应用程序的功能。

操作方法：用鼠标单击"控制面板"中的"卸载程序"选项，弹出如图 2-83 所示的"卸载或更改程序"窗口。用鼠标选中下拉列表中需要卸载的软件名称，然后单击"卸载"按钮，将会弹出卸载程序向导，用户只需按照向导提示完成程序卸载即可。

图 2-83 "卸载或更改程序"窗口

2.5.8 打印机管理

打印机的管理主要有两个工作，一个是安装新的打印机驱动程序，另一个是对当前打印机的打印队列进行管理。

在『开始』菜单中选择"设备和打印机"菜单项，弹出如图 2-84 所示的"设备和打印机"窗口。

1．安装打印机驱动程序

安装打印机驱动程序的操作步骤如下。

① 在图 2-84 所示的窗口中单击"添加打印机"按钮，就会进入添加打印机驱动程序的向导程序，如图 2-85 所示。

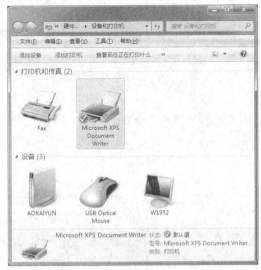

| 图 2-84 "设备和打印机"窗口 | 图 2-85 "添加打印机"向导 |

② 用鼠标单击"添加本地打印机"选项，弹出如图 2-86 所示的"选择打印机端口"对话框。

③ 在该对话框中选择打印机端口类型。如果用户的打印机是 USB 接口，请选择相应的 USB 端口。单击"下一步"按钮，弹出如图 2-87 所示的"安装打印机驱动程序"对话框。

图 2-86 "选择打印机端口"对话框

图 2-87 "安装打印机驱动程序"对话框

④ 在"打印机"列表框中，根据用户所使用的打印机的型号进行选择，例如，如果用户使用的打印机型号是 Canon 的"Canon Inkjet iP4300"，用鼠标在左窗口中选择厂商"Canon"，在右窗口中选择打印机型号"Canon Inkjet iP4300"选项。

⑤ 单击"下一步"按钮，弹出如图 2-88 所示的"键入打印机名称"对话框。

图 2-88　"键入打印机名称"对话框

⑥ 在"打印机名称"文本框中输入打印机名称，一般选择默认。单击"下一步"按钮，将出现安装进度条，当安装完成后，弹出如图 2-89 所示的"打印机共享"对话框。

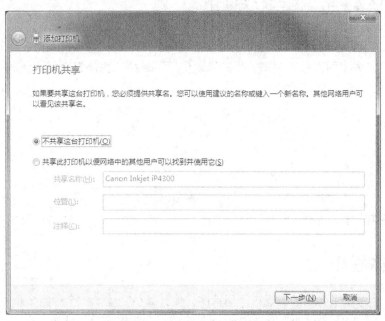

图 2-89　"打印机共享"对话框

⑦ 如果打印机需要共享，请选择"共享此打印机以便网络中的其他用户可以找到并使用它"，否则，请选择"不共享这台打印机"。单击"下一步"按钮，将会弹出安装完成对话框，最后单击"完成"按钮。此时，在图 2-90 所示的"设备和打印机"窗口中可以看到新安装的打印机图标。

图 2-90 "设备和打印机"窗口

2．打印队列管理

安装好打印机驱动程序后，所有的应用程序都可以使用该打印机来打印文档了。Windows 7 打印文档一般采用的是后台打印，即应用程序每完成一次打印任务，计算机首先将打印结果存放在打印机文件夹中，然后再送打印机打印。

① 当用户打印文档时，系统会弹出如图 2-91 所示的"打印任务"对话框。

② 单击"显示打印队列"按钮，弹出如图 2-92 所示的"打印队列"窗口，从中可以看出，应用程序完成了两次打印任务。用户可以使用菜单命令暂停某个打印任务、调整打印顺序、取消打印、清除打印作业等。

图 2-91 "打印任务"对话框

图 2-92 "打印队列"窗口

2.6 媒体娱乐

Windows 7 自带了多种视听娱乐应用程序，使计算机变成了一个绚丽多彩的多媒体终端。在工作之余，用户可以听 CD，看 DVD，播放多种类型的多媒体文件等。

2.6.1 Windows 7 媒体中心

Windows 7 媒体中心特别适合用于家庭娱乐，运行界面非常华丽，功能也相当强大，可以播放图片、音乐、视频或 CD/DVD，收看和录制直播电视，此外还支持触屏操作和电视输出等，可以连接到家里的媒体库和播放设备，同时，可以接受多种媒体标准，并执行最高质量的标准，保证高保真效果。Windows 7 媒体中心功能介绍如表 2-2 所示。

表 2-2　Windows 7 媒体中心功能介绍

项目	内容	功能
附加程序	附加程序库	一般用来管理非微软公司提供的游戏或互联网服务，也可以把常用的附加程序添加到 Windows Media Center 开始屏幕中。如果要向附加程序中添加程序，需提前把程序安装到计算机
图片 + 视频	图片库、播放收藏夹、视频库	分别播放图片库中图片、收藏夹中图片及视频库中视频，并且在播放视频时，支持背景播放
音乐	音乐库、播放收藏夹、收音机、搜索	当用户添加文件到相应库中，Windows 7 媒体中心会自动整理相应列表，如音乐文件。Windows 7 媒体中心会自动按照艺术家、流派、作曲家等进行整理。收音机需要调谐器，搜索功能也非常好。不过在计算机上操作看起来就有点怪异，如不支持键盘，需要使用显示的类似的手机键盘
电影	电影库、播放 DVD	电影库必须在"任务"→"设置"→"媒体库"里进行查询目录配置
电视	录制的电视、直播电视设置	需要电视调谐器（播放直播和录制电视）或设置好 Internet 电视链接（播放 Internet 电视）
任务	关闭（关机、重启、注销、睡眠）、设置、刻录 CD/DVD、同步、添加扩展器、锁定媒体	设置里的媒体库可以对图片、音乐、视频、电影等进行统一添加、删除等管理

在视频方面，Windows 7 提供了一个丰富的网络媒体平台。系统优化了播放功能，可以播放几乎所有的流行媒体格式，同时还可以快速转码，使计算机成为视频播放系统的中心。系统还支持网络摄像头、手机、照相机等。

充分利用好 Windows 7 的媒体中心，可以将计算机变成功能强大的家庭娱乐中心。用鼠标单击『开始』菜单→"所有程序"→"Windows Media Center"或者使用快捷键组合 <Win + Alt + Enter>，即可打开 Windows 媒体中心，如图 2-93 所示。

图 2-93　Windows 7 媒体中心窗口

1．电视

用户可将计算机与一台高清晰度电视机相连，然后使用微软专用的遥控器，完成所有操作控制，尽情释放媒体中心的强大功能。遥控器需要额外购买，不随 Windows 7 提供。

若要在媒体中心中观看电视，需要具备以下两个条件。

① 电视调谐器：一种可以通过内部扩展槽或外部扩展端口（如 USB 端口）连接到计算机的电视接收设备。

② 电视信号源：如通过电视天线或有线电视插孔接收的电视信号源。

如果没有上述设备，也可以使用媒体中心观看互联网视频。互联网视频是通过 Internet 流式传输的电视节目，而不是通过广播频道、电缆或卫星系统传输的电视节目。

控制媒体中心有两种方法：使用鼠标和键盘，或者使用遥控器。图 2-94 所示为鼠标控制播放控件。本书介绍的大多数过程都涉及鼠标和键盘方法，但使用遥控器可获得更令人满意的体验。

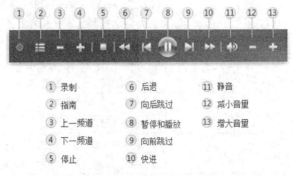

① 录制　　⑥ 后退　　⑪ 静音
② 指南　　⑦ 向后跳过　⑫ 减小音量
③ 上一频道　⑧ 暂停和播放　⑬ 增大音量
④ 下一频道　⑨ 向前跳过
⑤ 停止　　⑩ 快进

图 2-94　鼠标控制播放控件

收看互联网视频的步骤如下。

① 在如图 2-93 所示的 Windows Media Center 的开始屏幕上，滚动到"电视"栏目处，单击"互联网视频"图标，弹出如图 2-95 所示的"互联网视频"窗口。

图 2-95　"互联网视频"窗口

提示

　　在该窗口中有很多网络电视节目，可以用鼠标单击窗口左边的左箭头和右边的右箭头来左右移动网络电视节目。

② 选择好网络电视节目后，单击"点击进入"按钮，弹出如图 2-96 所示的"网络电视节目列表"窗口。

图 2-96 "网络电视节目列表"窗口

③ 在该窗口中列出了很多电视节目，单击某个电视节目缩略图即可播放该电视节目。

2．播放电影

通过 Windows 7 媒体中心可以播放本地硬盘媒体库中存放的电影，但在播放之前必须将所要播放的电影添加到媒体库中。操作步骤如下。

第一步：将电影添加到媒体库中。

① 在 Windows Media Center 的开始屏幕上，滚动到"任务"栏目处，单击其下面的"设置"图标，弹出如图 2-97 所示的"设置"窗口。

图 2-97 "设置"窗口

② 单击"媒体库"选项，弹出如图 2-98 所示的"媒体库"窗口。

图 2-98 "媒体库"窗口

③ 在该窗口列出了 5 种媒体：音乐、图片、视频、录制的电视和电影，在此选择"电影"，然后单击"下一步"按钮，弹出如图 2-99 所示的"向媒体库中添加/删除电影"窗口。

图 2-99 "向媒体库中添加/删除电影"窗口

④ 如果要从媒体库中删除原来的电影，请选择第 2 项"从媒体库中删除文件夹"；反之，如果要向媒体库添加电影，请选择第 1 项"向媒体库中添加文件夹"，在此选择第 1 项，然后单击"下一步"按钮，弹出如图 2-101 所示的"添加电影文件夹"窗口。

图 2-100 "添加电影文件夹"窗口

⑤ 选择"在此计算机上"，单击"下一步"按钮，弹出如图 2-101 所示的"选择包含电影的文件夹"窗口。

图 2-101 "选择包含电影的文件夹"窗口

⑥ 在该窗口中展开硬盘目录树，选择存放电影的文件夹，如存放电影的文件夹为 C:\Media，那么，首先找到 C 盘，展开目录树，找到文件夹"Media"，在该文件夹的左边复

选框中打上"√"即可,如图 2-102 所示。

⑦ 单击"下一步"按钮,弹出如图 2-102 所示的"确认更改"窗口。

图 2-102 "确认更改"窗口

⑧ 选择"是,使用这些位置"选项,单击"完成"按钮。

第二步:播放电影。

① 在 Windows Media Center 的开始屏幕上,滚动到"电影"栏目处,单击其下方的"电影库"图标,弹出如图 2-103 所示的"媒体库目录"窗口。

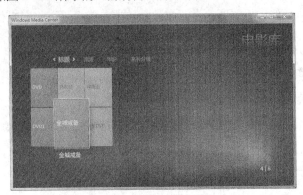

图 2-103 "媒体库目录"窗口

② 在该窗口中列出了媒体库中所有电影的名称,单击某个电影名称即可播放该电影。

3.播放音乐

用户可以使用 Windows 7 媒体中心播放喜爱的歌曲,创建聚会用的歌曲播放列表,或者一边播放音乐一边观看图片幻灯片;用户可以对单首歌曲进行分级,以便能够跟踪最喜爱的歌曲,还可以将已播放的歌曲另存为永久播放列表,以供再次播放。

播放音乐的操作方法与播放电影的操作方法基本相同,也是有两个步骤:第一步是将音乐添加到媒体库中,第二步是播放音乐(在 Windows Media Center 的开始屏幕上,滚动到"音乐"栏目处,单击其下面的"音乐库"图标即可播放音乐)。

4.播放 CD 或 DVD

Windows 媒体中心可以播放音频 CD 和 DVD 电影,还可以读取数据 CD 和 DVD,包括数字媒体文件,如 MP3、WMV、JPEG 文件等。

播放音频 CD 和 DVD 电影的方法很简单,如播放 DVD 电影,只需将 DVD 电影光盘放入光驱中,然后在 Windows Media Center 的开始屏幕上,滚动到"电影"栏目处,单击其下面的"播放 DVD"图标即可。

5．观看照片或幻灯片

使用 Windows 7 媒体中心，用户可以使用许多有趣的方式查看数字照片。Windows 7 为播放喜爱的图片添加了新选项，可以为图片评定级别。要想为媒体中心里的图片评定级别，可以用鼠标右键单击图片项目，然后选择星级。

使用遥控器可带来最佳的图片使用体验。没有遥控器时，可以将鼠标移动到屏幕边缘，或者使用键盘上的向左键或向右键在数字媒体收藏集中滚动查看。

幻灯片放映是一种以全屏模式逐张查看一组照片的方法。用户可以选择图片和音乐创建自己的幻灯片，然后将其保存以供将来访问。

媒体中心有多个用于自定义幻灯片演示的选项，用户可以指定幻灯片中图片的演示顺序、过渡的持续时间及其他设置。

观看照片或幻灯片的操作方法跟播放电影的操作方法基本相同，也有两个步骤：第一步是将照片添加到媒体库中，第二步在 Windows Media Center 的开始屏幕上，滚动到"图片 + 视频"栏目处，单击其下面的"图片库"图标即可观看照片或幻灯片。

2.6.2　媒体播放器

Windows 媒体播放器（Windows Media Player）是一个综合性的多媒体应用工具，它可以用来播放各种多媒体文件，更重要的是，媒体播放器是一个可以将多媒体声音和视频对象加入文档的工具。用户可以播放数字媒体文件，整理数字媒体收藏集，将喜爱的音乐刻录成 CD，从 CD 翻录音乐，将数字媒体文件同步到便携设备，或者从在线商店购买数字媒体产品。

用鼠标单击『开始』菜单→"所有程序"→"Windows Media Player"，即可打开 Windows 媒体播放器（Windows Media Player），如图 2-104 所示。

图 2-104　"媒体播放器——媒体库模式"窗口

1．播放模式

Media Player 12 提供"媒体库"和"正在播放"两种播放模式。"媒体库"模式可以全面控制播放器的所有功能，"正在播放"模式提供最适合播放的简化视图。

若要从"媒体库"模式转换成"正在播放"模式，只需单击播放器右下角的"切换到正在播放"按钮；若要返回到"媒体库"模式，可单击播放器右上角的"切换到媒体库"按钮即可，如图 2-105 所示。

图 2-105 "媒体播放器——正在播放模式"窗口

（1）媒体库模式

在"媒体库"模式中，用户可以访问并整理数字媒体集。在左边导航窗格中，可以选择要在细节窗格中查看的内容，如音乐、图片或视频等。例如，若要查看按流派整理的音乐，可双击"音乐"，选择"流派"，然后将项目从细节窗格拖曳到列表窗格，以创建播放列表、刻录 CD 或 DVD，或与设备同步。

在媒体播放器的各种视图之间进行转换时，用户可以使用播放器左上角的"后退"和"前进"按钮，以切换到不同的视图。

（2）正在播放模式

在"正在播放"模式中，用户可以观看 DVD 和视频，或播放音乐。用户可以仅查看当前正在播放的项目，也可以通过鼠标右键单击播放器，然后选择"显示列表"来查看所有可播放的项目集。

（3）任务栏播放

用户还可以在播放器处于最小化时进行控制，使用缩略图预览中的控件来播放或暂停当前的项目、前进到下一个项目或后退到上一个项目，如图 2-106 所示。缩略图预览会在用户指向任务栏上的 Windows 媒体播放器图标时出现。

图 2-106 "任务栏播放"窗口

2．管理媒体库

用户可以使用 Windows 媒体播放器的媒体库组织计算机上的数字媒体，包括音乐、视频、图片等。将文件添加到媒体库后，就可以播放这些文件、刻录 CD、创建播放列表、将文件与便携式播放器同步，或者将文件导入家庭网络上的其他设备。"管理媒体库"菜单如图 2-107 所示。

图 2-107 "管理媒体库"菜单

用户可以使用以下方法将文件添加到媒体库。

① 监视文件夹。第 1 次启动播放器时，它会在计算机的音乐库、图片库、视频库和录制的电视节目库中自动搜索。只要在这些媒体库中添加或删除文件，播放机就会自动更新其中可用的媒体文件。用户还可以在 Windows 媒体库中添加包含来自网络计算机或可移动存储设备上的媒体内容。

② 添加正在播放的媒体文件。当播放计算机中或可移动存储设备中的媒体文件时，这些文件会自动包含到媒体库中，以便用户直接从播放器访问。如果对网络中其他计算机上存储的媒体文件拥有访问权限，也可以在播放时将这些远程文件添加到媒体库中。播放器不会自动添加来自可移动介质（如 CD 或 DVD）的文件。

③ 从 CD 翻录音乐。用户可以使用播放器翻录音频 CD 中的曲目。在翻录完成后，系统会将曲目保存为计算机上的文件。

④ 在线下载音乐和视频。用户可以从播放器访问在线网络商店。一旦注册，用户就可以从在线商店下载音乐文件和视频文件。

2.6.3 DVD Maker

使用 Windows DVD Maker 工具，用户可为家庭电影和照片制作能够在计算机或电视机上观看的 DVD。制作 DVD 最快速的方法就是将图片和视频添加到 Windows DVD Maker 中，然后刻录成 DVD。如果想让 DVD 具有创意，可以自定义 DVD 菜单样式和文本，然后再刻录 DVD。

用鼠标单击『开始』菜单→"所有程序"→"Windows DVD Maker"，即可打开"Windows DVD Maker"窗口，如图 2-108 所示。

图 2-108 "Windows DVD Maker"首次启动窗口

1．添加视频和图片

制作 DVD 时，首先需要添加视频和图片，所添加的图片将以幻灯片的形式在 DVD 上播放。用户可以在 Windows DVD Maker 中排列视频和幻灯片，以更改它们在成品 DVD 上的播放顺序。排好顺序后，可以预览 DVD 以查看其整体效果，然后开始刻录。

① 单击图 2-108 中所示的"选择照片和视频"按钮，弹出如图 2-109 所示的"向 DVD 添加图片和视频"窗口。

图 2-109 "向 DVD 添加图片和视频"窗口

② 单击"添加项目"按钮，弹出如图 2-110 所示的"选择图片和视频文件"对话框。

图 2-110 "选择图片和视频"对话框

③ 选择好需要添加的图片和视频文件，单击"添加"按钮，将选择的图片和视频添加到 Windows DVD Maker 主窗口中，如图 2-111 所示。

图 2-111　Windows DVD Maker 主窗口

2．DVD 选项设置

单击 Windows DVD Maker 主窗口中的"选项"链接，可以进入"DVD 选项"对话框，如图 2-112 所示。在对话框中用户可以对相关属性进行设置，设置完成后，单击"确定"按钮返回到主窗口。

图 2-112　"DVD 选项"对话框

软件默认使用系统当前日期作为光盘标题，这显然不符合用户个性化的需要，如果要更改光盘标题，只需在主窗口的底部"DVD 标题"文本框中输入光盘标题即可。

3．自定义 DVD

Windows DVD Maker 允许用户自定义 DVD 菜单和文本，以便能够制作个性化的光盘，并使其具有个性化的外观。自定义包括更改 DVD 菜单样式、菜单文本和菜单按钮。如果用户向 DVD 中添加了图片，还可以自定义这些图片在 DVD 上如何以幻灯片的形式播放，另外也可以添加音乐。

用户可以自由选择文字字体、颜色、样式，设置 DVD 菜单上的文本内容，如光盘标题、播放按钮、场景按钮等。这里所做的任何修改，都可以通过对话框右侧的预览图查看效果，非常直观、方便。

自定义 DVD 的操作步骤如下。

（1）打开刻录窗口

单击图 2-111 所示 Windows DVD Maker 主窗口中的"下一步"按钮，弹出如图 2-113 所示的"准备刻录 DVD"窗口。

图 2-113　"准备刻录 DVD"窗口

（2）预览 DVD

由于最终生成的是视频 DVD，所以 Windows 对"预览"功能进行了特别优化，为用户提供了一个模拟真实 DVD 播放环境的交互式预览场景，有视频播放、暂停控制，有上下方向控制，同真正的 DVD 播放器很相似，用户完全可以对最终生成的视频做到心中有数。单击"预览"按钮，弹出如图 2-114 所示的"预览 DVD"窗口。

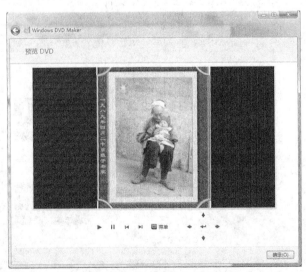

图 2-114　"预览 DVD"窗口

（3）更改 DVD 菜单文本

单击图 2-113 中所示的"菜单文本"按钮，弹出"更改 DVD 菜单文本"窗口，在其中可以对 DVD 标题、字体、播放按钮、场景按钮、注释按钮和注释文本进行设置，如图 2-115 所示。

图 2-115　"更改 DVD 菜单文本"窗口

（4）自定义 DVD 菜单样式

单击图 2-113 中所示的"自定义菜单"按钮，弹出"自定义 DVD 菜单样式"窗口，在其中可以对 DVD 前景视频、背景视频、菜单音频、字体、字形和场景按钮样式进行设置，如图 2-123 所示。

（5）更改幻灯片放映设置

单击图 2-113 中所示的"放映幻灯片"按钮，弹出如图 2-117 所示的"更改幻灯片放映设置"窗口。幻幻片放映设置对于视频 DVD 相册来说非常重要，用户可以定义图片的显示间隔时间，以及设置图片的过渡效果。通过单击"添加音乐"按钮，可以为视频增加背景音乐，系统支持 WAV、MP2、MP3、WMA 等格式的音乐文件。

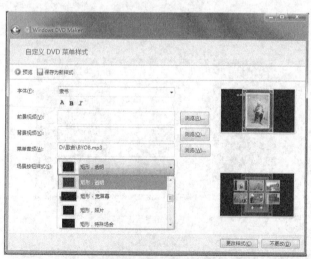

图 2-116　"自定义 DVD 菜单样式"窗口

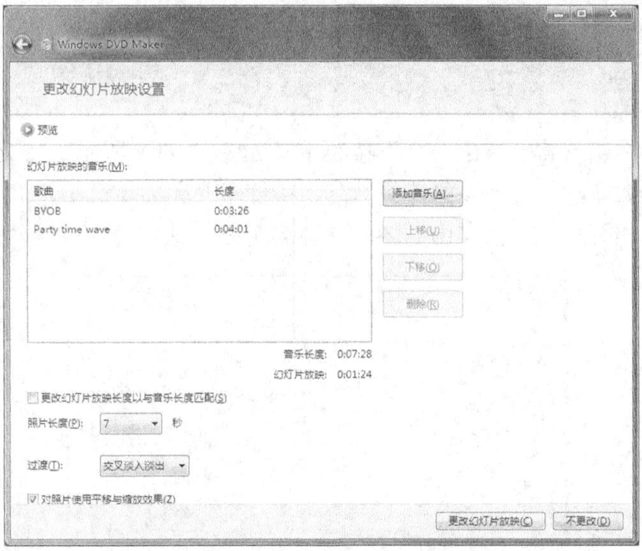

图 2-117　"更改幻灯片放映设置"窗口

4．刻录 DVD

添加整理文件，并对 DVD 进行了自定义设置之后，将 DVD 光盘放入光驱中，单击图 2-113 中的"刻录"按钮便开始刻录 DVD。

若要制作当前 DVD 的其他副本，可取出已刻录的 DVD 光盘，插入新的可录制 DVD 光盘，然后单击"制作此 DVD 的另一副本"。

2.7　画图工具

Windows 7 系统中提供了一个绘图软件——"画图"程序，用户可以使用它提供的各种工具来创建、编辑和打印图形。

2.7.1　"画图"窗口

用鼠标单击『开始』菜单→"所有程序"→"附件"→"画图"命令，即可启动"画图"程序，如图 2-118 所示。

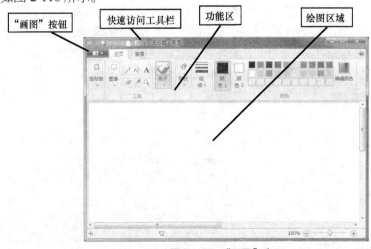

图 2-118　"画图"窗口

从"画图"窗口可以看出,"画图"窗口主要由"画图"按钮、快速访问工具栏、功能区和绘图区 4 部分组成。

1. "画图"按钮

单击"画图"按钮,将会弹出一个下拉菜单,如图 2-119 所示。从菜单中可以执行图片文件的相关操作(如新建、打开、保存、另存为、打印、属性、退出等)。在右边列表中列出了用户最近打开过的图片,单击其中的图片文件名可以快速打开图片文件。

图 2-119 "画图"按钮下拉菜单

2. 快速访问工具栏

快速访问工具栏中的按钮是用来快速执行相应命令的,主要包括 "保存"按钮、"撤销"按钮、"重做"按钮、"新建"按钮、"打开"按钮和"自定义快速访问工具栏"按钮。单击"自定义快速访问工具栏"按钮,弹出如图 2-120 所示的下拉菜单,从弹出的下拉菜单中可以设置"快速访问工具栏"中显示的按钮。例如,如果希望在"快速访问工具栏"中显示"打印"按钮,只需在下拉菜单中选中"打印"命令即可。

3. 功能区

功能区是画图程序的重要组成部分,主要包括"主页"和"查看"两个选项卡。"主页"选项卡包括"剪贴板""图像""工具""形状""粗细""颜色""编辑颜色"等功能选项,使用这些功能选项可以完成各种图形的绘制、着色和进行图片的编辑等。单击"查看"选项卡,如图 2-121 所示,其中包含图片的放大、缩小、100%、全屏查看等操作。

图 2-120 "自定义快速访问工具栏"

图 2-121 "查看"选项卡

2.7.2 常用绘图方法介绍

1. 画一条直线

画一条线的操作步骤如下。

① 选定前景颜色（颜色1）和背景色（颜色2）。

② 单击"形状"按钮，在弹出的图形中（见图2-122）选定画直线工具，再单击"轮廓"按钮，从弹出的下拉列表中设置直线的轮廓。

③ 单击"粗细"按钮，在弹出的列表中选择直线的宽度。

④ 将鼠标指针移入绘图区，这时的鼠标指针变为带空心圆的"十"字形鼠标，空心圆内的圆心有一个定位点（也是十字的交点），这就是画线的起点。

图 2-122 "形状"图形卡

⑤ 按住鼠标键不放拖曳鼠标，一条柔性线随即从起点延伸到鼠标位置。

⑥ 当对这条柔性线满意时，释放鼠标按键，如图2-123所示。在没有释放用以画线的鼠标按键之前，可以单击另一个鼠标按键取消这条线。

说明　　当按住左键拖曳鼠标时，使用前景色画线；按住右键拖曳鼠标时，使用背景色画线。

2. 画一条曲线

画一条曲线的操作步骤如下。

① 选定前景颜色（颜色1）和背景色（颜色2）。

② 单击"形状"按钮，在弹出的图形中（见图2-122）选定画曲线工具，再单击"轮廓"按钮，从弹出的下拉列表中设置曲线的轮廓。

③ 单击"粗细"按钮，在弹出的列表中选择曲线的宽度。

④ 将鼠标指针移入绘图区（此时鼠标指针的形状与画直线的一样）。

⑤ 按住鼠标键不放拖曳鼠标，一条柔性线随即从起点延伸到鼠标位置。当柔性线达到所需的长度时，释放鼠标按键。

⑥ 将鼠标指针移至直线的中部，按住鼠标左键再次拖曳鼠标，把原来的直线调整为曲线。当对曲线的角度满意时，释放鼠标按键，如图2-123所示。

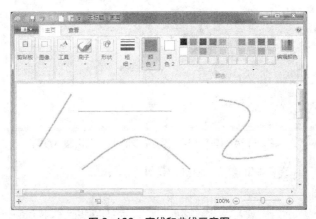

图 2-123 直线和曲线示意图

3．画多边形

可以选择多边形工具画多边形，也可以用直线工具画多边形。下面介绍用多边形工具画多边形的操作步骤。

① 选定前景颜色（颜色1）和背景色（颜色2）。

② 单击"形状"按钮，在弹出的图形中（见图2-122）选定多边形工具，再单击"轮廓"按钮，从弹出的下拉列表中设置多边形的轮廓。

③ 采用同样的方法选择一种填充方式。

④ 单击"粗细"按钮，在弹出的列表中选择多边形的宽度。

⑤ 将鼠标指针移入绘图区（此时鼠标指针的形状与画直线的一样）。

⑥ 拖曳鼠标画多边形的第一条边，到达第一条边的结束点时，释放鼠标按键。用同样的方法继续加入其他边。

⑦ 当画完最后一条边后，连击两次鼠标键，即画完了该多边形，如图2-122所示。

4．画方框和圆角框

画圆角框的方法与画矩形框的方法完全一样，只是圆角框画出的矩形四角变成圆弧形。其操作步骤如下。

① 选定前景颜色（颜色1）和背景色（颜色2）。

② 单击"形状"按钮，在弹出的图形中（见图2-122）选定圆角矩形或矩形工具，再单击"轮廓"按钮，从弹出的下拉列表中设置轮廓。

③ 采用同样的方法选择一种填充方式。

④ 单击"粗细"按钮，在弹出的列表中选择圆角矩形或矩形的宽度。

⑤ 将鼠标指针移入绘图区（此时鼠标指针的形状与画直线的一样）。

⑥ 按住鼠标按键以固定柔性框的一角。拖曳鼠标，柔性框就从固定点延伸到鼠标位置。

⑦ 当用户对方框大小满意时，释放鼠标按键即可，如图2-124所示。

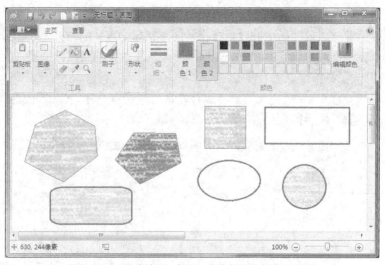

图2-124　画多边形、矩形、圆角矩形和椭圆示意图

如果画正方形，拖曳鼠标时按住<Shift>键即可。

5．画圆或椭圆

椭圆工具是用来画圆或椭圆的，其操作步骤与画矩形框的步骤基本上是一样的，在此不再详述。

6．颜色处理

在制作图形的过程中，对颜色的调配非常重要，下面介绍 3 种颜色的处理方法。

（1）填充颜色

填充颜色一般用在图形的封闭区域，可以用选定好的前景色或背景色来填充。

填充颜色的方法如下。

① 选定一种前景颜色或背景颜色，然后选择填充工具。

② 将鼠标指针移入要填充的图形区域，然后单击鼠标按键就可以填充颜色。按鼠标左键是用前景色填充，按鼠标右键是用背景色填充。

如果在封闭线上有断点，颜色就会泄漏并填满整个绘图区。出现这种情况时，单击"快速访问工具栏"上的"撤销"按钮，或按<Ctrl + Z>组合键撤销这一步操作即可。

（2）刷子

对颜色调配的另外一种常用手法是喷涂，即将颜色喷到画布上，造成朦胧的气氛。

使用刷子喷涂着色的方法如下。

① 选定前景颜色，如果需要两种颜色，再选定背景颜色。

② 单击"刷子"按钮，在弹出的图形中选择一种"刷子"工具。

③ 将鼠标指针移入绘图区。

④ 按住鼠标键拖曳即可喷涂。按鼠标左键用前景色喷涂，按鼠标右键用背景色喷涂。

⑤ 释放鼠标按键停止喷涂。

（3）取色

取色就是提取某个区域的颜色，使用取色工具可以把一个区域的颜色应用于另一个区域。操作方法如下。

① 单击工具箱中"取色"工具。

② 单击要提取颜色的区域。单击鼠标左键提取前景色，单击鼠标右键提取背景色，此时，用户可以看到前景色或背景色的颜色变化。

7．在图形中插入文字

在图形中往往需要插入一些文字，操作方法是用鼠标单击"文字"工具按钮，并选择好前景色和背景色，然后将鼠标指针移至需要输入文字的位置，按住鼠标键不放并拖曳鼠标形成一个矩形框，这时在这个矩形框中就可以输入文字了。

本章小结

操作系统是计算机系统中不可缺少的基本系统软件，本章主要讲解 Windows 7 的基本知识和使用方法。Windows 7 的基本操作包括桌面图标的操作、桌面小工具的操作、『开始』菜单的操作、任务栏的操作和窗口的操作；系统资源的管理包括资源管理器的基本操作、磁盘的管理及文件与文件夹的管理；控制面板与设备管理包括启动控制面板、管理用户账户、设置外观和个性化、系统日期和时间设置、鼠标和键盘设置、中文输入法的安装与删除、打印机的安装与设置；媒体娱乐工具及画图工具、记事本等常用附件的操作。操作系统使计算机系统更加适合工作环境，从而进一步保障计算机系统顺利运行。

习 题

一、简答题

1. Windows 7 有哪些版本?

2. 简述 Windows 7 的新功能特性。

3. Windows 7 的桌面由哪些元素组成? 它们的作用分别是什么?

4. 如何选择一个文件或多个不连续的文件?

5. 简述 Windows 7 中 "库" 的含义和作用。

6. 创建快捷方式有哪些方法?

7. Windows 7 操作系统中的文件夹有什么作用?

二、操作题

1. 将任务栏移动到桌面的右边，并使其自动隐藏。

2. 设置日期和时间为 2014 年 10 月 1 日下午 3 点，再改成准确的时间。取消任务栏的 "自动隐藏" 属性。

3. 将 "日历" 小工具添加到桌面上。

4. 在 D 盘建立一个新的文件夹名为 "2015"，然后在 "D: \ 2015" 文件夹下面建立两个新文件夹 "application" 和 "doc"，并在 "doc" 下面再建立一个子文件夹 "myfiles"。

5. 在 D 盘的 "我的文档" 文件夹下建立 "user" 文件夹，然后查找扩展名为.doc 的文件，将找到的任意一个.doc 文件改名为 FORFILE.doc，并将该文件设置为隐藏属性。

6. 搜索应用程序 "Powerpoint.exe"，并在桌面上建立其快捷方式，快捷方式名为 "幻灯片制作"，将其添加到『开始』菜单的 "所有程序" 中。

7. 打开记事本，在写字板中输入："这是我的画"；打开 "画图" 程序，绘制一幅自认为美丽的图画，然后将记事本中的内容保存于桌面上，设置文件名为 "jsb.txt"。

8. 设置桌面属性：找一张你喜欢的图片，将其设置成桌面背景，并分别以居中、拉伸、平铺方式显示。

9. 设置屏幕保护程序：设置字幕保护程序，位置居中，背景颜色为蓝色，文字为 "欢迎使用 Windows 7"，文字格式采用隶书、斜体字，2min 后启动屏幕保护程序，采用恢复时使用密码保护选项。(说明：采用恢复时使用密码保护选项后，若想重回到工作状态，需要输入登录 Windows 7 时的密码，这样在你暂时离开计算机时，可防止其他人操作你的计算机。)

10. 练习 Windows 7 媒体中心、Windows DVD Maker 和 Windows Media Player 的使用方法。

PART 3

第 3 章
文字处理软件
Word 2010

学习目标

- 了解 Office 2010 的安装方法；
- 了解 Word 2010 的新增功能；
- 了解 Word 2010 的窗口界面；
- 掌握 Word 2010 文档的创建和保存；
- 掌握 Word 2010 文档的基本编辑技术；
- 掌握 Word 2010 文本格式处理方法；
- 掌握 Word 2010 文档中表格的创建和编辑；
- 掌握 Word 2010 文档中对象的插入和编辑；
- 掌握 Word 2010 艺术字和数学公式的使用。

3.1　Office 2010 的安装

Office 2010 中文版是 Microsoft 公司继 Office 2007 之后新推出的集成自动化办公软件，可运行于 Windows XP、Windows 7 和 Windows 8 等环境。它主要由 Word 2010、Excel 2010 和 PowerPoint 2010 3 个主要应用程序包，以及 OneNote、InofPath、Access、OutLook、Publisher、Communicator、SharePoint WorkSpace 等组件组成。

Word 2010 是一款常用于处理文字的软件，其功能非常强大，可进行文字处理、表格制作、图表生成、图形绘制、图片处理和版式设置等操作，可以使办公变得更加简单快捷。

Excel 2010 是一款常用的电子表格处理软件，用于数据的处理与分析。它也具有图形绘制、图表制作的功能，但最为突出的功能是对数据的输入、输出、存储、处理、排序等，以及以图形的方式显示数据并分析结果，对数据进行统计，分析和整理、运用公式与函数求解数据等。

PowerPoint 2010 是一款用于处理和制作精美演示文稿的软件，常用于产品演示、广告宣传、会议流程、销售简报、业绩报告、电子教学等方面电子演示文稿的制作，并以幻灯片的形式播放，使其达到更好的效果。

3.1.1　Office 2010 中文版对系统的要求

在安装 Office 2010 之前，用户应该首先确认系统配置是否达到以下要求。

① CPU：500MHz 或更高频率的处理器。

② 操作系统：Windows XP SP3、Windows 7 或 Windows 8。

③ 内存：2GB 以上。

④ 硬盘空间：2GB 以上的可用空间。

3.1.2　安装 Office 2010 中文版

安装 Office 2010 的操作步骤如下。

① 将 Office 2010 安装光盘放入光驱，系统会自动运行安装程序，也可以直接运行光盘中的安装文件 setup.exe，系统会弹出"安装程序正在准备必要的文件"对话框，如图 3-1 所示。

图 3-1　"安装程序正在准备必要的文件"对话框

② 安装程序必要文件准备完成后，弹出如图 3-2 所示的"阅读 Microsoft 软件许可证条款"对话框，请仔细阅读软件许可条款，请勾选"我接受此协议的条款"复选框。

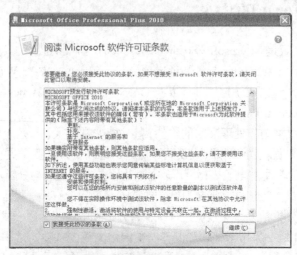

图 3-2　"选择所需的安装"对话框

③ 单击"继续"按钮，弹出如图 3-3 所示的"选择所需的安装"对话框，在该对话框中选择需要安装的类型，即"升级"安装或"自定义"安装。如果选择"升级"安装，原有的 Office 版本将被覆盖；如果选择"自定义"安装，则既可以将 Office 2010 安装为一个新的版本，又可保留原来版本。这里选择"自定义"安装，弹出如图 3-4 所示的"升级"对话框。

图 3-3 "选择所需的安装"对话框

图 3-4 "升级"对话框

④ 选中"保留所有早期版本"单选钮，单击"安装选项"选项卡，弹出如图 3-5 所示的"自定义"对话框。

图 3-5 "自定义"对话框

⑤ 在该对话框中选择要安装的 Office 2010 应用程序，有些程序如果用户不用或者很少用到，最好不要安装，以便节省硬盘空间。选择完成后，单击"立即安装"按钮，弹出如图 3-6 所示的"安装进度"对话框。

⑥ 安装完成后，弹出如图 3-7 所示的"已成功安装"对话框。

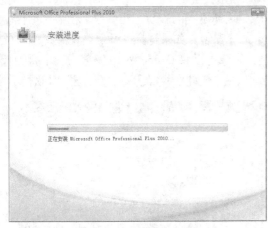

图 3-6 "安装进度"对话框　　　　　　　　图 3-7 "已成功安装"对话框

⑦ 单击"关闭"按钮完成 Microsoft Office 2010 的安装。

3.2　认识 Word 2010

Word 2010 是 Office 2010 套装软件的组件之一，是目前较为流行、功能强大的文字处理软件。它包括文字编辑、表格制作、图文混排及 Web 文档制作等各项功能。普通计算机用户、办公人员和专业排版人员均可以使用它轻松方便地完成办公过程中的文字处理工作。

3.2.1　Word 2010 的新增功能

1．新增"文件"选项卡，管理文件更方便

在 Word 2010"文件"选项卡中，用户可以方便地对文档进行设置权限、共享文档、新建文档、保存文档（支持直接保存为 PDF 文件）、打印文档等操作。用户还可以根据自己的需要，将常用的功能按钮添加到快速访问工具栏，方便使用。

2．新增字体特效——让文字不再枯燥

在 Word 2010 中，用户可以为文字轻松地应用各种内置的文字特效。除了简单的套用，用户还可以自定义为文字添加颜色、阴影、映像、发光等特效。制作出更加吸引眼球的文字效果，美丽的文字特效的应用，让读者阅读起文章时也不会觉得那么枯燥。相对于旧版的艺术字效果，用户在向文字应用新的特效时，依然可以使用拼写检查功能，来检查已经运用特效的文字。

3．新增图片简单处理功能—简单操作让图片亮丽起来

在 Word 2010 文档中插入的图片，用户可以为它们进行简单的加工处理。除了可以为图片增加各种艺术效果外，用户还能快速地对图片的锐度、柔化、对比度、亮度及颜色进行修正。这样，简单处理图片就不需要动用专业的图片处理工具了，用 Word 2010 就可以轻松完成。

4．快速抠图的好工具——"删除背景"功能

Word 2010 还为用户提供了一个"删除背景"的工具。利用它，用户可以对文档中的图片进行快速的"抠图"，移除图片中不需要的元素，只留下需要的。

5．方便的截图功能

Word 2010 中增加了简单的截图功能，该功能可以帮助用户快速截取所有没有最小化到任务栏的程序的窗口画面。该截图功能还包括区域截图功能。

6．SmartArt 图形功能让制作各种功能图更加简单

SmartArt 图形可以帮助用户快速地建立流程图、维恩图、组织结构图等复杂的功能图形。在 Word 2010 的 SmartArt 图形中，新增了图形图片布局。通过它，用户可以利用图片与文字来快速建立功能图，方便地阐述案例。用户要做的只是在图片布局图表的 SmartArt 形状中插入图片、填写文字。

7．为表格加上可选文字

在 Word 2010 的"表格属性"中，可以为表格加上"可选文字"。这些文字信息可以帮助用户获取关于表格的格外信息。

8．即见即所得的打印预览功能

在 Word 2010 中，将打印效果直接显示在了打印选项的右侧。用户可以在左侧打印选项中进行调整。任何打印设置调整效果，都将即时显示在预览框中，非常方便。

9．沟通无极限——多语言翻译功能

Word 2010 中新增了多语言翻译功能，利用它，可以帮助用户进行全文档或选定文字的翻译。该翻译功能还包含了即指即译功能，该功能就如一个简单的金山词霸，可以对文档中的文字进行即时翻译。在出现的翻译结果对话框中单击"播放"按钮，还可以让机器对翻译词汇进行朗读。

10．增强安全性——保护模式

Word 2010 增强了安全性，对于用户在互联网中下载的文档，Word 2010 将自动启动"保护模式"来进行打开操作。在该模式下，用户看到的只是该文档的预览效果。只有当用户确认文档为可靠文件时，单击"启用编辑"后，Word 2010 才对文档进行完整的打开操作，从而避免了用户误打开不安全文档的危险行为。

11．文档导航功能与增强版搜索

Word 2010 中新增了"文档导航"功能，该功能可以根据文章里的标题，自动为用户建立文章导航。用户可以通过单击文章导航里的标题，方便地进行文章定位；同时，用户还可以通过拖动导航里的标题，来轻松重组文档结构。Word 2010 的搜索功能也有了增强，在用户键入搜索内容后，将即时定位所查找的文字。

3.2.2　启动 Word 2010

启动 Word 2010 的方法有很多种，常用的有以下 3 种方法。

1．使用『开始』菜单

① 单击桌面上的『开始』按钮，弹出『开始』菜单。

② 选择"所有程序"→"Microsoft Office"→"Microsoft Office Word 2010"，即可启动 Word 2010。

2．利用桌面快捷方式

这是一种启动 Word 2010 最简单的方法，只要用鼠标双击桌面上创建的 Word 2010 的快捷方式，即可启动 Word 2010。

如果没有桌面快捷方式，可以手动创建一个，操作方法如下。

① 单击『开始』按钮，弹出『开始』菜单，选择"所有程序"→"Microsoft Office"→"Microsoft Office Word 2010"。

② 用鼠标右键单击"Microsoft Office Word 2010"，在弹出的快捷菜单中选择"发送到"→

"桌面快捷方式"命令即可。

3．直接启动

在资源管理器中，找到要编辑的 Word 文档，直接双击此文档即可启动 Word 2010。

3.2.3 退出 Word 2010

退出 Word 2010 有以下 3 种方法。

1．利用系统菜单

用鼠标单击 Word 2010 主窗口左上角的"文件"菜单，弹出一个系统菜单，在该菜单中单击"关闭"命令。如果用户的文档是新创建的，还未取文件名，则系统会弹出一个对话框要求用户输入该文档的文件名，用户输入文件名后，单击"保存"按钮即可退出 Word 2010。

2．利用"关闭"按钮

用鼠标单击 Word 2010 主窗口右上角的"关闭"按钮。

3．利用快捷键

在 Word 2010 窗口中，按<Alt+F4>组合键也可以退出 Word 2010。

3.2.4 Word 2010 窗口简介

启动 Word 2010 后，可以看到如图 3-8 所示的工作界面。

Word 2010 的工作界面包括文件按钮、快速访问工具栏、标题栏、标签栏、功能区、帮助按钮、文档编辑区、状态栏、滚动条、视图、显示比例等。下面对界面中的各个部分分别予以介绍。

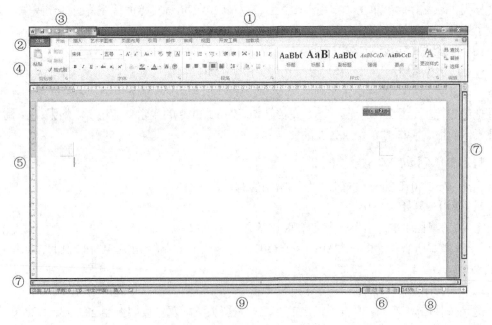

图 3-8　Word 2010 工作界面

① 标题栏：界面最上方的蓝色长条区域，用于显示当前正在编辑文档的文档名等信息。如果当前文档尚未被保存或是由 Word 自动打开的，其名为"文档 n"，这里 n 代表数字 1，2，3，…，它是 Word 2010 给同时打开的无名文档的自动编号。

② "文件"按钮：位于界面的左上角，单击"文件"按钮可打开其下拉菜单，如图 3-9

所示。用户可以在该菜单中找到原 Word 2010 中"文件"菜单的相关命令，且在菜单的右侧还会列出最近使用过的文档，选择某文档可快速将其打开。

③ 快速访问工具栏：默认情况下，快速访问工具栏位于 Word 窗口的顶部。使用它可以快速访问使用频率较高的工具，如"保存"按钮、"撤销清除"按钮、"重复键入"按钮等。用户还可将常用的命令添加到快速访问工具栏，其方法是：单击快速访问工具栏右侧的"自定义快速访问工具栏"按钮，弹出如图 3-10 所示的下拉菜单，从弹出的下拉菜单中可以设置"快速访问工具栏"中显示的按钮。例如，如果希望在"快速访问工具栏"中显示"快速打印"按钮，只需在下拉菜单中选中"快速打印"菜单项即可。

图 3-9 "文件"下拉菜单　　　　图 3-10 "自定义快速访问工具栏"下拉菜单

④ 功能区：在 Word 2010 中，功能区替代了早期版本中的菜单栏和工具栏，而且它比菜单栏和工具栏承载了更丰富的内容，包括按钮、库、对话框等。为了便于浏览，功能区中集合了若干个围绕特定方案或对象进行组织的选项卡，每个选项卡又细化为几个组，每个组中又列出了多个命令按钮。

⑤ 文档编辑区：Word 2010 用户界面中的空白区域即文档编辑区，它是输入与编辑文档的场所，用户对文档进行的各种操作的结果都显示在该区域中。

⑥ 视图按钮：位于状态栏的右侧，主要用来切换视图模式，可方便用户查看文档内容，其中包括页面视图、阅读版式视图、Web 版式视图、大纲视图和草稿视图。

⑦ 滚动条：有垂直滚动条与水平滚动条两种，分别位于文本编辑区窗口的右边和下边。在滚动条的两端各有一个方向相反的箭头按钮，中间有一个滑块。滑块标明了在当前文本编辑区内所显示出的文本在整个文档里的相对位置，而整个文档的长度和文本行的宽度则由垂直滚动条和水平滚动条的长度来表示。用鼠标单击滚动条两端的箭头或拖动滑块，可以使文档的其他内容显示出来。

⑧ 页面缩放比例：位于视图按钮的右侧，主要用来显示文档比例，默认显示比例为 100%，用户可以通过移动控制杆滑块来改变页面显示比例。

⑨ 状态栏：位于工作界面的最下方，用于显示当前文档的基本信息，包括当前文本在文档中的页数、总页数、字数、前文档检错结果、语言状态等内容。

3.2.5　Word 2010 的视图方式

所谓视图，就是文档的显示模式。同一份文档在不同的视图方式下查看会出现不同的显示效果。Word 2010 提供了 5 种视图，即页面视图、草稿视图、Web 版式视图、阅读版式视图和大纲视图。下面分别介绍不同视图模式的特点和用途。

1．页面视图

页面视图是最常用的一种视图方式，也是最精确的显示方式，其布局可以直接显示页面的实际尺寸，在页面中同时会出现水平标尺和垂直标尺。一般情况下，用户可以在编辑和排版时使用页面视图方式，在编辑时确定各个组成部分的位置、大小，从而大大减少以后的排版工作。

页面视图的优点在于它展示的是完全的"所见即所得"画面。用户在文档中添加的页眉、页脚或脚注等都可以在屏幕上看到。但缺点是它是一种显示速度最慢的显示方式，如果文档中含有大量的图形时，用户将明显地感到屏幕滚动和刷新的速度变慢了。

在功能区用户界面中的"视图"选项卡中，选择"文档视图"组中的"页面视图"选项，或者直接单击窗口状态栏右边的"页面视图"按钮，即可切换到页面视图方式，如图 3-11 所示。

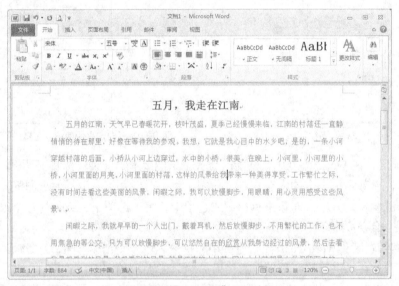

图 3-11　"页面视图"显示效果

2．草稿视图

草稿视图是显示文本设置和简化页面的视图，与其他视图模式相比，草稿视图的页面布局最简单。它不是真正的"所见即所得"视图，也就是说，屏幕上显示的画面与打印输出不完全一致。如果文档中加了页眉、页脚、脚注、页边距等，屏幕上不会显示。

在该视图方式中，当文本输入超过一页时，编辑窗口中将出现一条虚线，这就是分页符。分页符表示页与页之间的分隔，即文本的内容从前一页进入下一页。采用该视图可以使文档阅读起来比较连贯。

在功能区用户界面中的"视图"选项卡中，选择"文档视图"组中的"草稿"选项，或者直接单击窗口状态栏右边的"草稿"按钮，即可切换到草稿视图方式，如图 3-12 所示。

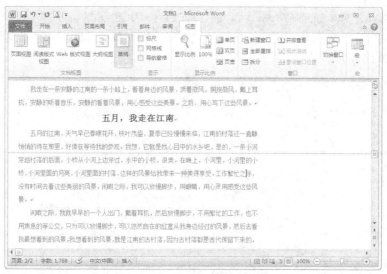

图 3-12 "草稿视图"显示效果

3．Web 版式视图

Web 版式视图常在简单的网页制作中使用。该视图最大的优点是在屏幕上显示的文档效果最佳，不管 Word 的窗口大小如何改变，在 Word 版式视图中，会自动换行适应窗口的变化，而不显示实际打印的形式。另外，在 Web 版式视图中还可以对文档的背景颜色、浏览、制作网页等进行设置。

在功能区用户界面中的"视图"选项卡中，选择"文档视图"组中的"Web 版式视图"选项，或者直接单击窗口状态栏右边的"Web 版式视图"按钮，即可切换到 Web 版式视图方式中，如图 3-13 所示。

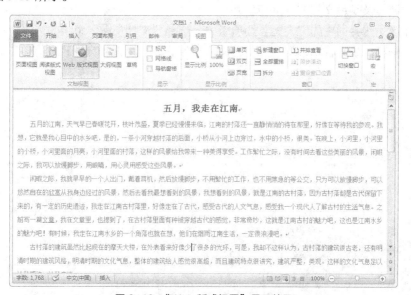

图 3-13 "Web 版式视图"显示效果

4．阅读版式视图

阅读版式视图提供了更方便的文档阅读方式。在阅读版式视图中可以完整地显示每一张页面，就像书本展开一样，单击视图顶端的左右箭头可以实现前后翻页。

在功能区用户界面中的"视图"选项卡中，选择"文档视图"组中的"阅读版式视图"选项，或者直接单击窗口状态栏右边的"阅读版式视图"按钮，即可切换到阅读版式视图方式中，如图 3-14 所示。

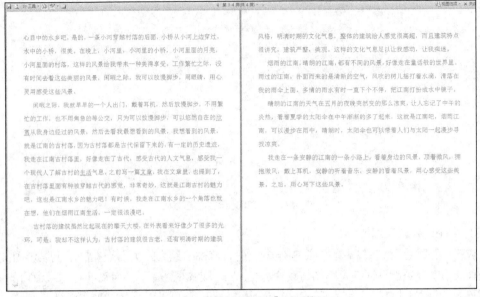

图 3-14 "阅读版式视图"显示效果

5．大纲视图

大纲视图使用缩进文档标题的形式代表标题在文档结构中的级别，采用该视图可以非常方便地修改标题内容，复制或移动大段的文本内容。因此，大纲视图适合纲目的编辑、文档结构的整体调整及长篇文档的分解与合并。

在功能区用户界面中的"视图"选项卡中，选择"文档视图"组中的"大纲视图"选项，或者直接单击窗口状态栏右边的"大纲视图"按钮，即可切换到大纲视图方式中，如图 3-15 所示。

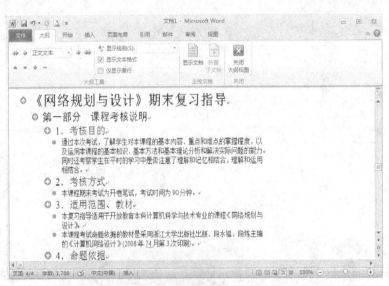

图 3-15 "大纲视图"显示效果

（1）大纲视图窗口介绍

进入大纲视图后，系统会自动打开"大纲"选项卡，用于操作各级标题。文档的文本左边分别以符号表示其级别，即该段落是属于 1 级标题、2 级标题等还是属于正文。图 3-16 所示为"大纲选项卡，其命令按钮的名称及功能如表 3-1 所示。

图 3-16 "大纲"选项卡

表 3-1 "大纲"选项卡中命令按钮的功能

按钮	名称	功能
	升级	可将光标所在段落的标题提升一级
	提升至标题 1	可将光标所在段落的标题升为"标题 1"
	降级	可将光标所在段落的标题向下降一级
	降级为正文	将一个标题降为一个正文文字
1 级	设置级别	选择显示不同级别的标题和文本内容
	上移	可将光标所在段落上移至前一段落之前，使用<Alt+Shift+↑>组合键
	下移	与"上移"按钮相反，将鼠标所在段落移到下一段落之后
	展开	展开插入点所指的标题，显示下一级标题
	折叠	将所有标题和正文文字级别折叠到所选的标题上
显示级别(S):	显示级别	单击该下拉列表框的下三角按钮，可以指定显示标题级别的选项
☑ 显示文本格式	现实文本格式	在大纲视图中显示或隐藏字符的格式
☐ 仅显示首行	仅显示首行	只显示正文各段落的首行而隐藏其他行

在大纲视图下，能够方便地查看文档的结构、修改标题内容和设置格式，还可以通过折叠文档来查看主要标题。所以，大纲视图经常在编辑长篇的文档时使用。

（2）建立大纲

利用"大纲"选项卡，可方便地建立文档的大纲。无论是在建新文档时或是给已有内容的文档建立大纲，其操作步骤基本相同。

第 1 步：给已有内容的旧文档建立大纲。

① 将输入光标移到要改变为标题的段落（通常为标题的文字行），然后在"大纲"选项卡的"设置级别"下拉列表中选择标题样式，如"3 级"，如图 3-17 所示。

② 再将输入光标移到要改变为标题的其他段落，用同样的方法设置其他段落的标题样式，如"4 级"。

③ 重复步骤①、②的操作，并结合使用"大纲"选项卡中的标题升、降级等按钮，编排完整个文档。

图 3-17 "设置级别"下拉列表

第 2 步：为新文档建立大纲。

① 新文档因为尚无任何内容，故输入第 1 个标题，然后按回车键。Word 2010 将把此第 1 个标题当做"标题 1"。

② 先确定下一个标题与第 1 个标题的关系，即上一级、下一级还是正文，然后在"大纲"选项卡中单击适当的按钮（升级、降级、正文），再输入文字，并按回车键。

③ 重复上面步骤①、步骤②的操作，直到完成所有内容。

（3）调整大纲

① 折叠与展开标题和正文。

如果要重新组织文档结构，可以在显示出文档大纲时只显示到某一级别的标题，而将它下级的标题及正文均隐藏起来，这样可方便调整文档大纲——移动或级别调整，这就是对大纲的标题和正文进行"折叠"。反过来，如果要显示出文档的大纲标题和正文，则可将其"展开"。

- 折叠或展开标题和正文：将输入光标移到某个标题文字上（段内），然后单击"大纲"选项卡上的"折叠"按钮，则立即将该标题下所有的下级标题和正文均隐藏起来。可反复单击"折叠"按钮而使折叠加深。如果单击（同样可反复单击）"大纲"选项卡上的"展开"按钮，则完成与"折叠"相反的操作。
- 将大纲展开或折叠到指定级别：在"大纲"选项卡的"显示级别"下拉列表中选择一种标题样式（1 级～9 级），则只显示此选择标题级别的标题（不显示正文）。如果选择"所有级别"，则文档中会把所有级别和正文都显示出来。
- 显示全部正文或只显示每段的第一行：如果用户选中"大纲"选项卡上的"只显示一行"复选框，则只显示段落中的第一行文字，并在其后加上省略号"……"。取消该复选框，则恢复段落全部文本的显示。

② 升级、降级及移动标题和正文。

升级、降级是指将选择标题或正文的级别升高或降低，移动标题和正文是指调整它们的位置。

- 升级或降级标题和正文：首先选择要升级或降级标题和正文，然后视需要单击"大纲"选项卡上的"升级""降级"或"降为正文文字"按钮。
- 移动标题和正文：首先选择要移动的标题和正文，然后视需要单击"大纲"选项卡上的"上移"或"下移"按钮。用鼠标上下拖动选择级别符号可达同样目的。

3.3 文档的基本编辑技术

3.3.1 输入文本

当启动 Word 2010 进入主窗口后，即可输入文本。在新文档中，光标位置位于屏幕左上角，在此处开始文本的输入。下面分别介绍普通文本、日期和时间及特殊符号在文本框中的输入方法。

1．普通文本

一般文档大多数都由普通文本组成，在 Word 中输入的普通文本包括英文文本和中文文本两种。

（1）输入英文文本

默认的输入状态一般是英文输入状态，允许输入英文字符。可以在键盘上直接输入英文的大小写文本。按<Caps Lock>键可在大小写状态之间进行切换；按住<Shift>键，再按需要输入英文字母键，即可输入相对应的大写字母；按<Ctrl+Space>组合键，可在英文输入状态和中文输入状态之间进行切换。

（2）输入中文文本

当要在文档中输入中文时，首先要将输入法切换到中文状态。例如，假设用户希望用"搜狗"输入法输入汉字，则应按<Ctrl+Shift>组合键来选择"搜狗"输入法（也可以用鼠标在"任务栏"上单击"输入法"按钮进行选择），当输入法选择好后，就可以输入文本了。每输入一个字符或文字，光标都会向后移动，一行输满后，计算机会自动换行。输入文本的窗口如图3-18所示。

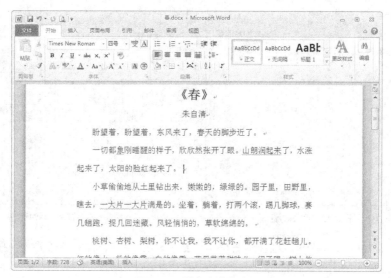

图3-18　输入文本的窗口

2．输入日期和时间

在编辑文档的过程中，经常需要输入日期和时间，使用 Word 2010 的插入日期和时间功能，可以快速实现该操作。

在文档中快速插入日期和时间的具体操作步骤如下。

① 将插入点定位在要插入日期和时间的位置。

② 在"插入"选项卡中，单击"文本"组中的 日期和时间 按钮，弹出如图3-19所示的"日期和时间"对话框。

③ 在"可用格式"列表框中选择一种日期和时间格式；在"语言（国家/地区）"下拉列表中选择一种语言。

④ 如果选中"自动更新"复选框，则以域的形式插入当前的日期和时间，该日期和时间是一个可变的数值，它可根据打印的日期和时间的改变而改变；取消选中"自动更新"复选框，则可将插入的日期和时间作为文本永久地保留在文档中。

⑤ 单击"确定"按钮，即可在文档中插入日期和时间。

3．输入特殊字符

Word 2010 是一个强大的文字处理软件，通过它不仅可以输入汉字，还可以输入特殊符号，如"☀""☏""✪"等，从而使制作的文档更加丰富、活泼。

使用"符号"对话框插入特殊符号的操作步骤如下。

① 把插入点置于文档中要插入特殊符号的位置。

② 在"插入"选项卡中，单击"符号"组中的 Ω 按钮，在下拉菜单中选择 Ω 其他符号(M)... 选项，弹出如图 3-20 所示的"符号"对话框。

③ 在该对话框中的"字体"下拉列表中选择所需的字体，在"子集"下拉列表中选择所需的选项。

④ 在列表框中选择需要的符号，单击"插入"按钮，即可在插入点处插入该符号。

⑤ 单击"特殊字符"标签，可打开"特殊字符"选项卡。

图 3-19 "日期和时间"对话框

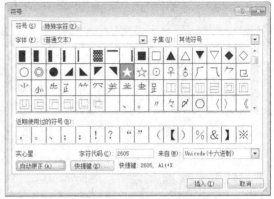

图 3-20 "符号"对话框

⑥ 选中需要插入的特殊字符，然后单击"插入"按钮，最后单击"关闭"按钮即可完成特殊字符的插入。

3.3.2 显示文档中的特殊字符

Word 2010 文档中有许多打印时不打印出来的控制字符，如空格符、回车符等，这些特殊的控制字符通常是不显示的。如果要将这些控制字符显示出来，可用鼠标单击"开始"选项卡的"段落"组中的"显示/隐藏编辑标记"按钮，此时当前文档中的所有特殊控制字符都会显示出来。若要隐藏这些特殊控制字符，再单击一次该按钮即可。

3.3.3 翻阅文档

翻阅文档最基本的方法是使用键盘上的 PgUp（向前）键和 PgDn（向后）键，从而一屏一屏地翻阅文档。按<Ctrl+Home>组合键到文档最开始，按<Ctrl+End>组合键到文档最末尾。

用户也可以使用鼠标拖曳滚动条的方法来翻阅文档。在 Word 2010 主窗口中有垂直和水平两个滚动条，分别用于前后或左右移动文档。下面介绍滚动条的用法。

● 单击向上或向下的箭头，可将文档向上或向下移动一行，如果按住不放，则文档会连续滚动。

● 单击滚动块和箭头之间的区域，则文档会一屏一屏地翻动，拖曳滚动块，文本会随滚动块到达的位置而移动，实际上滚动块在滚动条中的相对位置也就是当前屏幕中的文本在整个文档中的相对位置。

3.3.4　选择文本

在对文字进行编辑处理中，常常会对若干个文本行、一个自然段或者是整个文档进行同一种基本编辑操作。为此，首先应当给它们做上标记，即选择文本，以确定操作的范围。被选择的区域也称为块，在 Word 中可以对这个块进行剪切、清除、复制、移动、粘贴等操作，或者改变它们的字体设置等，选择操作可以使用鼠标，也可以使用键盘。

下面主要以如何选择文字来介绍选择操作，如果文档中包括了图形、图标等项目，操作方法是一样的。

在选择操作中，当文本呈现蓝色状态时表示被选中，以此来表示这部分区域已经被选择，如图 3-21 所示，从图中可以看出，第一段文本的第 1 行和第 2 行文字都变为蓝色了，表示这部分内容已经被选中。

1．用鼠标进行选择

（1）选择一句话

通常一句话用中文句号"。"或回车符"↵"分隔。选择时先将鼠标移到此句话中任意一个字符上，按下<Ctrl>键不放，然后单击鼠标左键即可选择此句话。

（2）选择一个文本行

在操作时，先将鼠标指针移到本行文本的最左边，此时鼠标指针变为右斜箭头 ⟋，单击鼠标左键即可选择该文本行。

（3）选择多个文本行

在操作时，先将鼠标指针移到需选择文本的第一行或最后一行的最左边，此时鼠标指针变为右斜箭头 ⟋，按下鼠标左键不放，相应地向上或向下拖曳鼠标即可。

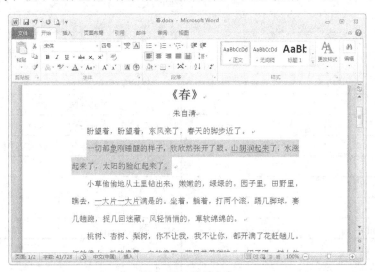

图 3-21　选择文本

（4）选择一个自然段

在输入文本时按下了回车键作为结束标记"↵"后则形成了一个自然段。在选择自然段时，一种方法是先将鼠标指针移到该段文本任意一行的最左边，此时鼠标指针变为右斜箭头 ⟋，再双击鼠标左键即可。

另一种方法是将鼠标指针移到该自然段内的任意位置上，再双击鼠标左键，也可以选择该自然段。

如果要选择多个自然段，在选择了第一段后按住鼠标左键并拖曳鼠标即可。

（5）选择整个文档

选择整个文档有两种方法。

① 选择时，先将鼠标指针移到当前屏幕的最左边，此时鼠标指针变为右斜箭头，连击3次鼠标左键。

② 选择时，先将鼠标指针移到当前文本的最左边，此时鼠标指针变为右斜箭头，然后按住<Ctrl>键不放，单击鼠标左键。

（6）选择任意的区域

如果要任意选择一块区域，则可先将鼠标指针移到需选择区域的第一个字上，再按住鼠标左键不放并且将鼠标拖过要选择的文本。

更快的方法：将输入光标定位在需选择区域的其中一处，按下<Shift>键，再将鼠标移到需选择区域的另一处，单击鼠标左键。

（7）取消选择

要取消所选择的区域，只需单击鼠标左键即可。

2．用键盘进行选择

用键盘对文本区域进行选择操作的特点是使用<Shift>键、<Ctrl>键和光标控制键的组合，选择起始位置均为当前光标所在位置。表 3-2 所示为操作按键与选择范围。

表 3-2　操作按键与选择范围

组合键	选择范围
Shift+→	向右选择一字
Shift+←	向左选择一字
Ctrl+Shift+→	向右选择一英文句
Ctrl+Shift+←	向左选择一英文句
Shift+Home	向左选择到文本行首
Shift+End	向右选择到文本行尾
Shift+↑	从当前列位置选择到上一行相同列位置
Shift+↓	从当前列位置选择到下一行相同列位置
Ctrl+Shift+↑	向上到所在段首
Ctrl+Shift+↓	向下到所在段结束
Ctrl+Shift+Home	向上到文档开始
Ctrl+Shift+End	向下到文档结束
Shift+PgUp	向上一屏幕
Shilt+Pgdn	向下一屏幕
Ctrl+A	选择全部文档

3．选择一个矩形区域的文本

如果要选择一个矩形区域的文字，首先按住<Alt>键不放，按住鼠标左键拖动即可，如图3-22 所示。

以上所介绍的选择操作对图片、图形、表格等均适用。

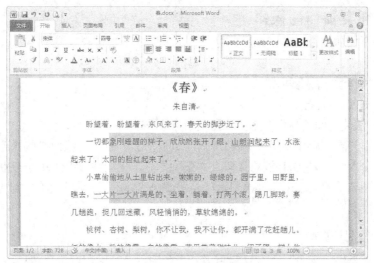

图 3-22　选择矩形区域

3.3.5　插入和改写文本

创建或打开文档后，插入点的位置位于屏幕左上角，在此处开始输入文本时，插入标记不断向右移动。

插入文本时要注意状态栏上的显示状态，如果出现"改写"二字，说明现在文本处于改写状态，此时插入的文字会覆盖掉当前的文字。用鼠标双击"改写"处，或是按<Insert>键，可以将"改写"状态变为"插入"状态，此时在光标处插入文字后，插入点之后的文字会顺序后移。

3.3.6　删除文本

使用<Del>键可删除光标右边的一个字符或一个汉字，用<Backspace>键可删除光标左边的一个字符或一个汉字，用<Ctrl+Backspace>组合键可删除光标左边的一个字或一个词。如果选择了文本块，则用<Del>键可删除整个文本块；如果在选择文本块的情况下输入文字，则新的文字输入的同时，文本块的内容会被删去。

3.3.7　撤销以前的操作

在处理一个文档时，如果发出了错误的操作命令，无论这个操作命令是什么，均可接着发出一个"撤销清除"命令来取消这个错误的操作，将文档恢复如初。

"撤销"命令可用来取消在文档中所做的修改，如编辑、设置格式、拼写检查，以及插入分隔符、脚注、表格等。例如，假设用户选择了一段文本，并按<Del>键将该段文本删除掉了，突然用户发现出现了操作错误，这段文字不应该被删除，此时若想恢复，就可以采用"撤销"命令来撤销上一次的操作，从而恢复误删除的文本。

撤销上次操作的方法有两种。

① 按<Ctrl+Z>组合键。

② 单击"快速访问工具栏"上的"撤销清除"按钮。

要撤销连续多项操作，可反复发出"撤销"命令。单击"快速访问工具栏"上"撤销清除"按钮旁边的向下箭头，然后选择要撤销的操作，则可非常方便地撤销某个或某几个操作。

3.3.8　重复前面的操作

与撤销一个操作的命令刚好相反，可用"重复"命令来重复在文档中所做的最后修改，如编辑、设置格式、拼写检查，以及插入分隔符、脚注和表格。

重复前面操作的方法有两种。

① 按<Ctrl+Y>组合键。

② 单击"快速访问工具栏"上的"重复键入"按钮。

当用"撤销清除"命令取消某一操作时，"重复清除"命令就变为"重复键入"命令。例如，选择一段文本，并按<Del>键将该段文本删除掉，若采用"撤销"命令来撤销上一次的操作，从而恢复删除了的文本，此时再用鼠标单击"快速访问工具栏"上的"恢复清除"按钮，则又删除了该段文字。

3.3.9　复制文本

复制文本就是将已选中的文本复制到另外一个地方，其操作方法有两种。

1．粘贴复制

要将已选择的内容复制到剪贴板上，有两种方法。

① 选择要复制的文本，单击"开始"选项卡上的"复制"按钮。

② 选择要复制的文本，按<Ctrl + C>组合键。

将光标移到需要复制到的目标位置，然后用"粘贴"命令将剪贴板上的内容插入到当前光标所在的位置。

粘贴的方法有两种。

① 单击"开始"选项卡上的"粘贴"按钮。

② 按<Ctrl+V>组合键。

2．鼠标拖动复制

① 用鼠标选中要复制的文本，松开鼠标左键。

② 将光标移到选中的文本区域，按住<Ctrl>键和鼠标左键不放，拖曳光标至要复制到的目标位置。

③ 松开鼠标左键，此时就把选中的文本插入到指定的位置了。

3.3.10　移动文本

移动文本就是将已选中的文本移动到另外一个地方，其操作方法有两种。

1．剪切移动

要将已选择的内容剪切复制到剪贴板上，有两种方法。

① 选择要移动的文本，单击"开始"选项卡上的"剪切"按钮。

② 选择要移动的文本，按<Ctrl + X>组合键。

将光标移到需要移动到的目标位置，然后用"粘贴"命令将剪贴板上的内容插入到当前光标所在的位置，这样就完成了文本的移动。

2．鼠标拖动移动

① 用鼠标选中要移动的文本，松开鼠标左键。

② 将光标移到选中的文本区域，按住鼠标左键不放并拖动光标至要移动到的目标位置。

③ 松开鼠标左键，此时就把选中的文本插入到指定的位置了，完成文本的移动。

3.3.11 查找与替换

1. 查找

查找功能用于在一个文档中搜索一个单词、一段文本甚至是一些特殊的字符或者一些格式的组合。例如，查找文本中的文字"荷塘"，其操作步骤如下。

（1）使用导航窗格搜索文本

Word 2010 中新增加了导航窗格，通过窗格可查看文档结构，也可以对文档中的某些文本内容进行搜索，搜索到需要的内容后，程序会自动将其进行突出显示。

① 打开"导航窗格"。

打开"荷塘月色.docx"文档，单击"视图"选项卡，勾选"显示"组中的"导航窗格"复选框，在文档的左侧将会打开"导航"任务窗格，如图 3-23 所示。

② 输入查找的内容。

在"导航"任务窗格的"搜索文档"栏输入要查找的文本内容，如输入"月色"，此时系统会在右边的文档中自动将搜索到的文本内容以突出显示的形式显示出来，如图 3-23 所示。

图 3-23　使用导航窗格搜索文本

（2）在"查找和替换"对话框中查找文本

查找文本时，也可以通过"查找和替换"对话框来完成查找操作，使用这种方法，可以对文档中的内容一处一处地进行查找，也可以在固定的区域内查找，具有灵活的特点。

① 打开"查找和替换"对话框。

打开"荷塘月色.docx"文档，单击"开始"选项卡，单击"编辑"组中的"替换"按钮，弹出"查找和替换"对话框，切换到"查找"选项卡，如图 3-24 所示。

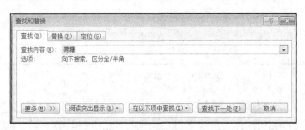

图 3-24　"查找和替换"对话框

② 输入查找的内容。

在"查找内容"文本框中输入需要查找的文字"荷塘",然后单击"查找下一处"按钮,Word 2010 将从当前光标所在的位置开始查找指定的文字"荷塘",并突出显示所查找的文字,如图 3-25 所示。

③ 查找多处文本。

如果要查找多处,可以继续单击"查找下一处"按钮,Word 2010 将继续查找。最后,单击"取消"按钮,返回正常编辑状态。

图 3-25　查找到的文本

（3）高级查找

① 单击图 3-25 中所示的"更多"按钮,弹出如图 3-26 所示的更多选项查找对话框。

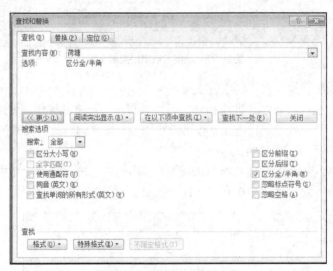

图 3-26　更多选项查找对话框

② 在"查找内容"栏内输入需要查找的文字"荷塘",开始查找之前,单击"搜索"框中的下拉箭头,可以看出其中有"全部""向上"和"向下"3 个选择,选择其中一个。"全部"

是指在整个文档中进行搜索查找，"向上"是指从当前光标位置向文档开始处进行搜索查找，"向下"是指从当前光标位置向文档末尾进行搜索查找。

③ 用户还可以根据需要设置其他选项，如希望在查找过程中区分字母的大小写，可选中 ☑区分大小写(H) 复选框。

④ 单击"查找下一处"按钮，Word 2010 将按照指定的范围开始查找。当查找至所输入的内容后，Word 2010 将突出显示所查找的文字。此时，可以单击"取消"按钮，返回正常编辑状态，也可以单击"查找下一处"按钮继续进行查找。

⑤ 显示查找到的所有内容。如果希望显示查找到的所有内容，可以单击图 3-26 中所示的"阅读突出显示"按钮，此时所有查找到的内容都会突出显示出来。

2．替换

替换功能是将查找到的内容用另外一些内容来代替。例如，将文档中的所有"计算机应用基础"都改为"计算机基础知识"，其操作步骤如下。

① 打开"开始"选项卡，单击"编辑"组中的"替换"按钮，弹出"查找和替换"对话框，如图 3-27 所示。

② 单击"替换"选项卡，在"查找内容"文本框中输入被替换的文字，在"替换为"文本框中输入要替换的文字，如图 3-27 所示。如果单击"全部替换"按钮，则 Word 2010 将把文档中所有查找到的内容"计算机应用基础"，都替换为指定的内容"计算机基础知识"。

图 3-27 "查找和替换"对话框

如果只需替换在某些位置出现的文字，可以每次单击"查找下一处"按钮，查找到所需内容之后，确认需要替换，则单击"替换"按钮将其替换。如果单击"全部替换"按钮，此时会将文档中所有的"计算机应用基础"全部替换为"计算机基础知识"。最后，单击"取消"按钮，返回正常的编辑状态。

3.4 文件操作

使用 Word 2010 编辑文档，用户首先要学会如何创建文档，如何打开文档，如何根据要求保存文档，以及如何关闭文档，这样才能有效地进行 Word 文档的基本操作。

3.4.1 创建新文档

1．新建空白文档

① 启动 Word 2010，在 Word 2010 窗口的左上角单击"文件"按钮，在弹出的菜单中选择"新建"命令，系统弹出"新建文档"对话框，如图 3-28 所示。

② 在该对话框右侧的"可用模板"列表框中选择"空白文档"选项，然后单击"创建"按钮。

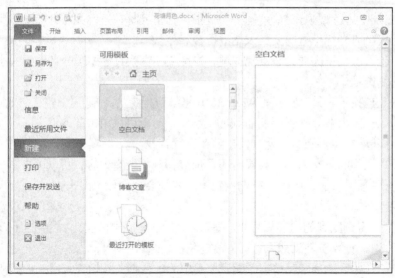

图 3-28 "新建文档"对话框

提示 　　用户也可以单击"快速访问工具栏"中的"新建"按钮或者按<Ctrl+N>组合键来快速创建 Office 空白文档。

2．新建模板文档

　　新建模板文档就是根据现有模板创建新的文档，它的操作方法与创建空白文档相同，只是选择的可用模板不同，新建模板文档的具体操作如下。

　　① 选择模板类型。在 Word 2010 应用程序窗口中，单击"文件"按钮，在展开的菜单中单击"新建"命令，然后单击"可用模板"列表中的"样本模板"选项，如图 3-29 所示。

图 3-29 "样本模板"对话框

　　② 根据模板创建文档。此时显示出样本模板选项，选择需要的模板，然后单击"创建"按钮，如图 3-30 所示。

图 3-30 "选择模板"对话框

提示　　模板文档为用户提供了多项已设置完成后的文档效果，用户只需要对其中的内容进行修改即可，这样大大地简化了工作，也提高了工作效率。

3.4.2 打开已有文档

1．在资源管理器中打开 Word 2010 文档

打开资源管理器，找到要打开的 Word 文档，然后用鼠标双击该文档即可。

2．在 Word 2010 窗口中打开已有的 Word 2010 文档

在 Word 2010 窗口中打开已有 Word 2010 文档的方法有 3 种。

① 单击"文件"按钮，在弹出的菜单中选择"打开"命令。

② 单击"快速访问工具栏"中的"打开"按钮。

③ 按<Ctrl+N>组合键。

上述 3 种方法都将打开如图 3-31 所示的"打开 Office 文档"对话框。在该对话框中找到需要的 Word 2010 文档的文件名后，在文件图标上双击或选择文件后单击"打开"按钮即可。

图 3-31 "打开 Office 文档"对话框

3．打开最近使用过的 Word 2010 文档

Word 2010 具有记忆功能，它可以"记住"最近几次打开的文档。单击"文件"按钮，弹出如图 3-32 所示的菜单，选择"最近所用文件"，在菜单右边列出了最近使用过的文件，单击所需的文件名，便可快速打开相应的 Word 文档。

图 3-32 "最近所用文件"菜单

3.4.3 保存文件

在 Word 2010 中将文档调入进行编辑处理后，如果对文档内容进行了修改，则应当将其保存起来。否则，文档内最新编辑的内容在退出 Word 2010 后将会丢失。

在编辑文档的任何时候，都可以单击"保存"命令保存当前文档或全部打开的文档的内容，也可将文档用另一个名字保存起来。

保存文档的方法有以下 4 种。

（1）用键盘命令

按<Ctrl+S>组合键，这是最简单、最方便的保存文档的方法。

（2）单击"保存"按钮

用鼠标单击"快速访问工具栏"上的"保存"按钮。

（3）利用"文件"按钮

用鼠标单击"文件"按钮，在弹出的菜单中选择"保存"命令。

如果当前正在编辑的文档还未取文件名，则在首次存盘时，系统会弹出一个"另存为"对话框，具体操作同"将文档另存为保存"。

（4）将当前文档另存为保存

如果要将当前正在编辑的文档用另一个文件名保存起来，则可用鼠标单击"文件"按钮，在弹出的菜单中选择"另存为"命令后，将弹出一个"另存为"对话框，如图 3-34 所示。在对话框的文件夹列表中选择需要存放当前文档的文件夹，并在"文件名"栏输入当前文档需要另存的文件名，然后单击"保存"按钮。

图 3-33 "另存为"对话框

3.4.4 关闭文档

任何文档，如果不再需要对它进行编辑，除应当保存它外，还应当及时关闭它。关闭一个文档的主要目的在于释放它所占的内存空间，以使所占空间能用于打开新文档或由其他打开的文档使用。

关闭文档的方法有以下 3 种。

（1）利用"文件"按钮

用鼠标单击"文件"按钮，在弹出的菜单中选择"关闭"命令即可关闭当前文件。

在选择了"关闭"命令后，如果编辑文档没有存盘，则系统会弹出一个对话框提醒用户进行保存操作。其中，选择"是"表示要保存当前文档，选择"否"表示不保存，选择"取消"表示放弃当前的关闭操作。

（2）用键盘命令

按<Ctrl+F4>组合键可立即关闭当前正在编辑的文档。

（3）用"关闭"按钮

用鼠标单击 Word 2010 编辑窗口右上角的"关闭"按钮⊠，可立即关闭当前正在编辑的文档。

3.5 页面设置

Word 2010 可以对文档在打印时的纸张大小、页边距（左边距、右边距、上边距、下边距、装订线离边界的距离、页眉和页脚离上边界和下边界的距离等）、纸张来源、页眉和页脚等进行设置，使得文档既生动、丰富，又实用。

3.5.1 标尺的作用

标尺有水平标尺与垂直标尺两种。水平标尺在文本编辑窗口的上面，使用水平标尺可以方便地改变段落的宽窄（缩进），调整页边距，改变报版样式栏的宽度和表格的列宽，还可以用鼠标设置制表位。

在编辑中移动插入点时，如果文本中采用了不同的缩进标记和制表位，则水平标尺上的缩进标记和制表位会相应变化，以反映当前段落中的格式设置。

垂直标尺在页面的左边，利用垂直标尺可以调整页面的上、下页边距和表格的行高。

要显示或隐藏水平标尺和垂直标尺，可以在"视图"选项卡的"显示"组中选择"标尺"复选框，如果在"标尺"复选框的前面有一个"√"，则表示显示标尺，反之则隐藏标尺。

3.5.2　页面设置

页面设置主要包括修改页边距、设置纸张大小与版式、设置纸张方向等内容。

1．设置纸张大小和方向

设置纸张大小和方向的操作步骤如下。

① 用鼠标单击"页面布局"选项卡，在"页面设置"中单击"页面设置"按钮 ，弹出"页面设置"对话框，如图 3-34 所示。

② 设置纸张大小。

在"页面设置"组中选择"纸张"选项卡，如图 3-35 所示，单击"纸张大小"下拉按钮，在"纸张大小"下拉列表中选择打印纸张的类型。如果用户需要使用特定的纸型，可以在"宽度"和"高度"微调框中输入相应的数值。其中"宽度"表示自定义的纸张宽度值，"高度"表示自定义的纸张高度值。

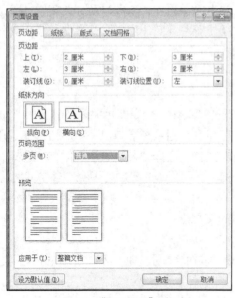

图 3-34　"页面设置"对话框　　　　　图 3-35　"纸张"选项卡

③ 设置纸张方向。

纸张有长和宽之分，将纸张放在打印机上有两种放置方法：纵向和横向。因此，除了设置纸张大小之外，还应该设置纸张放置方向。在"页面设置"对话框的"页边距"选项卡中，可以对纸张方向进行设置。

2．设置页边距

在 Word 2010 中，页边距是指正文文本边缘与打印纸边缘之间的距离，也就是正文文本在纸面四周留出的空白区域。在默认状态下，这部分区域中没有任何内容，但用户可以在其中插入页眉、页脚或页码等内容。

根据文档内容的要求，设置适当的页边距可以从整体上提升文档的外观效果，提高读者的阅读兴趣。用户可以设置上下左右互不相同的页边距，也可以使上下或左右页边距相同，还可以为双面打印文档设置对称页边距，甚至可以为装订文档预留空白（添加装订线）。

设置页边距的操作步骤如下。

① 用鼠标单击"页面布局"选项卡，在"页面设置"组中单击"页面设置"按钮，弹出"页面设置"对话框。

② 单击"页边距"选项卡，即可设置页边距及与页面顶端和底端相关的页眉和页脚的位置。"页面设计"对话框中各选项的含义如下。

- 上：表示页面顶端与第一行正文之间的距离（上边距）。
- 下：表示页面底端与最后一行正文之间的距离（下边距）。
- 左：表示页面左边与无左缩进的每一行正文左端之间的距离（左边距）。
- 右：表示页面右边与无右缩进的每一行正文右端之间的距离（右边距）。
- 装订线：表示要添加到页边距上以便进行装订的额外空间。
- 装订位置：表示将"装订线"放在页面的左边还是上边。
- 页码范围：有普通和对称页边距两种。其中，"普通"表示单面打印；"对称页边距"表示双面打印，用于使对开页的页边距互相对称。内侧页边距都是等宽的，外侧页边距也都是等宽的。当选择这一选项时，"左"框改变为"内侧"框，而"右"框改变为"外侧"框。
- 应用于：表示上述设置在文档中的应用范围，默认是"整个文档"。根据需要可在下拉列表中选择应用范围。
- 默认值：该按钮用于更改默认的页边距设置。Word 2010 把新的设置保存为默认设置。今后，每当启动基于该模板的文档时，Word 2010 都将应用新的设置。

3．设置版式

设置版式的操作步骤如下。

① 用鼠标单击"页面布局"选项卡，在"页面设置"组中单击"页面设置"按钮，弹出"页面设置"对话框，如图 3-34 所示。

② 单击"版式"选项卡，如图 3-36 所示。

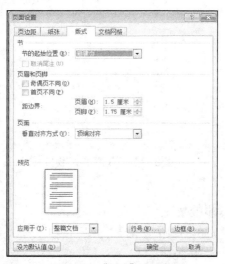

图 3-36 "版式"选项卡

③ 在"节的起始位置"下拉列表中为文档中各个节设置起始位置。

④ 在"页眉""页脚"微调框中输入页眉和页脚距页面两端的距离，还可以根据用户需要选中 ☑奇偶页不同(U) 和 ☑首页不同(P) 复选框。

⑤ 最后单击"确定"按钮完成版式设置。

3.5.3 添加页眉和页脚

页眉和页脚是打印在文档每一页顶部或底部的说明性文字。页眉的内容可以包括页号、章节名、日期、时间等；页脚的内容可以包含文章的注释信息。页眉打印在文档的每一页顶部页边距中，页脚打印在底部的页边距中。键入页眉或页脚后，Word 2010 自动将其插入每一页。Word 2010 还会自动调整文档的页边距以适应页眉或页脚。

只有在"页面视图"下，才显示页眉或页脚。用户可以灵活地设置页眉、页脚，并为它们编排格式。

1．给文档添加页眉

给文档添加页眉的操作步骤如下。

① 用鼠标单击"插入"选项卡，单击"页眉和页脚"组中的"页眉"按钮，在弹出的菜单中选择"编辑页眉"命令，弹出"设计"选项卡。

② 此时，Word 文档页面的顶部和底部各出现一个虚线框，如图 3-37 所示，用鼠标单击文档顶部虚线框即可输入页眉文本。

③ 页眉输入完成后，单击"设计"选项卡中的"关闭页眉和页脚"按钮，或双击变灰的正文即可返回文档编辑状态。

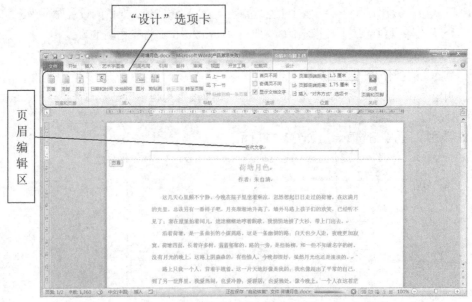

图 3-37 "页眉"编辑窗口

2．给文档添加页脚

给文档添加页脚的操作步骤如下。

① 用鼠标单击"设计"选项卡上的"转至页脚"按钮就可以将光标移至页脚区进行编辑，如图 3-38 所示。

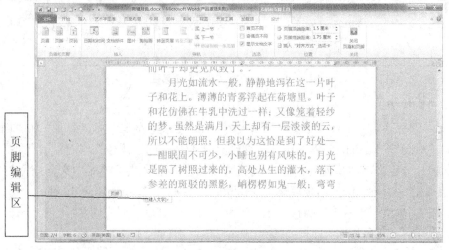

图 3-38 "页脚"编辑窗口

② 此时，用户可以输入页脚文字。例如，在每一页的底部输入"第 *n* 页"，首先在页脚编辑区中输入"第"，然后用鼠标单击"页眉和页脚"组上的"页码"按钮，在弹出的菜单中选择"设置页码格式"命令，弹出如图 3-39 所示的"页码格式"对话框。

③ 在"编号格式"下拉列表中选择一种页码格式，在"页码编号"栏选择"起始页码"单选钮，并在文本框中输入起始页码。

④ 单击"确定"按钮，页码插入完成，然后再输入"页"。

⑤ 页脚输入完成后，单击"设计"选项卡中的"关闭页眉和页脚"按钮，或双击变灰的正文即可返回文档编辑状态。

图 3-39 "页码格式"对话框

上面介绍的是简单的页眉、页脚设置的方法，在页眉、页脚区域中，完全可以像编辑普通文档一样编辑、插入各种文字、图形及进行各种格式编排，它除了能够在每一页重复出现之外，和普通文本之间没有什么区别。

3.6 文本格式处理

完成 Word 2010 的基本编辑操作之后，还可对文本设置一定的格式，使文档看起来更加美观。

在 Word 2010 中，为字符设置格式有 3 种途径：一是使用工具栏，二是使用对话框，三是使用键盘快捷键。前两种方法比较直观，尤其是使用对话框可以设置所有的格式；后一种方法是操作速度最快的，但要求用户对格式编排非常熟练。

在初学阶段，可以用工具栏和对话框来设置格式，当有了一定使用基础之后，就应该掌握快捷键的使用，以期达到提高工作效率的目的。

3.6.1 设置字体及其效果

字体格式设置主要使用"开始"选项卡中的"文本格式"工具栏，如图 3-40 所示。

图 3-40 "文本格式"工具栏

1．设置字体

字体一般分为英文字体和中文字体两大类。其中英文字体又包括若干种，如"Times New Roman""Arial""Verdana"等，中文字体也有若干种，如"黑体""宋体""隶书"等。在 Word 2010 中，中文字体和英文字体自动转换，如果用户输入的文本是中文，它默认的字体是"宋体"。反之，若输入的文本是英文，则它默认的字体是"Times New Roman"。若用户希望改变字体，可按下列步骤进行操作。

① 选择欲设置字体的文本。

② 在"开始"选项卡中的"字体"组中单击 宋体 右侧的下箭头按钮，弹出如图 3-41 所示的"字体"下拉列表。

③ 从中选择一种字体，如"隶书"，这样选中的文本就改变为"隶书"了。

2．设置字型

Word 2010 共设置了常规、粗体、斜体和下画线 4 种字型，默认设置为常规字型，用户可以按以下步骤设置文本的字型，在文档中使用粗体、斜体或下画线。

① 选择要改变或设置字型的文本。

② 在"开始"选项卡中的"字体"组中单击字形按钮（ B 表示粗体、 I 表示斜体、 U 表示下画线），该部分文本就变成了相应的字形。

③ 除单独设置上述 3 种字形外，用户还可以使用这 3 种字型的任意组合，即粗体+斜体、粗体+下画线、斜体+下画线和粗体+斜体+下画线等。要使用这种组合字形时，只要单击相应的按钮就可以了，如设置文本既是粗体又是斜体的方法：选择要改变或设置字形的文本，单击"粗体"和"斜体"按钮，该部分文本就变成了既是粗体又是斜体的字型。

3．设置字号大小

除根据文档内容的需要进行字体和字形的变化之外，还应该在文字的大小上进行设置，使文档的各部分有所区别，从而使文档脉络清晰，层次分明。例如，文档的标题及各部分的小标题中的文字应该比正文中的文字稍微大一些，内容提要中的文字则要比正文部分的文字小一些。因此，在文档中设置文字大小是很有必要的。

在 Word 2010 的默认设置中，共有从 5 磅到 72 磅的 21 种字体大小，用户也可以输入大于 72 的磅值，打印或显示出更大的字符。在 Word 2010 中文版中，根据中国人的使用习惯增加了"字号"的选择方式，从"八号"到"初号"依次增大，共 16 种字体大小。

设置文字大小的方法如下。

① 选择要设置文字大小的文本。

② 在"开始"选项卡中的"字体"组中单击 五号 右侧的下箭头按钮，弹出如图 3-42 所示的"字号"下拉列表。

图 3-41 "字体"下拉列表 　　　　　　 图 3-42 "字号"下拉列表

③ 选择一种字号（可以选择号数，也可以选择磅值），如"三号"，这样选中的文本就设置为"三号"字了。字体、字形和字号的显示效果如图 3-43 所示。

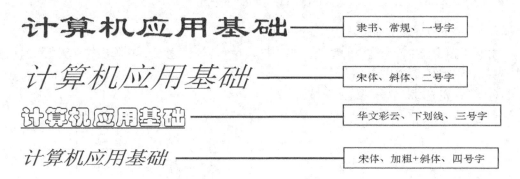

图 3-43 字体、字形和字号的显示效果

4．使用"字体"对话框设置字体、字形和字号

以上介绍的是利用"开始"选项卡中的"字体"组工具栏上的快捷按钮来设置文本的字体、字型和字号的方法，用户也可以使用"字体"对话框来设置文本的字体、字形和字号，操作步骤如下。

① 选择要设置文字大小的文本。

② 在"开始"选项卡中的"字体"组中单击"字体"按钮 ，弹出如图 3-44 所示的"字体"对话框。

③ 单击"字体"选项卡，在"字体"栏选择中文字体和英文字体，在"字形"列表框中选择相应的字形，在"字号"列表框中选择需要的字号。

④ 设置完成后，单击"确定"按钮。

5．设置文本颜色

为了突出显示某部分文本，或者为了美观，为文本设置颜色或者突出显示是常用操作。Word 2010 默认的文本颜色是白底黑字。用户可根据需要，为文本设置合适的颜色，具体操作步骤如下。

① 在文档中选中需要设置字体颜色的文本。

② 在"开始"选项卡中的"字体"组中单击"字体颜色"按钮 A·右边的下箭头按钮 ，弹出如图 3-45 所示的"字体颜色"下拉列表。

图 3-44 "字体"对话框

③ 在该下拉列表中选择需要的颜色即可。

如果下拉列表中没有需要的颜色，可单击 其他颜色(M)... 按钮，在弹出的"颜色"对话框中选择需要的颜色，如图 3-46 所示。

④ 设置完成后，单击"确定"按钮。

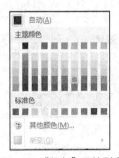

图 3-45 "颜色"下拉列表

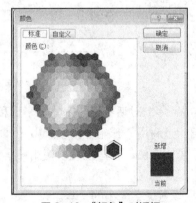

图 3-46 "颜色"对话框

6. 设置删除线

如果用户写了一篇文章，送给其他的人审阅、修改，审阅者可以给希望删除的文本加上删除线作为修改标记，但不删除文档的任何内容，这样，文档的作者看到修改过的文档时，就可以根据自己的意愿决定是否采纳审阅人的意见。

设置删除线的操作步骤如下。

① 选择要添加删除线的文本。

② 在"开始"选项卡中的"字体"组中单击"删除线"按钮 abc ，即可在选中文本上添加删除线，如图 3-47 所示。

7．设置带圈字符

如果要为文本添加圆圈，可按以下步骤操作。

① 选中要设置带圈的文字。

② 在"开始"选项卡中的"字体"组中单击"带圈字符"按钮⓪，即可为选中字符添加圆圈，如图 3-48 所示。

计算机应用基础
㉑㉒㉓㉔㉕㉖

图 3-47 "删除线"效果图 　　　　　　　　图 3-48 "带圈文字"效果图

8．设置文字的立体效果

如果用户的文档具有一定的广告宣传的目的，则可以使用 Word 2010 中的"阴影""空心""阳文""阴文"等功能，使文档具有一定程度的艺术效果。如果再为某些文字添加上动态效果，则文档就更加生动活泼，富有吸引力。

"阴影""空心""阳文"和"阴文"是 Word 2010 中的 4 种文字显示效果，其中"阴影"可以产生文字离开纸面的立体效果，"空心"效果是显示文字笔画的轮廓（即空心字），"阳文"效果的文字笔画向外凸出，"阴文"效果的文字笔画向里凹进，效果如图 3-49 所示。

图 3-49　4 种文字立体效果

操作步骤如下。

① 选择待设置的文字。

② 在"开始"选项卡中的"字体"组中单击"字体"按钮，弹出"字体"对话框。

③ 选择"字体"选项卡，在"效果"选项栏中单击"阴影""镂空""阳文"或"阴文"等复选框，使其复选框内出现"√"。

④ 单击"确定"按钮，选择文字的立体效果就设置好了。

9．设置字符边框和底纹

如果要给字符添加边框和底纹，可在"开始"选项卡中的"字体"组中单击"字符边框"按钮▲或"字符底纹"按钮▲，即可为字符添加边框或底纹，效果如图 3-50 所示。

10．设置上标和下标

设置上标和下标是文档编辑中的常用功能，如平方符号、参考文献、数学符号等，用户可按照以下操作步骤设置上标和下标。

① 选中要设置为上标或下标的文本。

② 在"开始"选项卡中的"字体"组中单击"上标"按钮×，即可将其设置为上标；单击"下标"按钮×，即可将其设置为下标，效果如图 3-51 所示。

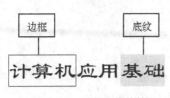

图 3-50　边框和底纹效果

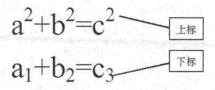

图 3-51　上标和下标效果

11．首字下沉

在新闻稿件或议论文章中，经常可以看到第一个字或字母采用首字下沉的格式。

设置首字下沉的操作步骤如下。

① 将光标放到文档段落中的任何一处（这个段落中必须含有文字）。

② 在"插入"选项卡中的"文本"组中单击"首字下沉"按钮，在弹出的下拉菜单中单击 首字下沉选项(D)… 按钮，弹出如图 3-52 所示的"首字下沉"对话框。

③ 在对话框中单击"下沉"或"悬挂"选项，用户可以在预览区看到这两种首字（字母）下沉格式的区别。

④ 确定首字（字母）的字体和大小。首字的大小可以是段中正文字体大小的 1～10 倍，在"下沉行数"中确定一个数字后，用户可以根据预览区域中的效果确定合适与否。

⑤ 单击"确定"按钮，就可以看到类似于图 3-53 所示的首字下沉效果了。

⑥ 删除首字下沉时，只需单击图 3-52 中的"无"选项，再单击"确定"按钮即可。

图 3-52　"首字下沉"对话框

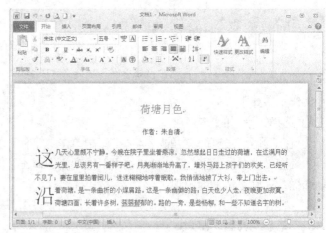

图 3-53　首字下沉效果

3.6.2　设置字间距

设置字间距是确定文本中字符与字符之间的水平距离。其操作方法如下。

① 如果要对选择的文字区域进行设置，先选择文字区域，否则设置的是新输入文字的字间距。

② 在"开始"选项卡中的"字体"组中单击"字体"按钮 ，弹出"字体"对话框。

③ 单击"高级"选项卡，如图 3-54 所示。

图3-54 "字符间距"选项卡

对话框中的参数说明如下。

● 间距：指字符之间的距离大小，在其下拉列表中有"标准""加宽"和"紧缩"3个选项。其中，"标准"是默认间距；"紧缩"表示字符之间的距离缩小，如果在该选项后的"磅值"数值框中键入的数值越大，则字符之间的距离越小；"加宽"表示字符之间的距离加大，如果在该选项后的"磅值"微调框中键入的数值越大，则字符之间的距离越大。

● 位置：指示文字将出现在基准线的什么方位（基准线是一条假设的恰好在文字之下的线），在其下拉列表中有"标准""提升"和"降低"3个选项。若要进行特定设置，请在后面的"磅值"数值框中键入某一数值，该值是相对于基准线把文字升高或降低的磅值。

● 为字体调整字间距：选中该复选框则系统自动地进行字距调整。间距大小取决于选择的字符。可在"磅或更大"微调框中键入或选择字体大小，Word 2010将自动调整大于该值的字间距。

● 预览：字间距设置效果可在"预览"文本框中显示出来。

④ 设置完成后，单击"确定"按钮。

3.6.3 段落格式

在 Word 2010 中的一个段落就是一个自然段，它可以包括文字、图形、表格、公式、图像或其他项目，每个段落用段落标记表示结束。段落标记通常由按下回车键产生。可以单击"开始"选项卡的"段落"组中的"显示/隐藏"按钮来显示或隐藏段落标记。

1．设置段落对齐方式

段落有 5 种对齐方式，即左对齐、居中、右对齐、两端对齐和分散对齐。对齐方式确定段落中选择的文字或其他内容相对于缩进结果的位置。

设置文本对齐方式的操作步骤如下。

① 选择文字区域或将光标移到段落文字上。

② 在"开始"选项卡中的"段落"组中单击对齐方式按钮（左对齐：▤、居中：▤、右对齐：▤、两端对齐：▤、分散对齐：▤）。

- 左对齐：段落文字从左向右排列对齐。
- 居中：段落文字放在每行的中间。
- 右对齐：段落文字从右向左排列对齐。
- 两端对齐：两端对齐就是指一段文字（两个回车符之间）两边对齐，对微小间距自动调整，使右边对齐成一条直线。
- 分散对齐：增大行内间距，使文字恰好从左缩进排到右缩进。

图 3-55 所示为 5 种对齐方式的示例效果。

2．设置段落缩进

段落缩进是指文本与页边距之间保持的距离。段落缩进包括首行缩进、悬挂缩进、左缩进和右缩进 4 种缩进方式。设置段落缩进有多种方法，这里主要介绍 3 种。

（1）使用"开始"选项卡中"段落"组中的工具按钮设置段落缩进

① 将光标定位于将要设置段落缩进的段落的任意位置。

② 单击"增加缩进量"按钮 ，即可将当前段落右移一个默认制表位的距离。相反，单击"减少缩进量"按钮 ，即可将当前段落左移一个默认制表位的距离。

根据需要可以多次单击上述两个按钮来完成段落缩进。

（2）使用"段落"对话框设置段落缩进

① 将光标定位于将要设置段落缩进的段落的任意位置。

② 打开"开始"选项卡，在"段落"组中单击"段落"按钮 ，弹出如图 3-56 所示的"段落"对话框。

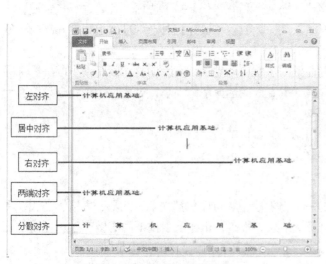

图 3-55　对齐方式示例效果

图 3-56　"段落"对话框

③ 单击"缩进和间距"选项卡，在"缩进"区域中设置缩进量。

- 左侧：输入或选择希望段落从左侧页边距缩进的距离。值为负时文字出现在左侧页边距上。

- 右侧：输入或选择希望段落从右侧页边距缩进的距离。值为负时文字出现在右侧页边距上。
- 特殊格式：选择希望每个选择段落的第一行具有的缩进类型。单击其右边的下箭头按钮，将弹出下拉列表，其选项的含义如下。
  - ➢ 无：把每个段落的第一行与左侧页边距对齐。
  - ➢ 首行缩进：把每个段落的第一行，按在"磅值"微调框内指定的量缩进。
  - ➢ 悬挂缩进：把每个段落中第一行以后的各行，按在"磅值"微调框内指定的量右移。
- 磅值：在其微调框中输入或选择希望第一行或悬挂行缩进的量。

④ 设置完成后，单击"确定"按钮。

（3）使用"标尺"设置段落缩进

使用水平标尺是进行段落缩进最方便的方法之一。水平标尺上有首行缩进、悬挂缩进、左缩进和右缩进 4 个滑块，如图 3-57 所示。

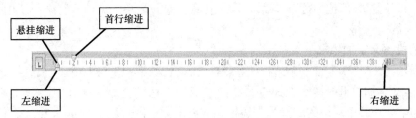

图 3-57 "水平标尺"滑块

① 左缩进：控制整个段落左边界的位置。

② 右缩进：控制整个段落右边界的位置。

③ 首行缩进：改变段落中第一行第一个字符的起始位置。

④ 悬挂缩进：改变段落中除第一行以外所有行的起始位置。

3．设置行间距和段落间距

行间距是指段落中行与行之间的距离，段间距是指段落与段之间的距离。

（1）设置行间距

设置行间距的操作步骤如下。

① 选择需要设置段落行间距的文字区域。

② 打开"开始"选项卡，在"段落"组中单击"段落"按钮 ，弹出如图 3-56 所示的"段落"对话框。

③ 单击"缩进和间距"选项卡，在"行距"下拉列表中选择一种行间距。

- 单倍行距：把每行间距设置成能容纳行内最大字体的高度。例如，对于 10 磅的文字，行距应略大于 10 磅一字符的实际大小加上一个较小的额外间距。额外间距因使用的字体而有异。
- 1.5 倍行距：把每行间距设置成单倍行距的 1.5 倍。例如，对于 10 磅的文字，其间距约为 15 磅。
- 2 倍行距：把每行间距设置成单倍行距的 2 倍。例如，对于 10 磅的文字，双倍间距把间距设为约 20 磅。

- 最小值：选中该选项后可以在"设置值"微调框中输入固定的行间距，当该行中的文字或图片超过该值时，Word 2010 自动扩展行间距。
- 固定值：选中该选项后可以在"设置值"微调框中输入固定的行间距，当该行中的文字或图片超过该值时，Word 2010 不会扩展行间距。
- 多倍行距：选中该选项后可以在"设置值"微调框中输入值为行间距，此时的单位为行，而不是磅。允许行距以任何百分比增减。例如，把行距设成 1.2 倍，则行距增大 20%；而把行距设为 0.8 倍，则行距减小 20%；把行距设为 2 倍，则等于把行距设为 2 倍行距。

④ 以上行间距设置完成后，单击"确定"按钮。

（2）设置段落间距

段落间距是指段落和段落之间的距离，在图 3-56 所示的对话框中，可在"缩进和间距"选择卡的"间距"栏内设置段落间的距离。其中，"段前"表示在每个选择段落的第一行之上留出一定的间距量，单位为行；"段后"表示在每个选择段落的最后一行之下留出一定的间距量，单位为行。

4．给段落文字加边框

在段落或文字周围添加一条边框，可以使这部分文档更加突出，让文档更具有艺术效果。给段落文字加边框的操作步骤如下。

① 如果要在某个段落的四周添加边框，可单击该段中任意一处，如果要为某部分文字（如一个单词）或某几个段落周围添加边框，则选择这些文字或段落。

② 单击"开始"选项卡，在"段落"组中单击"下框线"按钮 □ ，在弹出的下拉菜单中选择 □ 边框和底纹(O)... 按钮，弹出如图 3-58 所示的"边框和底纹"对话框。

③ 如果为单个段落添加边框，则在图 3-58 所示的右下角的"应用于"下拉列表中选择"段落"。

④ 在"设置"选项中选择边框类型，包括"无""方框""阴影""三维"或"自定义"，用户可以在预览框中逐个观察它们的效果。

图 3-58 "边框和底纹"对话框

⑤ 如果要指定只在某些边添加边框，则单击"自定义"，并在"预览"区域单击图表中

的这些边，或者单击预览页面左边和下边的按钮设置或删除边框。

⑥ 在"样式"列表框中选择一种边框式样，分别单击"颜色"和"宽度"方框右端的向下箭头，选择边框的颜色，如红色，宽度 3.0 磅。

⑦ 单击"选项"按钮，打开"边框和底纹选项"对话框，在其中确定边框与文档之间的精确位置，单击"确定"按钮可关闭此对话框。

⑧ 单击"确定"按钮，则完成添加边框设置，如图 3-59 所示。

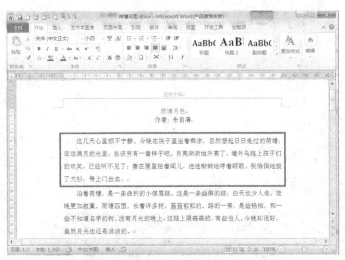

图 3-59　边框效果示例

删除边框时，只需在图 5-58 所示的"边框"对话框中选择"设置"选项中的"无"，再单击"确定"按钮即可。

5．给段落文字加底纹

给文字添加底纹就是给文字填充不同的背景，其操作步骤如下。

① 如果要给段落添加底纹，可以单击该段落中任意一处。如果给指定文字（如一个单词或几个段落）添加底纹，则选择这部分文字。

② 单击"开始"选项卡，在"段落"组中单击"下框线"按钮□▾，在弹出的下拉菜单中选择 □ 边框和底纹(O)... 按钮，弹出"边框和底纹"对话框。

③ 单击"底纹"选项卡，如图 5-60 所示。

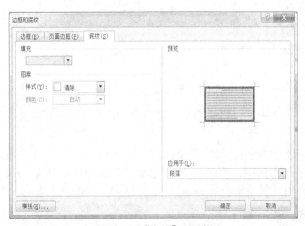

图 3-60　"底纹"对话框

④ 根据需要进行如下设置。

● 在右下角的"应用于"下拉列表中确定添加底纹的文档（文字或段落）。

● 从"填充"下拉列表中为底纹选择一种背景颜色。

● 在"图案"栏中，从"式样"下拉列表中选择一种底纹式样，再从其下方的"颜色"下拉列表中为该底纹选择一种颜色，如黄色。

⑤ 设置完成后，单击"确定"按钮，效果如图3-61所示。

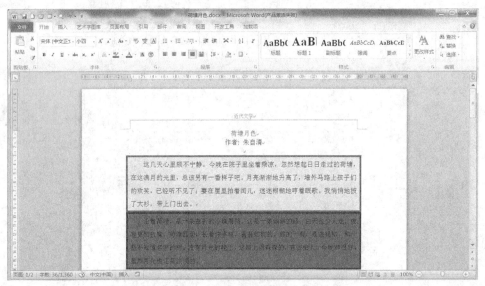

图3-61 底纹效果示例

删除底纹时，只需在如图3-60所示的"底纹"对话框的"填充"列表中单击"无"，然后单击"确定"按钮即可。

3.6.4 分页、分节和分栏

1．分页

"页"是Word 2010为打印文档而引入的一个概念。每一页从打印机上打印出来就占用一张打印纸。

"页"是用分页符标识，不同的"视图"显示方式，分页符也不相同。例如，"页面视图"的分页符为"▓▓▓▓▓▓"，"草稿"的分页符是一根虚线"⋯⋯⋯⋯⋯⋯⋯⋯"，"大纲视图"和"Web版式视图"不显示分页符。

设置分页符的方法有以下两种。

（1）自动分页

在录入文本时，Word 2010会根据当前页面的设置和文档中所设置的格式，自动地在文档的合适位置进行处理，并在页与页之间用一条横贯编辑文档的线来将它们分隔开来。

（2）人工分页

如果对Word 2010所做的自动分页不满意，而要在某个特定的位置（通常是某行）人工分页，则可将输入光标移到需分页的位置（如某行首），按<Ctrl+Enter>组合键即可。或者单击"插入"选项卡下的"分页"按钮进行分页。

2. 分节

如果文档内容比较丰富，包括文字、表格或图形等项目，通常可将它们分成不同的部分进行编辑排版与打印输出，这些不同的部分可以有不同的格式、打印宽度与长度等。为了区别处理这些部分，通常用"节"来划分。

"节"是以节分隔符作标识的。前面介绍过页码、页眉和页脚的设置，这些设置一般都是对整个文档有效，但是如果设置了"节"就可以使其只对本节有效。

设置"节"的方法如下。

① 单击 "页面布局"选项卡，在"页面设置"组中单击 分隔符 按钮，弹出如图 3-62 所示的"分隔符"下拉菜单。

② 在分节符中组有 4 个选项，根据需要选择一项即可。

● 下一页：分节符前后的内容被分成两页。

● 连续：分节符前后的内容不分页。

● 偶数页：分节符前后分页，下一页的页码调整为偶数页。

● 奇数页：分节符前后分页，下一页的页码调整为奇数页。

③ 插入分节符后，可在"页面设置"中为不同节设置不同的页面格式。

3. 分栏

在编辑报刊、杂志等文档时，人们往往习惯于将整个页面分成几栏，编辑时逐栏编排文字，一栏排满后再排入下一栏，Word 2010 将这种排版方式称为分栏。

Word 2010 在默认设置下，编排任何文档都只有一个分栏。如果用户希望分成多栏，可以按下列步骤进行操作。

① 选择需要分栏的文本范围。

② 单击"页面布局"选项卡，在"页面设置"组中单击"分栏"按钮，在弹出的下拉菜单中单击 更多分栏(C)... 按钮，弹出如图 3-63 所示的"分栏"对话框。

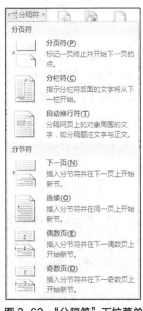

图 3-62 "分隔符"下拉菜单

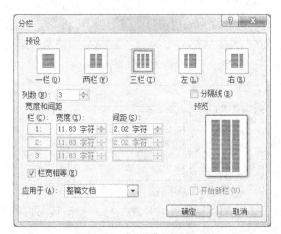

图 3-63 "分栏"对话框

③ 根据需要，在"分栏"对话框中进行下列设置。

- 在"预设"栏中显示了 Word 2010 预设的几种分栏样式，用户可以在其中单击选择一种样式。
- 在"列数"微调框中，确定分栏数。
- 在"宽度和间距"栏中，先在"栏"文本框中选好某一栏，然后在"栏宽"中调整该分栏的宽度，再在"间距"微调框中调整本栏与下一栏之间的距离。对每一栏都进行上述设置。
- 如果要使各分栏的宽度都一样时，单击"栏宽相等"复选框，使之出现"√"。
- 如果要在各分栏之间添加分隔线，单击"分隔线"复选框，使之出现"√"。
- 在"应用于"下拉列表中确定本次分栏设置的有效范围。

④ 完成上述设置后，单击"确定"按钮，效果如图 3-64 所示。

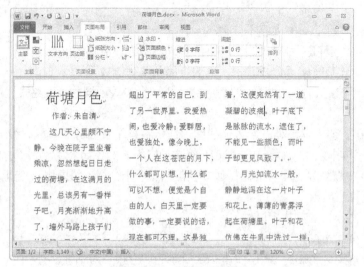

图 3-64　分栏效果示例

3.6.5　项目符号和编号的用法

在文档编辑中，文档的格式多种多样。例如，编辑产品目录时，用户可以使用一个段落介绍一种产品，并且在每个段落之前添加诸如实心圆点"●"、菱形"◆"或其他符号形成文档，这些符号称为项目符号。在文档中，经常还会出现一些编号，如"第一章""第二章"……；"第一条""第二条"……；1、2、3……都称为项目编号。

下面分别介绍项目符号和项目编号的用法。

1．项目符号的用法

添加项目符号的方法如下。

① 选择要添加项目符号的文本。

② 单击"开始"选项卡，单击"段落"组中"项目符号"按钮 右侧的下箭头按钮，弹出如图 3-65 所示的"项目符号库"下拉菜单。

③ 该下拉菜单中列出了 7 种默认的项目符号，如果其中包括用户需要的符号，并且用户不准备更改项目符号的各项格式时，单击该项目符号即可。

④ 如果在步骤③中没有找到需要的符号或者想修改某些格式时，单击 定义新项目符号(D)... 按钮，弹出如图 3-66 所示的"定义新项目符号"对话框。在该对话框中定义用户需要的新项目符号。

图 3-65 "项目符号库"对话框

图 3-66 "定义新项目符号"对话框

- 单击"符号"按钮，弹出如图 3-67 所示的"符号"对话框，选择用户需要的符号后，单击"确定"按钮。
- 单击"图片"按钮，弹出如图 3-68 所示的"图片项目符号"对话框，选择用户需要的图片符号后，单击"确定"按钮。

图 3-67 "符号"对话框

图 3-68 "图片项目符号"对话框

- 单击"字体"按钮，在弹出的"字体"对话框中设置项目符号的字体。

⑤ 如果要修改已有的项目符号，可以先选择这些项目，然后执行上述步骤②至步骤④修改其格式。

⑥ 单击"段落"组中的"项目符号"按钮 ≣▼ ，可以为选择段落添加默认种类和格式的项目符号。

⑦ 项目符号设置好后，如果继续输入文档，当按回车键时，下一个项目符号将会自动产生。项目符号效果示例如图 3-69 所示。

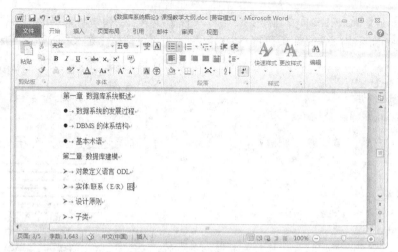

图 3-69　项目符号效果示例

2．项目编号的用法

添加项目编号的方法与项目符号的方法相类似，其操作步骤如下。

① 选择要自动编号的文本。

② 单击"开始"选项卡，单击"段落"组中"编号"按钮 三 右侧的下箭头按钮，弹出如图 3-70 所示的"编号库"下拉菜单。

③ 该下拉菜单中列出了很多格式的编号，如果其中包括用户需要的编号，并且用户不准备更改编号的各项格式时，单击该编号即可。

④ 如果在步骤③中没有找到需要的编号样式或者想修改某些格式时，单击 定义新编号格式(D)... 按钮，弹出如图 3-71 所示的"定义新编号格式"对话框，在该对话框中定义用户需要的新编号样式即可。

图 3-70　"编号库"下拉列表

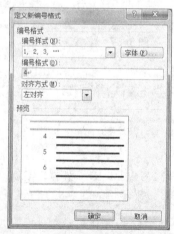

图 3-71　"定义新编号格式"对话框

- 在"编号样式"下拉列表框中选择一种编号方式。
- 在"编号格式"文本框中，可以在编号前后添加诸如"步骤""第"的字符。
- 单击"字体"按钮，打开"字体"对话框，可以设置编号的字体。
- 在"对齐方式"下拉列表中可以设置对齐方式。

⑤ 设置完成后，单击"确定"按钮。项目编号效果示例如图 3-72 所示。

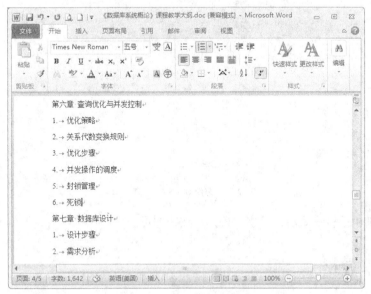

图 3-72　项目编号效果示例

如果要删除项目符号或编号时，可以先选择要删除项目符号或编号的项目，再单击"段落"组中的 ⊟▾ 按钮即可。

3．多级列表编号

在编辑和组织文档时，经常用到多级列表编号。例如：

第一章　ＸＸＸＸＸ

　第1节　ＸＸＸＸ

　1.1 ＸＸＸＸ

　　1.1.1 ＸＸＸ

　　1.1.2 ＸＸＸ

　……

　1.2 ＸＸＸＸＸ

　　1.2.1 ＸＸＸＸ

　　1.2.2 ＸＸＸＸ

　……

　第2节　ＸＸＸＸＸ

　……

下面介绍设置多级列表编号的方法。

① 单击"开始"选项卡，单击"段落"组中"多级列表"按钮 ▾ 右侧的下箭头按钮 ▾，弹出如图 3-73 所示的"多级列表编号"下拉菜单。

图 3-73　"多级列表编号"下拉菜单

② 选择其中一种格式后，单击"确定"按钮即可。

3.7　制作表格

在日常的文档处理中，人们往往需要用到大量的表格，Word 2010 在这方面具有强大的功能。对于文档中不是很复杂的表格，使用 Word 2010 提供的表格功能，可以非常方便地制作出精美的表格。

3.7.1　创建表格

Word 2010 提供了两种创建空白表格的方式："插入表格"和"绘制表格"。其中，"插入表格"可以创建一个各行、各列完全一样的规则表格；"绘制表格"可以随心所欲地绘制不规则的、比较复杂的表格，各行、各列的宽度和高度可以不同，可以使表格中各列具有不同的行数，也可以使各行具有不同的列数。

1．制作规则的表格

图 3-74 所示为一个规则表格示例。下面就以此表格为例介绍创建规则表格的制作方法。

学号	姓名	性别	数学	英语

图 3-74　规则表格示例

（1）使用"表格"按钮 创建表格
① 将光标定位在需要插入表格的位置。
② 在"插入"选项卡中的"表格"组中单击 按钮，弹出如图 3-75 所示的下拉菜单。

③ 在该下拉菜单中拖曳鼠标选择表格的行数和列数，然后松开鼠标左键，系统就会在光标处插入表格，如图 3-76 所示。

图 3-75 "插入表格"下拉菜单

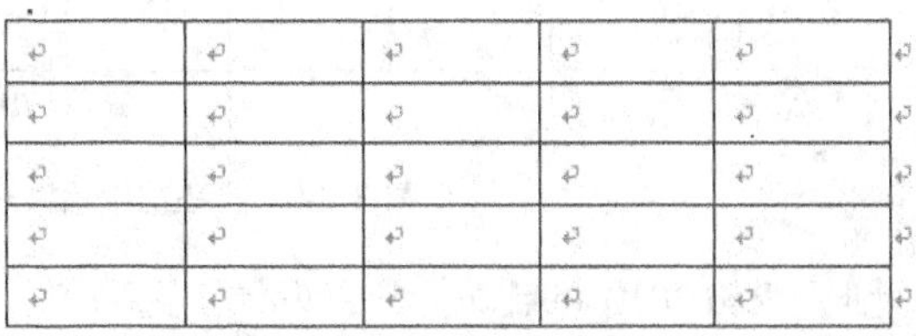

图 3-76 创建表格效果示例

④ 此时表格中并未输入文字，用户只需输入需要的文字即可。

（2）使用"插入表格"对话框创建表格

① 将光标定位在需要插入表格的位置。

② 在"插入"选项卡中的"表格"组中单击 按钮，弹出如图 3-75 所示的下拉菜单。

③ 单击 插入表格(I)... 按钮，弹出如图 3-77 所示的"插入表格"对话框。

④ 在该对话框中输入表格的行数、列数和列间距。

⑤ 设置完成后，单击"确定"按钮，即可生成用户需要的表格。

图 3-77 "插入表格"对话框

2．制作不规则的表格

图 3-78 所示为一个不规则表格示例。"绘制表格"功能一般可用来修补表格，以达到制作不规则表格的目的。下面就以此表为例介绍不规则表格的制作方法。

学号	姓名	性别	数学		英语	
			正考	补考	正考	补考

图 3-78 不规则表格示例

① 用制作规则表格的方法插入一个 3 行 7 列的表格，如图 3-79 所示。

图 3-79 插入一个 3 行 3 列的表格

② 在"插入"选项卡中的"表格"组中单击 按钮。

③ 单击 绘制表格(D) 按钮,此时鼠标指针变为铅笔形状。在图 3-79 所示的表格中第 1 行的第 4 列到第 7 列中间画一条直线,如图 3-80 所示。

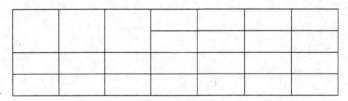

图 3-80　在表格中添加一条横线

④ 此时 Word 2010 将自动打开"设计"选项卡,如图 3-81 所示。

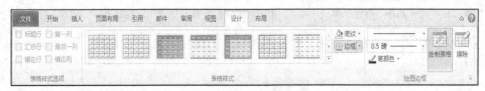

图 3-81　"设计"选项卡

⑤ 在"设计"选项卡中有如下几个表格绘图工具。

● "底纹"按钮:单击"表样式"组上的"底纹"按钮,可以用来设置表格底纹。

● "绘制表格"按钮:单击"绘图边框"组上的"绘制表格"按钮,此时鼠标指针变为铅笔形状,拖曳鼠标可以在文档里画表格直线。

● "擦除"按钮:单击"绘图边框"组上的"擦除"按钮,此时鼠标指针变为橡皮擦形状,拖曳鼠标可以在表格里擦除表格线。

● "绘制边框"对话框:单击"绘图边框"组中的单 "对话框启动器"按钮 ,会弹出"边框和底纹"对话框,在该对话框中可以对表格中的表格线进行设置,包括表格线的粗细、样式、颜色等。

⑥ 在此,用鼠标单击"擦除"按钮,鼠标指针变为"橡皮擦"形状,此时可以用该"橡皮擦"擦除不需要的表格线,如擦除图 3-80 中第一行的第 5 条和第 7 条竖线,效果如图 3-82 所示。

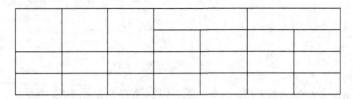

图 3-82　擦除表格中的两条竖线

3.7.2　表格编辑

创建表格后该表格较规范,它们都有固定的行数和列数,这时可根据需要对表格进行编辑,如进行插入行或列、删除行或列、合并单元格等操作。

用户对表格进行编辑，常用的方法有使用鼠标、快捷键、"表格属性"对话框、快捷菜单和表格工具等。其中，当用户将光标插入表格时，会在 Word 2010 的选项卡栏增加两个选项卡，即"设计"选项卡和"布局"选项卡，在这两个选项卡中含有很多编辑表格的工具按钮，如图 3-81 和图 3-83 所示。

图 3-83　"布局"选项卡

1．选择表格

（1）选择整个表格

- 利用鼠标：将鼠标指针置于表格左上角，表格左上角出现一个移动控制点⊞，当鼠标指针指向该移动控制点时，鼠标指针变成✛形状。单击鼠标左键，即可选定整个表格。

- 利用"布局"选项卡：将光标插入表格中，单击"布局"选项卡，在"表"组中单击"选择"按钮，在弹出的下拉菜单中选择"选择表格"命令即可，如图 3-84 所示。

图 3-84　选择整个表格效果图

（2）选择单元格

- 利用鼠标：将鼠标指针定位到要选择的单元格中，当鼠标指针变成右斜箭头➚时，单击鼠标左键即可。

- 选择多个相邻的单元格：将鼠标在表格中进行拖动或按<Shift+光标控制键>组合键，则可选择多个相邻的单元格。

- 利用"布局"选项卡：将光标插入到需要选择的单元格中，单击"布局"选项卡，在"表"组中单击"选择"按钮，在弹出的下拉菜单中选择"选择单元格"命令即可。

（3）选择表格行（整行）

- 单击鼠标：将鼠标指针定位到表格左边的行选取区内，当鼠标指针变成右斜空心箭头◿时，单击鼠标左键即可。

- 双击鼠标：将鼠标指针定位到要选择行的任意单元格中，当鼠标指针变成右斜箭头➚时，双击鼠标左键即可。

- 选择多行：将鼠标在表格中上下拖动或按<Shift+光标控制键>，则可选择多行。

- 利用"布局"选项卡：将光标插入到需要选择的表格行中，单击"布局"选项卡，在"表"组中单击"选择"按钮，在弹出的下拉菜单中选择"选择行"命令即可。

（4）选择表格列（整列）

- 利用鼠标：将鼠标指针定位到表格顶部的列选取区内某列位置处，当鼠标指针变成向下的黑箭头↓时，单击鼠标左键即可。

- 选择多列：将鼠标在表格中左右拖动或按<Shift+光标控制键>组合键，则可选择多列。

- 利用"布局"选项卡：将光标插入到需要选择的表格列中，单击"布局"选项卡，在"表"组中单击"选择"按钮，在弹出的下拉菜单中选择"选择列"命令即可。

选择表格示例如图 3-85 所示。

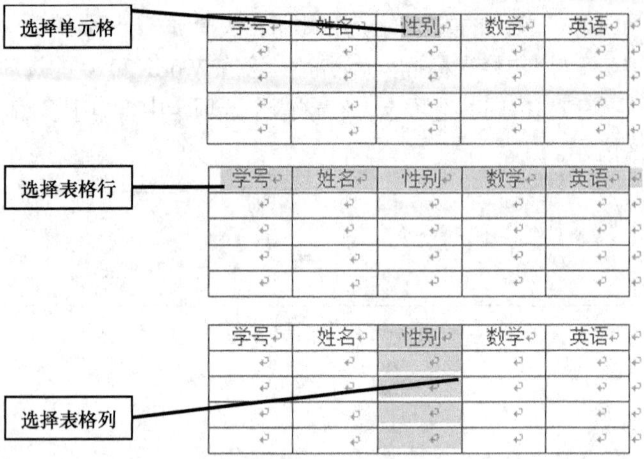

选择单元格	学号	姓名	性别	数学	英语

图 3-85　选择表格示例

2．调整行高

对 Word 2010 文档而言，如果没有指定行高，则各行的行高将取决于该行中单元格的内容及段落文本的前后间隔。调整行高常用的方法有如下 4 种。

（1）利用<Enter>键

将光标移到需要改变行高的单元格内，按<Enter>键即可增加一行文本的高度。

（2）利用鼠标拖动

把鼠标指针放在表格横线附近，当鼠标指针变成⇕形状时，按住鼠标左键向上或向下拖曳，就可以改变行高。

（3）利用"标尺"

如果在页面视图下操作时，还可以用鼠标拖曳垂直标尺上的行标志来改变行高。

（4）利用"布局"选项卡

上述 3 种调整行高的方法都简单易用，但缺点是不能精确设置行高，如果用户希望精确设置行高，可以采用"布局"选项卡来设置，操作步骤如下。

① 选择需要调整行高的各行。

② 单击"布局"选项卡，在"单元格大小"组的"高度"微调框中输入行高即可。

3．调整列宽

调整列宽的方法有以下 3 种。

① 利用鼠标拖动：将鼠标指针放在表格竖线附近，当鼠标指针变成⇔形状时，按住鼠标左键向左或向右拖动鼠标，就可以改变列宽。

② 利用"标尺"：如果在"页面视图"下操作时，还可以用鼠标拖曳水平标尺上的列标志来改变列宽。

③ 利用"布局"选项卡：上述 2 种调整列宽的方法都简单易用，但缺点是不能精确设置列宽，如果用户希望精确设置列宽，可以采用"布局"选项卡来设置，操作步骤如下。

● 选择需要调整列宽的各行。

● 单击"布局"选项卡，在"单元格大小"组的"宽度"微调框中输入列宽即可。

4．插入表格行

插入表格行的操作步骤如下。

① 将光标定位到需要插入行的位置。例如，要在第 2 行之前插入一行，则将光标移到第 2 行上。

② 单击鼠标右键，在弹出的快捷菜单中选择"插入"命令，将弹出如图 3-86 所示的"插入"子菜单。

③ 在该子菜单中选择"在上方插入行"命令，即可在当前行之前插入一行。

图 3-86 "插入"子菜单

提示　　另一种方法：如果将光标定位到表格某行最右边的竖线之后，按"Enter"键，则可以在当前行之后插入一行。

5．删除表格行

要完全删除一行或多行，先选择所要删除的行，然后单击鼠标右键，在弹出的快捷菜单中选择"删除行"命令即可。

6．插入表格列

插入表格列的操作步骤如下。

① 将光标定位到需要插入列的位置。例如，要在第 3 列之前插入一列，则将光标移到第 3 列上。

② 单击鼠标右键，在弹出的快捷菜单中选择"插入"命令，将弹出如图 3-86 所示的"插入"子菜单。

③ 在该子菜单中选择"在左侧插入列"命令，即可在当前列之前插入一列。

7．删除列

要完全删除一列或多列，先选择需要删除的列，然后单击鼠标右键，在弹出的快捷菜单中选择"删除列"命令即可。

8．插入单元格

插入单元格的操作步骤如下。

① 先选择作为插入样板的一个或多个单元格。

② 单击鼠标右键，在弹出的快捷菜单中选择"插入"命令，将弹出"插入"子菜单。

③ 在该子菜单中选择"插入单元格"命令，弹出如图 3-87 所示的"插入单元格"对话框。

④ 根据插入方式，选择对话框的选项。

● 活动单元格右移：在所选择的单元格左边插入新单元格。

● 活动单元格下移：在所选择的单元格之上插入新单元格。

● 整行插入：在含有选择的单元格的行之上插入一整行。

● 整列插入：在含有选择的单元格列的左边插入一整列。

⑤ 选择好插入方式后，单击"确定"按钮即可。

9．删除单元格

删除单元格的操作步骤如下。

① 将光标定位到需删除的单元格中，或者选择需要删除的单元格。

② 单击鼠标右键，在弹出的快捷菜单中选择"删除单元格"命令，弹出如图 3-88 所示的"删除单元格"对话框。

图 3-87 "插入单元格"对话框   图 3-88 "删除单元格"对话框

③ 根据删除方式，在对话框中确定选项。

● 右侧单元格左移：删除选择的单元格，将剩下的单元格向左移动，这样可能造成表格矩形的不完整。

● 下方单元格上移：删除选择的单元格，将剩下的单元格向上移动，但整个表格的框架并不变化，相当于删除表格行。

● 整行删除：删除所有包含选择单元格的行，并将剩下的行向上移动。

● 整列删除：删除所有包含选择单元格的列，并将剩下的列向左移动。

④ 选择好删除方式后，单击"确定"按钮即可。

10. 合并单元格

合并单元格就是将相邻的两个单元格或者多个单元格合并成一个单元格。图 3-89 所示为将表格中第 2、3、4 行中的第 2、3 两列的 6 个相邻的单元格合并成一个单元格的效果。

学　号	姓　名	性　别	数　学	英　语

图 3-89　合并单元格效果图

合并单元格的操作方法如下。

利用快捷菜单：选择需要合并的单元格，单击鼠标右键，在弹出的快捷菜单中选择"合并单元格"命令。

利用"布局"选项卡：选择需要合并的单元格，单击"布局"选项卡，在"合并"组中单击"合并单元格"按钮。

11. 拆分单元格

拆分单元格就是把一个单元格拆分成多个单元格，其操作步骤如下。

① 选择需拆分的单元格。

② 单击"布局"选项卡，在"合并"组中单击"拆分单元格"按钮，弹出如图 3-90 所示的"拆分单元格"对话框。

③ 根据需要设置拆分后的列数和行数。例如，将表格中的　图 3-90 "拆分单元格"对话框
一个单元格拆分成 3 行、4 列共 12 个单元格。

④ 单击"确定"按钮，效果如图 3-91 所示。

学　号	姓　名	性　别	数　学	英　语

图 3-91　拆分单元格效果图

12. 水平拆分表格

水平拆分表格就是将一个表格水平拆分成上下两个表格，其操作步骤如下。

① 将光标移到表格中需要拆分的行，如将光标放在表格第 3 行。

② 单击"布局"选项卡，在"合并"组中单击"拆分表格"按钮，效果如图 3-92 所示。

学　号	姓　名	性　别	数　学	英　语

图 3-92　拆分表格效果图

提示

　　表格的编辑方法有多种，除了上述方法外，还可以用"布局"选项卡中的各种功能按钮。

3.7.3　表格内容的计算

　　Word 2010 的表格处理具有很强的数值计算能力，通过构造公式和在表格中输入公式域，还可以在表格中进行一些复杂的四则运算，同时，Word 2010 将公式作为域插入在表格中，这样，当表格中的数据内容发生变化时，Word 2010 会根据公式自动计算结果并进行更新。

　　下面就以图 3-93 所示的学生成绩登记表为例，介绍表格内容的计算方法。

学　号	姓　名	性　别	数　学	英　语
10001	王　刚	男	75	67
10002	王　芳	女	60	76
10003	李　新	男	88	54
10004	张　敏	男	78	90
10005	李自强	男	73	85
合　计				

图 3-93　表格内容的计算示例

1. 表格排序

有时我们需要对表格中的数据进行排序(按从小到大或者从大到小的顺序),用 Word 2010 的排序功能可以很方便地完成。

表格排序的方法如下。

① 选择表格中需要排序的行(如果没有选择,则默认对所有行进行排序)。

② 单击"布局"选项卡,在"数据"组中单击"排序"按钮,弹出如图 3-94 所示的"排序"对话框。

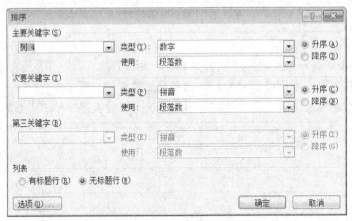

图 3-94 "排序"对话框

③ 在"主要关键字"下拉列表中选择需要排序的列。例如,要对图 3-93 所示的学生成绩登记表中的第 4 列"数学"成绩按从小到大的顺序进行排序,则在"主要关键字"下拉列表中选择"列 4"。在"类型"下拉列表中选择"数字",并在"类型"右边的单选按钮中选择排序方式,如选择"升序",表示按从小到大的顺序进行排序。

④ 最后单击"确定"按钮,效果如图 3-95 所示。

学 号	姓 名	性 别	数 学	英 语
10002	王 芳	女	60	76
10005	李自强	男	73	85
10001	王 刚	男	75	67
10004	张 敏	男	78	90
10003	李 新	男	88	54
合 计				

图 3-95 将"数学"成绩按从小到大的顺序排序

2. 求和

求和就是对表格中的列或者行求总和,其操作步骤如下。

① 将光标移到需要存放和数的单元格。例如,要计算数学成绩的总和,则将光标移到"合计"行的第 4 列。

② 单击"布局"选项卡,在"数据"组中单击"公式"按钮,弹出如图 3-96 所示的"公式"对话框。

图 3-96 "公式"对话框

③ 在"公式"文本框中显示"=SUM（ABOVE）"，其中"SUM"表示求和。括号中英文单词表示统计数据的范围，常用的选择还有如下几个。

- ABOVE：表示对从光标位置向上的所有单元格中的数据（直到遇到非数字为止）进行求和。
- BELOW：表示对从光标位置向下的所有单元格中的数据（直到遇到非数字为止）进行求和。
- LEFT：表示对从光标位置向左的所有单元格中的数据（直到遇到非数字为止）进行求和。
- RIGHT：表示对从光标位置向右的所有单元格中的数据（直到遇到非数字为止）进行求和。

以上 4 个英文单词中，前面两个用于求列的和，后面两个用于求行的和。

④ 选择后，单击"确定"按钮，求和结果如图 3-97 所示。

学　号	姓　名	性　别	数　学	英　语
10001	王　刚	男	75	67
10002	王　芳	女	60	76
10003	李　新	男	88	54
10004	张　敏	男	78	90
10005	李自强	男	73	85
合　计			374	

图 3-97　对列求和

3．求平均值

求平均值的操作步骤如下。

① 将光标移到需要存放平均值数的单元格。例如，要计算数学成绩的平均值，则将光标移到"平均值"行的第 4 列。

② 单击"布局"选项卡，在"数据"组中单击"公式"按钮，弹出如图 3-96 所示的"公式"对话框。

③ 在"公式"文本框中显示"=SUM（ABOVE）"，其中"SUM"表示求和。现在需要求平均值，因此，必须修改公式。首先删除"公式"文本框中"SUM（ABOVE）"，然后单击"公式"对话框中"粘贴函数"框右边的下箭头，将弹出一个下拉列表，在该下拉列表中有很多常用的公式，如"AVERAGE"表示求平均值，"MAX"表示求最大值，"MIN"表示求最小值，"COUNT"表示统计数据个数等。选择"AVERAGE"，并选择好统计数据范围，即"公式"框中应为"=AVERAGE（ABOVE）"。

④ 选择好"公式"后，单击"确定"按钮，效果如图 3-98 所示。

学　号	姓　名	性　别	数　学	英　语
10001	王　刚	男	75	67
10002	王　芳	女	60	76
10003	李　新	男	88	54
10004	张　敏	男	78	90
10005	李自强	男	73	85
平均值			62.33	

图 3-98　对列求平均值

3.8　文档图文混排

在 Word 2010 中，利用图文框和插入图片功能，可以形成文本与图形/图片混排的效果。在编辑时，不仅可以非常直观地看到图文框、图形/图片的外观，而且可以方便地调整它们的位置或大小。

3.8.1　插入和编辑图片

1．插入图片

如果用户希望在文档的页面上营造一种比较活泼的气氛，增强文档对读者的吸引力，可以在文档中插入一些图片。

在 Word 2010 中插入图片的常用方法有两种：一种是利用 Word 2010 提供的一组艺术图片，包括剪贴画和一些常用的图片，用户在自己的文档中可以选用这些图片，将其插入到自己的文档中；另一种是将其他绘图软件（如"画笔"）绘制的图形文件插入到文档中。下面分别介绍这两种插入图片的方法。

（1）插入剪贴画

插入剪贴画的操作步骤如下。

① 将光标定位到希望插入剪贴画的位置。

② 单击"插入"选项卡，在"插图"组中单击"剪贴画"按钮，打开"剪贴画"任务窗格。

③ 在"搜索文字"文本框中输入剪贴画的相关主题或类别，在"搜索范围"下拉列表中选择要搜索的范围，在"结果类型"下拉列表中选择文件类型。

④ 单击"搜索"按钮，即可在"剪贴画"任务窗格中显示查找到的剪贴画，如图 3-99 所示。

⑤ 选择要使用的剪贴画，单击即可将其插入到文档中，如图 3-100 所示。

图 3-99　"剪贴画"任务窗格

图 3-100　插入的剪贴画

（2）插入图片

插入图片的操作步骤如下。

① 将光标定位到希望插入图片的位置。

② 单击"插入"选项卡，在"插图"组中单击"图片"按钮，弹出如图 3-101 所示的"插入图片"对话框。

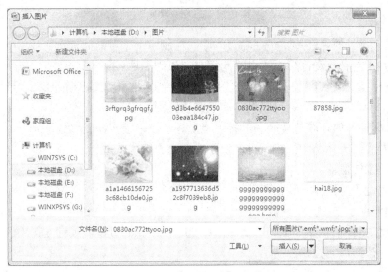

图 3-101　"插入图片"对话框

③ 在磁盘上找到需要插入的图片文件，单击"插入"按钮即可。

2．编辑图片

将图片和剪贴画插入到文档中之后，常常还要根据排版需要，对其大小、版式等进行调整，以使其能符合用户的实际需求。图片与剪贴画的编辑方法相同，下面就以剪贴画为例介绍其编辑方法。

用户对图片进行编辑，常用的方法有：使用鼠标、"设置图片格式"对话框、快捷菜单、图片工具等。其中，当用户选中需要编辑的图片时，会在 Word 2010 的选项卡栏增加一个图片工具——"格式"选项卡，在该选项卡中含有很多编辑图片的工具按钮，如图 3-102 所示。

图 3-102　图片工具中的"格式"选项卡

（1）调整图片的大小

在文档中插入图片时，由于页面大小的限制或其他原因，有时用户希望将图片缩小或者放大。利用 Word 2010 的图片缩放功能，可以非常方便地完成此工作。

调整图片大小的操作步骤如下。

① 先用鼠标单击图片，此时在图片的四周将会出现 8 个控制点，如图 3-103 所示。

图 3-103　插入图片控制点示例

② 将鼠标指针放在图片左边或右边的中间控制点上，当鼠标指针变成 ⟷ 形状时，按住鼠标左键不放，左右移动鼠标就可以横向缩小或放大图片。

③ 将鼠标指针放在图片上边或下边的中间控制点上，当鼠标指针变成 ↕ 形状时，按住鼠标左键不放，上下移动鼠标就可以纵向缩小或放大图片。

④ 将鼠标指针放在图片 4 个角的控制点上，当鼠标指针变成 ↖ 或 ↗ 形状时，按住鼠标左键不放，向内或者向外移动鼠标就可以使图片按比例缩小或放大。

（2）移动图片位置

移动图片位置的操作步骤如下。

① 先用鼠标单击图片，此时在图片的四周将会出现 8 个控制点，如图 3-103 所示。

② 将鼠标指针移至图片上，当鼠标指针变成 ✛ 形状时，按住鼠标左键不放，然后移动鼠标，即可移动该图片的位置。

（3）设置图片文字环绕方式

在 Word 2010 中，通过设置文字环绕方式，可以用多种方式处理文字在图片周围的显示方式，使文字与图片融为一体。

设置图片文字环绕方式的操作步骤如下。

① 用鼠标单击需要设置文字环绕方式的图片。

② 单击"格式"选项卡，在"排列"组中单击"自动换行"按钮，弹出如图 3-104 所示的"文字环绕"下拉菜单。

图 3-104　"文字环绕"下拉菜单

③ 根据需要选择一种文字环绕方式即可，效果如图 3-105 所示。

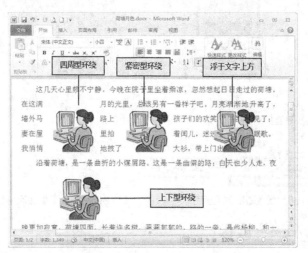

图 3-105 图片文字环绕效果示例

- 嵌入型（默认环绕方式）：Word 2010 将嵌入的图片当做文本中的一个普通字符来对待，图片将跟随文本的变动而变动。
- 四周型环绕：不管图片是否为矩形图片，文字以矩形方式环绕在图片四周。
- 紧密型环绕：文字紧密环绕在实际图片的边缘（按实际的环绕顶点环绕图片），而不是环绕在图片的边界。
- 穿越型环绕：文字可以穿越不规则图片的空白区域环绕图片。
- 上下型环绕：文字环绕在图片上方和下方。
- 衬于文字下方：图片在下、文字在上分为两层，文字将覆盖图片。
- 浮于文字上方：图片在上、文字在下分为两层，图片将覆盖文字。
- 编辑环绕顶点：用户可以编辑文字环绕区域的顶点，实现更性格化的环绕效果。

（4）图片的叠放次序

在 Word 2010 中，文字和图片可以分层叠放，多幅不同的图片也可以分层叠放，如图 3-106 所示。当用户在文档的某一位置添加多幅不同的图片时，它们会自动叠放，一般可以看出叠放顺序，即上面的图片部分覆盖下面的图片。Word 2010 可将一组叠放在一起的图片进行分层，最下面的一层称为底层，最上面的一层称为顶层。在一组相互叠放的图片中，可以移动单个或多个图片的层次，当图片向顶层方向移动时，称为上移，反之称为下移。

调整图片叠放次序的操作步骤如下。

① 用鼠标单击需要改变叠放顺序的图片。

② 单击鼠标右键，此时将弹出如图 3-107 所示的快捷菜单，并选择"叠放次序"子菜单中的菜单命令，其中各菜单项的含义如下。

- 置于顶层：将所选对象置于其他重叠对象的上方。
- 置于底层：将所选对象置于其他重叠对象的下方。
- 上移一层：将选择的一个或一组图形对象向顶层移动一层。
- 下移一层：将选择的一个或一组图形对象向底层移动一层。
- 浮于文字上方：将选择的图形对象置于文字上方。
- 衬于文字下方：将选择的图形对象置于文字下方。

图 3-106　叠放图形效果示例　　　　　图 3-107　"叠放次序"下拉菜单

3.8.2　插入和编辑形状

1．插入形状

在 Word 2010 中除了可以插入图片和剪贴画外，还可以使用形状工具来绘制需要的图形。Word 2010 提供的形状工具包括线条、基本形状、箭头总汇、流程图、标注、星与旗帜等，如图 3-108 所示。

插入形状的操作步骤如下。

① 单击"插入"选项卡，在"插图"组中单击"形状"按钮，弹出如图 3-108 所示的"形状"下拉列表。

② 在该下拉列表中选择所需插入的形状。

③ 在文档中单击鼠标并拖曳，到达合适位置后释放鼠标左键，即可绘制出形状，如图 3-109 所示。

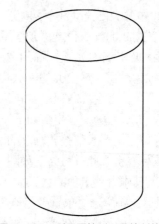

图 3-108　"形状"下拉列表　　　　　图 3-109　利用圆柱形工具绘制的图形效果

2．编辑形状

在文档中插入形状后，还可以对其样式、阴影效果、三维效果及大小进行调整，以使其符合用户需要。

对图片进行编辑，常用的方法有：使用鼠标、"设置自选图形格式"对话框、快捷菜单、绘图工具等。其中，当用户选中需要编辑的图片时，会在 Word 2010 的选项卡栏增加一个绘图工具——"格式"选项卡，在该选项卡中含有很多编辑图片的工具按钮，如图 3-110 所示。

图 3-110 绘图工具中"格式"选项卡

（1）添加文字

为形状添加文字的操作步骤如下。

① 选中要添加文字的形状。

② 单击"格式"选项卡，在"插入形状"组中单击 按钮，即可在形状上添加一个光标，用户可在该光标位置输入文本，效果如图 3-111 所示。

（2）形状样式

改变形状样式的操作步骤如下。

① 选中要改变样式的形状。

② 单击"格式"选项卡，在"形状样式"组中单击 按钮，弹出其下拉列表，如图 3-112 所示。

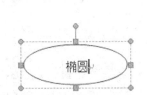

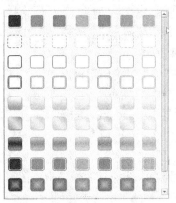

图 3-111 添加文字效果示例　　　　图 3-112 "形状样式"下拉列表

③ 在该下拉列表中选择合适的选项，即可将其应用到当前所选形状中，如图 3-113 所示。

④ 选中形状，在"格式"选项卡中的"形状样式"组中单击 形状填充 按钮，在弹出的下拉列表中选择合适颜色，即可改变形状的填充颜色。

⑤ 选中形状，在"格式"选项卡中的"形状样式"组中单击 形状轮廓 按钮，在弹出的下拉列表中选择合适的颜色，即可改变形状的轮廓颜色。

⑥ 选中形状，在"格式"选项卡中的"形状样式"组中单击 更改形状 按钮，在弹出的下拉列表中选择合适的选项，即可改变形状的外观。

（3）阴影效果

为形状添加阴影效果的操作步骤如下。

① 选中要添加阴影的形状。

② 单击"格式"选项卡，在"阴影效果"组中单击"阴影效果"按钮，弹出其下拉列表，如图 3-114 所示。

③ 在该列表中选择合适的选项，即可为选中的形状添加阴影效果，如图 3-115 所示。

图 3-113　形状样式效果示例　　图 3-114　"阴影效果"下拉列表　　　图 3-115　阴影效果示例

④ 添加阴影后，单击"设置/取消阴影"按钮 ，可重新添加或取消阴影；单击"右移"按钮、"左移"按钮、"上移"按钮和"下移"按钮，可移动阴影的位置。

（4）三维效果

在 Word 2010 中，用户可以通过为形状创建三维效果，来直接创建三维图形，具体操作步骤如下。

① 选中要添加三维效果的形状。

② 单击"格式"选项卡，在"三维效果"组中单击"三维效果"按钮，弹出其下拉列表，如图 3-116 所示。

③ 在该列表中选择合适的选项，即可为选中的形状添加三维效果，如图 3-117 所示。

图 3-116　"三维效果"下拉列表　　　　图 3-117　三维效果示例

④ 为形状添加三维效果后，单击"设置/取消三维效果"按钮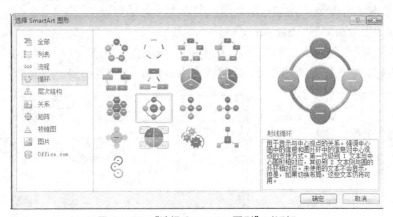，可重新添加或取消三维效果；单击"左偏"按钮、"右偏"按钮、"上翘"按钮、"下俯"按钮可移动三维效果。

3.8.3 插入和编辑 SmartArt 图形

SmartArt 图形是信息和观点的视觉表示形式，Word 2010 中预设了很多种图表类型，使用 SmartArt 图形，可制作出专业的流程、循环、关系等不同布局的图形，从而方便、快捷地制作出美观、专业的图形。

1．插入 SmartArt 图形

插入 SmartArt 图形的操作步骤如下。

① 将光标定位在需要插入 SmartArt 图形的位置。

② 单击"插入"选项卡，在"插图"组中单击"SmartArt"按钮，弹出如图 3-118 所示的"选择 SmartArt 图形"对话框。

图 3-118　"选择 SmartArt 图形"对话框

③ 在该对话框左侧的列表框中选择 SmartArt 图形的类型，在中间的"列表"列表框中选择子类型，在右侧显示 SmartArt 图形的预览效果。

④ 设置完成后，单击"确定"按钮即可，效果如图 3-119 所示。

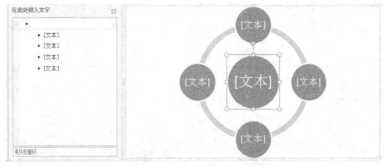

图 3-119　插入 SmartArt 图形效果示例

⑤ 如果需要输入文字，可在写有"文本"字样处单击鼠标即可。

2．编辑 SmartArt 图形

用户对 SmartArt 图形进行编辑，有些方法跟前面介绍的图片编辑方法相同，在此只介绍与图片编辑方法不同的部分。其中，当用户选中需要编辑的 SmartArt 图形时，会在 Word 2010 的选项卡栏增加两个 SmartArt 图形工具栏："设计"选项卡和"格式"选项卡，在该选项卡中含有很多编辑 SmartArt 图形的工具按钮，如图 3-120 和图 3-121 所示。

图 3-120 "设计"选项卡

图 3-121 "格式"选项卡

（1）更改布局

如果要更改 SmartArt 图形的布局，可按照以下步骤操作。

① 选中要更改布局的 SmartArt 图形。

② 单击"设计"选项卡，在"布局"组中单击 按钮，弹出其下拉列表，如图 3-122 所示。

③ 在该列表中选择合适的选项，即可改变 SmartArt 图形的布局，效果如图 3-123 所示。

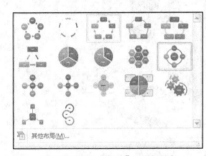

图 3-122 "布局"下拉列表

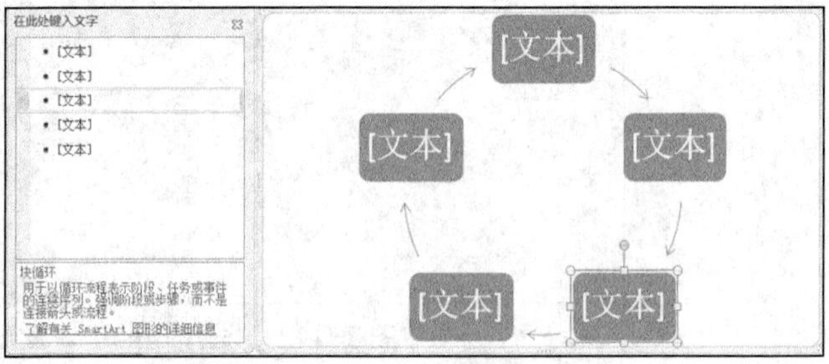

图 3-123 更改 SmartArt 图形布局效果示例

（2）更改 SmartArt 样式

如果要更改 SmartArt 图形的样式，可按照以下步骤操作。

① 选中要更改样式的 SmartArt 图形。

② 单击"设计"选项卡，在"SmartArt 样式"组中单击 按钮，弹出其下拉列表，如图 3-124 所示。

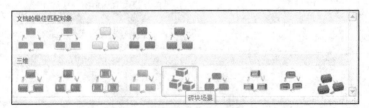

图 3-124 "SmartArt 图形样式"下拉列表

③ 在该列表中选择合适的选项，即可改变 SmartArt 图形的样式，效果如图 3-125 所示。

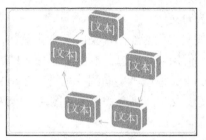

图 3-125　更改 SmartArt 图形样式效果示例

（3）更改 SmartArt 颜色

如果要更改 SmartArt 图形的颜色，可按照以下步骤操作。

① 选中要更改样式的 SmartArt 图形。

② 单击"设计"选项卡，在"SmartArt 样式"组中单击"更改颜色"按钮，弹出其下拉列表，如图 3-126 所示。

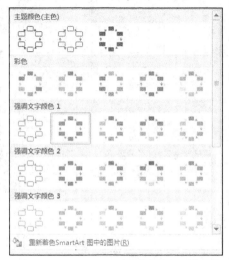

图 3-126　"更改 SmartArt 图形颜色"下拉列表

③ 在该列表中选择合适的选项，即可改变 SmartArt 图形的颜色，效果如图 3-127 所示。

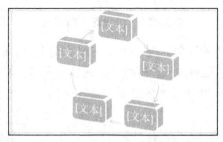

图 3-127　更改 SmartArt 图形颜色效果示例

3.8.4　文本框及其用法

所谓文本框，实际上是一个可以随着其中内容的增多而膨胀的"容器"，在其中可以放置文字、表格、图片等需要的内容，放入文本框中的文档元素可以当做一个整体，在文档中任意移动和定位。位于文本框外部的文本可以各种方式环绕文本框，而文本框中的内容可以应用任意格式，且不影响其外部的文档。

利用文本框，可以将某些文本段落或图片集中起来。例如，将图片及对它所做的题注放在某个文本框之内，可以使它们始终在一起，不会由于 Word 2010 的自动分页而发生错位。

文本框放在文档的正文层上，所以不能向图片那样覆盖正文文字，但正文文字可以某种方式环绕文本框。设置文本框的文字环绕方式与设置图片文字环绕方式的方法完全相同。

1．插入文本框

插入文本框的操作步骤如下。

① 将光标定位到需要插入文本框的位置。

② 单击"插入"选项卡，在"文本"组中单击"文本框"按钮，弹出其下拉列表，如图3-128 所示。

图 3-128 "文本框"下拉列表

③ 在该列表中选择合适的选项，即可插入一个文本框，效果如图 3-129 所示。

④ 在"文本框"中单击鼠标左键，就可以输入文本内容，包括输入文字，插入图片、形状等元素，编辑方法与 Word 2010 文档的编辑方法完全相同，效果如图 3-130 所示。

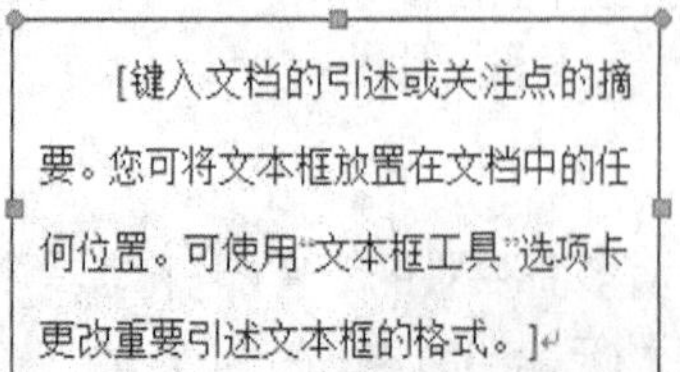

[键入文档的引述或关注点的摘
要。您可将文本框放置在文档中的任
何位置。可使用"文本框工具"选项卡
更改重要引述文本框的格式。]

图 3-129 插入的文本框效果示例

图 3-130 文本框效果示例

2．编辑文本框

编辑文本框包括删除，调整其大小及相对于段落的位置，设置文本框和周围文字的间距等。

（1）选择文本框

在移动或缩放文本框前都必须选择文本框。选择文本框的方法很简单，只需在"页面视图"下，把鼠标定位到文本框的任一边上，当鼠标指针变成✛形状时，单击鼠标左键即可。

（2）调整文本框的大小

要调整文本框的大小，其操作步骤如下。

① 首先选择文本框，此时在文本框的四周将会出现 8 个控制点。

② 将鼠标指针放在文本框的左边或右边的中间控制点上，当鼠标指针变成⟷形状时，按住鼠标左键不放，左右移动鼠标就可以横向缩小或放大文本框。

③ 将鼠标指针放在文本框的上边或下边的中间控制点上，当鼠标指针变成↕形状时，按住鼠标左键不放，上下移动鼠标就可以纵向缩小或放大文本框。

④ 将鼠标指针放在文本框的 4 个角的控制点上，当鼠标指针变成↖或↗形状时，按住鼠标左键不放，向内或者向外移动鼠标就可以使文本框按比例缩小或放大。

（3）移动文本框的位置

要移动文本框的位置，其操作步骤如下。

① 首先选择文本框，此时在文本框的四周将会出现 8 个控制点。

② 将鼠标指针移至文本框上，当鼠标指针变成✛形状时，按住鼠标左键不放，移动鼠标，即可移动该图片的位置。

（4）为文本框设置边框和底纹

一个新文本框的默认设置是一个单线边框，无底纹。要改变文本框的边框和底纹，其操作方法与给段落文字添加边框和底纹的操作方法相同。

（5）使正文环绕文本框

该操作可以控制正文在文本框周围的分布形式，形成"文包图"的效果，其操作方法与设置图片文字环绕方式的操作方法相同。

（6）删除文本框

删除文本框的方法很简单，首先选中文本框，然后按<Del>键即可。

3.9 艺术字和数学公式

有时在输入文字时希望能出现一些特殊效果，让文档显得更加生动活泼、富有艺术色彩。例如，产生弯曲、倾斜、旋转、拉长、阴影等效果，如图 3-131 所示。在 Word 2010 中提供了用 WordArt 设置艺术字体的功能，WordArt 是 Word 的一种附属应用程序。如果没有安装 WordArt，可以使用 Word 的安装程序进行安装。

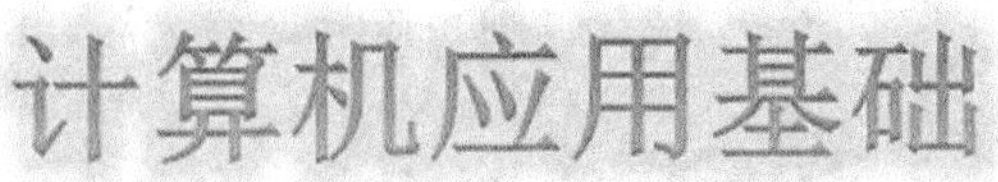

计算机应用基础

图 3-131 艺术字效果示例

3.9.1 插入艺术字

插入艺术字的操作步骤如下。

① 将光标定位到需要插入艺术字的位置。

② 单击"插入"选项卡，在"文本"组中单击"艺术字"按钮，弹出其下拉列表，如图3-132所示。

③ 在该下拉列表中选择一种艺术字样式，弹出如图3-133所示的"编辑艺术字文字"对话框。

图3-132 "艺术字"下拉列表　　　　图3-133 "编辑艺术字文字"对话框

④ 输入需要插入的艺术字，如输入"Word与计算机"，效果如图3-134所示。

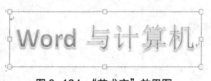

图3-134 "艺术字"效果图

3.9.2 编辑艺术字

在文档中插入艺术字后，可以根据需要对其进行各种修饰和编辑。当用户选中需要编辑的艺术字时，会在Word 2010的选项卡栏增加一个艺术字工具栏——"格式"选项卡，在该选项卡中含有很多编辑艺术字的工具按钮，如图3-135所示。

图3-135 "格式"选项卡

1．设置艺术字方向

设置艺术字方向的操作步骤如下。

① 选中要进行编辑的艺术字。

② 单击"格式"选项卡，在"文字"组中单击"文字方向"按钮，会弹出如图3-136所示的"文字方向"菜单。

③ 在该菜单中选择一种方向即可，如选择"垂直"，如图3-137所示。

图 3-136 "文字方向"菜单 图 3-137 "文字方向"效果图

2．设置文字发光效果

设置文字发光效果的操作步骤如下。

① 选中要编辑的艺术字。

② 单击"格式"选项卡，在"艺术字样式"组中单击"文本效果"按钮，在弹出的样式下拉列表中选择合适的发光样式即可，效果如图 3-138 所示。

图 3-138 "发光"效果示例

3．设置艺术字形状

设置艺术字形状的操作步骤如下。

① 选中要编辑的艺术字。

② 单击"格式"选项卡，在"艺术字样式"组中单击"文本效果"按钮，在弹出的样式下拉列表中选择"转换"子菜单，并选择一种样式即可，效果如图 3-139 所示。

图 3-139 更改艺术字样式效果示例

3.9.3 数学公式输入方法

数学公式、数学表达式是许多数学和科学研究论文中不可缺少的元素。在 Word 2010 中，可以直接插入公式，并且有多种样式供选择。下面介绍在 Word 2010 中编辑公式的方法，操作步骤如下。

① 将光标定位到需要插入公式的位置。

② 单击"插入"选项卡，在"符号"组中单击 π 按钮，弹出如图 3-140 所示的"内置公

式"下拉列表，在该列表中可以看到出现一些公式：二次公式、二项式定理、傅立叶级数、勾股定理、和的展开式、三角恒等式、泰勒展开式、圆的面积等。

③ 如果用户找到了需要的公式，单击它就会将该公式插入文档中，如用户单击"二项式定理"，如图 3-141 所示。

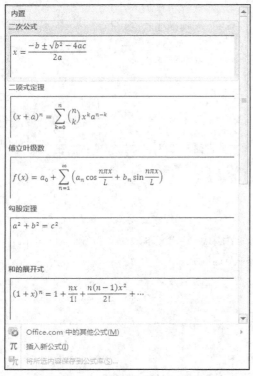

图 3-140 "常用公式"下拉列表

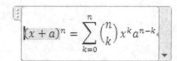

图 3-141 二项式定理效果示例

④ 如果用户在该下拉列表中没有找到所需要的公式样式，可以单击 π 插入新公式(I) 按钮，在文档中会插入一个空白的公式对象，如图 3-142 所示。

⑤ 此时，在 Word 2010 的选项卡栏增加了一个公式工具栏——"设计"选项卡，在该选项卡中含有很多输入公式的工具按钮，如图 3-143 所示。

图 3-142 "新公式"对象

⑥ 在"设计"选项卡中给出了编辑数学公式的格式、类型及所有数学特殊符号。在"符号"组中有很多数学的基本符号，选择一个插入即可。在"结构"组中，有分数、上下标、根式、积分、大型运算符、分隔符、函数、导数符号、极数和对数、运算符和矩阵多种运算方式。在其对应的下方都有一个小箭头，可以展开下拉列表，利用这些数学公式工具栏，可以在数学公式编辑窗口中制作出任意的数学公式。在制作数学公式时，首先要搞清楚公式的结构，然后再选用相应的工具来制作。

图 3-143 "设计"选项卡

例：在文档中插入公式：

$$p(x) = \frac{x^2 - 4x + y^4 - y^3}{\sqrt{\dfrac{6ab}{a^2 + b^2}}}$$

其操作步骤如下。

① 利用前面介绍的方法在文档中插入新公式，如图 3-144（a）所示。

② 输入"p(x)="，如图 3-144（b）所示。

③ 由于"="右边公式的结构是分式，因此用鼠标单击"分数"按钮，在其下拉列表中单击 按钮，如图 3-144（c）所示。

④ 将光标定位到分子框，用鼠标单击"上下标"按钮，在其下拉列表中单击"x^2"按钮，如图 3-144（d）所示。

⑤ 采用同样的方法输入分子中的其他各项，如图 3-144（e）所示。

⑥ 由于分母是根式，因此用鼠标单击"根式"按钮，在其下拉列表中单击 $\sqrt{\ }$ 按钮，如图 3-144（f）所示。

⑦ 由于根号中又有分式，因此用鼠标单击"分数"按钮，在其下拉列表中单击 按钮，如图 3-144（g）所示。

⑧ 用前面的方法输入分子和分母后，就完成了该数学公式的制作，如图 3-144（h）所示。

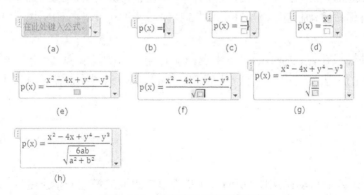

图 3-144 制作数学公式示例的步骤

3.10 打印文档

当用户建立了文档并对其进行了编辑排版之后，就可以将其从打印机上打印出来。但在实际打印之前可以在屏幕上进行打印预览以观察打印效果。

3.10.1 打印预览

打印预览是在屏幕上模拟显示文档的真实打印效果。在打印预览视图下可以看见在普通视图或页面视图方式下不能看见的东西。通过打印预览，可以把文档内容或格式调整满意后再进行实际的打印。

打印预览的操作步骤如下。

单击"文件"按钮，在弹出的菜单中选择"打印"命令，或者在"快速访问工具栏"中单击"打印预览"按钮，即可在"打印"菜单的右边弹出"打印预览"窗口，如图 3-145 所示。

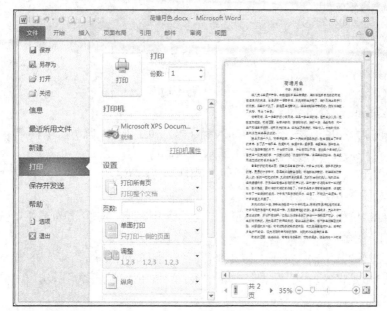

图 3-145 "打印预览"窗口

3.10.2 打印文档

在打印文档之前，应该对打印机进行检查和设置，确保计算机已正确连接了打印机，并安装了相应的打印机驱动程序。所有设置检查完毕后，即可开始打印文档。打印文档的具体操作步骤如下。

单击"文件"按钮，在弹出的菜单中选择"打印"命令，或使用<Ctrl+P>组合键，即可在"打印"菜单的右边弹出"打印预览"窗口，如图 3-145 所示，在该窗口中单击"打印"按钮即可。

本章小结

Word 2010 是办公自动化软件 Office 2010 的重要组成成员之一，它是专门处理文档的软件，在学习和工作的各个领域都有着广泛的应用。本章主要讲解文字处理软件 Word 2010 的基本功能和使用方法。读者通过对 Word 2010 的基本操作和使用技巧的学习，包括文字的录入、文档的编辑、排版和打印；运用分页、分栏、页眉/页脚、项目符号等格式化元素对文档进行美化的操作；使用剪贴画、艺术字、图片、绘图工具等进行图文混排；使用表格来完成表格数据计算等，可以在实践中提高自己 Word 2010 文档编辑的技巧和能力。

习　题

一、简答题

1. 简述 Word 2010 的新增功能。
2. Word 2010 操作界面中的垂直标尺和水平标尺的作用各是什么?
3. 在 Word 2010 中，文本对象有哪几种对齐方式?
4. 如何自定纸张类型?

5. 新建文档和打开文档有什么区别？什么时候应新建文档？什么时候应打开文档？

6. "剪切+粘贴"与"复制+粘贴"各自实现了什么操作？它们有什么区别？

二、操作题

1. 练习启动 Word 2010，并创建一个新文档和打开一个已有的文档，并练习 5 种视图的切换方法。

2. 打开一个已有的 Word 文件，完成以下操作。

（1）将标题字体设置为黑体，二号，倾斜，蓝色，带下画线并居中。

（2）将全文的行间距设置为固定值 25 磅。

（3）将正文第一行首字下沉 3 行，下沉字采用华文行楷。

（4）为正文第二段加上边框并将边框设置为方框，线型为实线、绿色，宽度为 1.5 磅，应用范围为文字。

（5）设置纸张为 A4（21 厘米 × 29.7 厘米），上下左右边距均设置为 2.5 厘米。

3. 打开一个 Word 文件，完成以下操作。

（1）在文档中插入一幅剪贴画，将图片的版式设为"衬于文字下方"。

（2）插入艺术字，输入"文字处理"，并将此艺术字作为标题插入（艺术字样式不限）。

（3）将全文中所有的"internet"单词替换成红色、加双下画线的"因特网"，并将第三段（"消费类的信息……一项重要策略。"）设置首行缩进 2 字符。

（4）将第二段分为等宽的 3 栏，加分隔线。

（5）在页面中插入页码，"位置"是页面顶端，"对齐方式"为居中，首面显示页码。

4. 创建一个 5 行 7 列的表格，练习插入、删除某行（或列、单元格）及合并、拆分单元格等操作。

PART 4

第 4 章
电子表格软件
Excel 2010

学习目标

- 了解 Excel 2010 的基本功能；
- 掌握 Excel 2010 工作簿和工作表的基本概念和基本操作；
- 掌握 Excel 2010 设置数据格式的操作方法；
- 掌握运用公式和函数进行数据计算的操作方法；
- 掌握利用图表显示数据的方法；
- 掌握对数据库进行排序、筛选、汇总统计等处理的操作方法。

4.1　Excel 概述

Excel 是美国 Microsoft 公司开发的 Office 办公系列软件的重要组成之一，是目前应用最为广泛的功能强大的电子表格应用软件。用户使用它可方便地进行数据的输入、计算、分析、制表、统计，并能生成各种统计图形，目前 Excel 被广泛地应用在财务、银行、教育等诸多领域。

4.1.1　Excel 2010 的功能

Excel 2010 主要有以下功能。

1．创建表格、统计计算

Excel 是一个典型的电子表格制作软件，它不仅可以制作各种规范简单的表格及不规范的复杂表格，还可以对表格数据进行计算和统计。

2．创建多样化的统计图表

通过图表使数据更加直观，易于阅读，帮助用户分析和比较数据，包括图表的建立、编辑、格式化等。

3．数据管理和分析

Excel 提供了强大的数据管理功能，方便用户分析及处理复杂的数据，提高工作的效率，包括数据排序、分类筛选、分类汇总、数据透视表等。

4．工作表的打印

Excel 为打印文档提供了灵活的方式，包括选定数据区域、单页、全部打印等。

4.1.2　Excel 2010 的工作窗口

启动 Excel 2010 后，系统会自动创建一个新的工作簿，系统自动为文档命名为工作簿 X.xlsx（其中 X 可以代表 1，2，3，…），如图 4-1 所示。

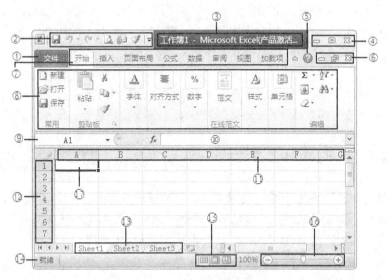

图 4-1　Excel 2010 工作窗口

1．Excel 2010 的工作窗口组成

① 文件按钮：单击该按钮，会弹出如图 4-2 所示的下拉菜单，用户可以对文档进行新建、打开、保存并发送、打印、选项、关闭等操作。

② 快速访问工具栏：该工具栏集成了一些常用的按钮，默认状态下包括"保存""撤销""恢复"等按钮，但用户可以根据需要，通过"选项"命令自定义快速访问工具栏上一些常用的按钮。单击工具栏旁的下拉箭头，会弹出相关的功能选项，如图 4-3 所示。

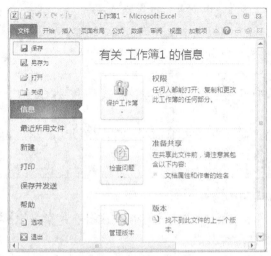

图 4-2　"文件"下拉菜单

图 4-3　自定义快速访问工具栏

③ 标题栏：用于显示工作簿的标题和类型。新建的工作簿文件系统将其默认为工作簿 X（X 代表 1，2，3…）。

④ Excel 应用程序窗口最小化、最大化和关闭按钮。

⑤ 帮助按钮。单击它可以获取使用 Microsoft Office Excel 的帮助。

⑥ 电子表格窗口的最小化、还原和关闭按钮。

⑦ 菜单选项卡：Excel 2010 将功能进行逻辑分类，分别放在相应的"带形功能区"中，共分 8 类，即开始、插入、页面布局、公式、数据、审阅、视图、加载项。每个功能区中又分成几块小的区域。同时，一些命令按钮旁有下拉箭头，含有相关的功能选项。在区域的右下角，会有一个小图标 即"功能扩展"按钮，单击它可显示该区域功能的对话框并可进行更详细的设置。

⑧ 带形功能区："开始"类中包括剪贴板、字体、对齐方式、数字、样式、单元格、编辑等选项。"插入"类中包括表格、插图、图表、迷你图、筛选器、链接、文本、特殊符号等选项。

⑨ 名称框：Excel 2010 中的"名称框"可以调整大小，而以前版本的名称框则是固定大小的。

⑩ 编辑栏：在"编辑栏"中，当输入的字符数超出可容纳的范围时，会自动隐藏多余的文字而不会遮挡工作表区域，并且可以向下调整"编辑栏"的宽度以容纳更多的字符。

⑪ 列：每一列列标由 A、B、C、…英文字母表示，超过 26 列时用 2～3 个字母 AA、AB、…、AZ、BA、BB、…表示，直到最后显示 XFD。

⑫ 行：每一行用 1、2、3、…数字来表示。

⑬ 工作表标签：显示了当前工作簿中包含的工作表，初始为 Sheet1、Sheet2、Sheet3 三张，表示工作表的名称。Excel 2010 在工作表标签右侧，多了一个"插入工作表"标签，单击该标签可以插入工作表。当然，也可以在工作表标签上右击鼠标，从弹出的快捷菜单中选择"插入工作表"命令。与以前版本不同的是，新工作表将插入在最右侧，而不是最左侧。

⑭ 状态栏：位于屏幕的底部，用于显示各种状态信息。

⑮ 页面布局选项：可设置普通、页面布局和分页预览，方便用户浏览工作表。

⑯ 页面显示比例滑块：可按住滑块左右移动来调整表格显示比例，方便用户观看。

⑰ 当前单元格：每个工作表中只有一个单元格为当前工作的单元格，称为活动单元格。屏幕上带黑框的单元格就是活动单元格，此时可以在该单元格中输入和编辑数据。在活动单元格的右下角有一个小黑方块，称为填充柄，利用它可以填充某个单元格区域的内容。

提示

　　如果要在工作窗口隐藏打开的选项卡（即功能区），只需按<Ctrl+F1>组合键来完成。

　　另外，双击当前打开的选项卡所对应的标签，也可以隐藏功能区，再次双击该标签，又可将其显示出来。

2．Excel 2010 中的工作簿、工作表和单元格

Excel 中每一个工作簿包含若干张工作表，用户可在工作表中完成自己对各种表格数据的处理。最后将工作簿以文件的形式保存或打印输出。

（1）工作簿

Excel 的工作簿是由一张或若干张表格组成的，每一张表格称为一个工作表。Excel 系统将每一个工作簿作为一个文件保存起来，在 Excel 2010 中其扩展名为.xlsx，但用户也可选择保存为原 Excel 97-2003 格式文件，其扩展名为.xls。

（2）工作表

工作表用于对数据进行组织和分析。Excel 工作表是由行和列组成的一张表格，在 Excel 2010 中最多可包含 1 048 576 行和 16 384 列。其中行用数字来表示，列用英文字母表示。

当打开某一工作簿时，它包含的所有工作表也同时被打开，工作表名均出现在 Excel 工作簿窗口下面的工作表标签栏里。

（3）单元格

由行和列交叉的区域称为单元格。单元格的命名由它所在的列标和行号组成，如 C8 代表第 8 行第 C 列交叉处的单元格。

3．Excel 2010 的基本操作

（1）创建 Excel 工作簿

创建一个新的工作簿，常用的方法有以下几种。

① 用"开始"菜单启动。单击任务栏中的"开始"按钮，在弹出的菜单中将鼠标指向"所有程序"命令，再在弹出的级联菜单中将鼠标指向"Microsoft Office"命令，再单击 Microsoft Office Excel 2010 命令，即可启动 Excel 2010。

② 用工作簿文件启动。通过"资源管理器"或"我的电脑"查找工作簿文件，找到后双击该工作簿文件名，即可启动 Excel 2010 并进入该工作簿。

③ 用快捷方式启动。双击桌面上的 Excel 2010 快捷方式图标，即可启动 Excel 2010。

（2）保存 Excel 工作簿

创建好工作簿后，用户应及时将其保存，其操作步骤如下。

① 单击"文件"按钮，从弹出的菜单中单击"保存"命令，如图 4-4 所示。

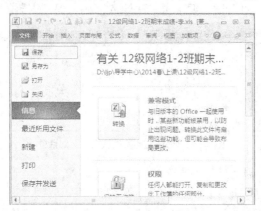

图 4-4 "保存"命令

② 在"另存为"对话框中的"保存位置"下拉列表框中选择该工作簿保存的路径，在"文件名"文本框中输入工作簿的名称，在"保存类型"下拉列表框中选择文件类型，Excel 2010 默认的扩展名为.xlsx（即基于 Office Excel 2010 XML 的文件格式）。

③ 单击"保存"按钮。

如果要将该工作簿保存为其他类型的文件，可以选择单击"文件"按钮，从弹出的菜单

中选择"另存为"命令，在打开的对话框中将文档另存为其他文档类型，如选择"Excel 97-2003 工作簿"，即保存一个与 Excel 97-2003 工作簿完全兼容的工作簿副本（.xls），以方便用户在不同的情况下使用，如图 4-5 所示。

图 4-5　保存其他类型

另外，为了工作簿的数据安全，在 Excel 2010 中同样可以为工作簿设置打开权限密码和修改权限密码，其操作方法如下。

① 单击"文件"按钮，从弹出的菜单中选择"信息"命令，在有关信息中选择"保护工作簿"。

② 单击"保护工作簿"按钮，在弹出的对话框中单击"用密码进行加密"项。

③ 此时会弹出"加密文档"对话框，如图 4-6 所示，依次输入密码后，单击"确定"按钮后会弹出"确认密码"对话框，要求再一次输入密码来保证密码的正确性。

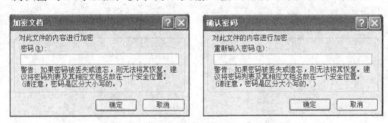

图 4-6　"加密文档和确认密码"对话框

（3）打开 Excel 工作簿

打开一个新的工作簿，常见的方法有以下两种。

① 通过"打开"命令打开。单击"文件"按钮，从弹出的菜单中单击"打开"命令，选择需要打开的工作簿所在的路径及文件名，单击"打开"按钮。

② 直接打开最近使用的工作簿。单击"文件"按钮，从弹出的菜单右侧选出最近使用过的工作簿文件，即可快速打开该工作簿。

（4）关闭与退出

关闭 Excel 工作簿的常用方法有以下 3 种。

170

① 通过"关闭"命令关闭。单击"文件"按钮，从弹出的菜单中单击"关闭"命令，关闭工作簿文件，但不退出 Excel 2010 应用程序窗口。

② 通过"关闭"按钮关闭。单击应用程序窗口标题栏右侧的"关闭"按钮，即可关闭工作簿文件，同时也退出 Excel 2010 应用程序窗口。

③ 通过"退出 Excel"按钮关闭。单击"文件"按钮，从弹出的菜单中单击"退出"按钮，直接关闭并同时退出 Excel 2010 应用程序窗口，如图 4-7 所示。

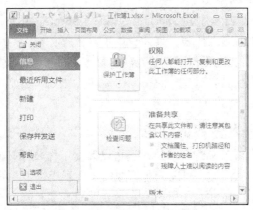

图 4-7 单击"退出"按钮

4.2 工作表的基本操作

4.2.1 选择工作表

选择不同的工作表的方法如下。

① 选择单张工作表：用鼠标单击工作簿底部的工作表标签，选中的工作表以高亮度显示，则该工作表就是当前工作表。

② 选择多张相邻的工作表：用鼠标单击第一张工作表，按住<Shift>键，再用鼠标单击最后一张工作表的标签。

③ 选择多张不相邻的工作表：用鼠标单击第一张工作表，按住<Ctrl>键，再用鼠标单击其他需要选取的工作表的标签。

④ 选择全部工作表：除可以按住<Ctrl>键依次选择工作表进行全部选中外，还可以使用鼠标右键单击任意工作表标签，在弹出的快捷菜单中单击"选定全部工作表"命令。

如果所要选择的工作表标签看不到，可按标签栏左边的标签滚动按钮 。这 4 个按钮的作用自左至右次序为移动到第一个、向前移一个、向后移一个、移动到最后一个。

4.2.2 插入工作表

默认情况下，打开 Excel 工作簿只有 3 个工作表显示，用户可根据实际需要插入一张或多张工作表。

① 插入一张工作表：在某工作表标签上单击鼠标右键，在弹出的快捷菜单上选择"插入"命令，此时在选定的工作表左侧就插入了一个名为"Sheet4"的工作表。

② 插入多张工作表：先将鼠标选定待增加工作表相同数目的工作表，然后单击鼠标右键，在弹出的快捷菜单中选择"插入"命令，此时右侧位置上会出现新增加的几张工作表。在工

作簿中用户最多可以插入 255 个工作表。

4.2.3　更名工作表

Excel 系统默认的工作表名称是 Sheet1、Sheet2、Sheet3，用户可以根据工作表中的内容修改工作表的名称，即重命名工作表，具体有如下两种方法。

① 用鼠标双击需要更名的工作表标签，输入新名称后按回车键即可。

② 用鼠标右击需要更名的工作表标签，从弹出的快捷菜单中选择"重命名"命令，然后输入新名称即可。

4.2.4　更改工作表标签的颜色

除了给工作表起一个有意义的名字外，还可以改变工作表标签的颜色，以使得工作表容易识别，提高工作的效率。例如，可以为各班成绩工作表指定不同的颜色。

更改工作表标签颜色的方法是用鼠标右键单击某工作表标签，在弹出的快捷菜单中选择"工作表标签颜色"，此时从调色板中选择一种颜色即可。

4.2.5　移动、复制和删除工作表

工作表可以在工作簿内或工作簿之间进行移动或复制。

1．在同一个工作簿内移动和复制工作表

（1）鼠标拖曳法

移动：单击要移动的工作表标签，然后按住鼠标左键拖曳该工作表标签到新的位置后释放鼠标。

复制：单击要复制的工作表标签，按住<Ctrl>键，然后按住鼠标左键拖曳该工作表标签到新的位置后释放鼠标。

（2）菜单法

选定要移动或复制的工作表后，单击鼠标右键，在弹出的快捷菜单中选择"移动或复制工作表"命令，出现"移动或复制工作表"对话框，如图 4-8 所示。在对话框中选择将选定工作表移至选定工作表之前，单击"确定"按钮即完成移动操作。如在对话框中选中"建立副本"复选框，则可完成复制操作。

图 4-8　"移动或复制工作表"
对话框

2．在不同的工作簿间移动或复制工作表

一次选择多个工作表一起进行移动或复制，有以下两种方法。

（1）鼠标拖曳法

由于要在两个工作簿之间进行操作，因此应该把两个工作簿同时打开并使其出现在窗口上。选择带形功能区的"视图"类，在"全部重排"窗口中选择一种排列方式，已打开的多个窗口就会同时出现。

在一个工作簿中用鼠标选定要移动或复制的工作表标签，然后直接拖曳到目的工作簿的标签行中可移动工作表，而按住<Ctrl>键拖曳可复制工作表。

（2）菜单法

使用菜单法与在同一工作簿中的操作一样。不过这里还需要在"移动或复制工作表"对话框的"工作簿"列表中选择目的工作簿，列表框中除了有已打开的工作簿名称之外，还有一个"新工作簿"供选择。如果要把所选工作表生成一个新的工作簿，则可选择"新工作簿"，然后单击"确定"按钮。

工作表的移动和复制，在实际应用中有很大的用途。例如，要把许多人采集的数据汇总到一个工作簿文件中，这时就可以依次打开并将相应的工作表复制到汇总的工作簿文件中，方便进行数据处理。

3．删除工作表

要删除一个工作表，先选中该表，单击鼠标右键，在弹出的快捷菜单中选择"删除"命令。

4.2.6 隐藏和显示工作表

1．隐藏工作表

在编辑完工作表后，对一些不常用的工作表或重要数据的工作表，可以根据需要进行显示或隐藏，具体操作方法如下。

选中需要隐藏的工作表，单击鼠标右键，在弹出的快捷菜单中选择"隐藏"命令，此时选中的工作表将不显示在工作簿中。

2．显示工作表

显示工作表的具体操作方法如下。

在工作簿中右键单击任意一个工作表标签，在弹出的快捷菜单中单击"取消隐藏"命令，在"取消隐藏工作表"列表框中单击被隐藏的工作表，最后单击"确定"按钮。此时可以看到被隐藏的工作表显示在工作簿中。

4.2.7 工作表窗口的拆分和冻结

1．拆分工作表窗口

工作表建立好后，如果数据很多，一个文件窗口不能将工作表数据全部显示出来，可以通过滚动屏幕查看工作表的其余部分，这时工作表的行、列标题就可能滚动到窗口区域以外了。在这种情形下，可以将工作表窗口拆分为几个窗口，每个窗口都显示同一张工作表，通过每个窗口的滚动条移动工作表，使需要的部分分别出现在不同的窗口中，这样就便于查看表中的数据。

拆分工作表窗口的具体操作方法如下。

① 单击要拆分窗口的位置，如单元格 A4。

② 单击"视图"选项卡功能区"窗口"组中的"拆分"按钮，如图 4-9 所示。

③ 此时可以看到在单元格 A4 上方出现了拆分条。用户可以拖动滚动条来浏览工作表中的数据。

④ 如果要取消拆分条，可再次单击"窗口"组中的"拆分"按钮来取消拆分。

图 4-9　拆分窗口

2．冻结工作表窗口

工作表的冻结是指将工作表窗口的上部或左部固定住，使其不随滚动条的滚动而移动。方便对一些数据较长的工作表进行查看。

例如：教师工资明细表中的职工比较多时，可以将表头冻结（即表中的员工号、部门号、姓名等所在的第二行）。这样当上下移动垂直滚动条时，被冻结的表头不动，而表中职工名单随垂直滚动条上下移动。

冻结工作表窗口的具体操作方法如下。

① 单击要冻结窗口的位置，如单元格 A4。

② 单击"视图"选项卡功能区"窗口"组中"冻结窗格"下三角按钮，如图 4-10 所示。

③ 在弹出的列表中单击"冻结拆分窗格"选项，此时用户可以看到在单元格 A4 上方出现了冻结线条，用户可以拖动滚动条来浏览工作表中的数据。

④ 如果要取消冻结窗口，可再次单击"窗口"组中的"冻结窗格"选项，在弹出的列表中选择"取消冻结窗格"选项即可。

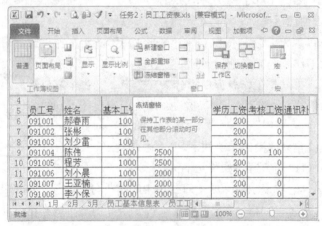

图 4-10　冻结窗格

4.2.8　工作表数据的保护

工作表数据的保护是指通过将工作表中一些重要的数据设置一定的权限来防止其他用户随意地修改。

保护工作表数据的具体操作步骤如下。

① 在"审阅"选项卡功能区中单击"更改"组中的"保护工作表"按钮，弹出"保护工作表"对话框，如图4-11所示。

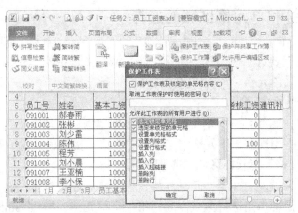

图4-11 "保护工作表"对话框

② 在弹出的"保护工作表"对话框的"取消工作表保护时使用的密码"文本框中输入密码。

③ 单击"确定"按钮。

4.3　单元格的基本操作

4.3.1　单元格和单元格区域

1．单元格

单元格是工作表的最小单位，每一张工作表都是由许多单元格组成的。在单元格中可以包含文字、数字或公式。在工作表内每行、每列的交点就是一个单元格。

单元格在工作表中的位置用地址标识，即由它所在列的列名和所在行的行名组成该单元格的地址，其中列名在前，行名在后。例如，第 C 列和第 4 行交点的那个单元格的地址就是 C4。

单元格地址的表示有以下 3 种方法。

① 相对地址：直接用列号和行号组成，如 A1、IV22 等。

② 绝对地址：在列号和行号前都加上$符号，如$B$4、$F$8 等。

③ 混合地址：在列号或行号前加上$符号，如$B1、F$8 等。

这 3 种不同形式的地址在公式复制的时候，产生的结果可能是完全不同的，具体情形在 4.5 节详细介绍。

一个完整的单元格地址除了列号、行号外，还要加上工作簿名和工作表名。其中工作簿名用方括号[ ]括起来，工作表名与列号、行号之间用"!"隔开。例如：

[教师工资表.xls] Sheet1!C3

它代表了工作簿为教师工资表.xls 中 Sheet1 工作表的 C3 单元格。而 Sheet2!F8 则表示工作表 Sheet2 的单元格 F8。这种加上工作表和工作簿名的单元格地址的表示方法，是为了方便用户在不同工作簿的多个工作表之间进行数据引用。

2．单元格区域

单元格区域是指由工作表中一个或多个单元格组成的矩形区域。区域的地址由矩形对角的两个单元格的地址组成，中间用冒号（：）相连，如 B2:E8 表示从左上角是 B2 的单元格到右下角是 E8 单元格的一个连续区域。区域地址前同样也可以加上工作表名和工作簿名以进行多工作表之间的操作，如 Sheet5!A1:C8。

4.3.2 单元格和单元格区域的选择

在 Excel 中，对某个单元格或某个单元格区域中的内容进行操作（如输入数据、设置格式、复制等）之前，首先就要选中被操作的单元格或区域，被选中的单元格或区域，称为当前单元格或当前区域。所以单元格和单元格区域的选取，是创建工作表的基础。

1．单个单元格选择

在当前工作表中，始终有一个单元格被粗黑边框包围，该单元格即被选中的单元格，当用户输入数据时，数据出现在该单元格中。被选中的单元格称为当前单元格或活动单元格。

2．多个连续单元格（单元格区域）的选择

用鼠标指向选择区域左上角第一个单元格，按下鼠标左键拖曳到最后一个单元格，然后松开鼠标左键；或用鼠标单击选择区域左上角第一个单元格，按住<Shift>键，再用鼠标单击选择区域右下角最后一个单元格，即可选中多个连续单元格（单元格区域），选中的区域以浅蓝色显示。

3．多个不连续单元格或单元格区域的选择

选择第一个单元格或单元格区域，按下<Ctrl>键不放，用鼠标再选择其他单元格或单元格区域，最后松开<Ctrl>键，即可选择多个不连续单元格（单元格区域）。

4．整行或整列单元格的选择

用鼠标单击工作表相应的行号或列标，即可选择一行或一列单元格。若此时用鼠标拖曳，可选择连续的整行或整列单元格。

5．多个不连续行或列的选择

用鼠标单击工作表相应的第一个选择行号或列标，按下<Ctrl>键不放，再用鼠标单击其他选择的行号或列标，最后松开<Ctrl>键，即可选择多个不连续的行或列。

6．全部单元格的选择

用鼠标单击"全部选择"按钮（工作表左上角行号与列标交叉处）即可选择全部单元格。

4.3.3 插入单元格、行或列

在工作表中输入数据后，可能会发现数据错位或遗漏，这时就需要在工作表中插入单元格、区域或行和列，以满足实际的要求。

（1）通过快捷菜单插入单元格

① 用鼠标右键单击要插入单元格的位置，如 B3 单元格，在弹出的快捷菜单中单击"插入"命令，如图 4-12 所示。

② 在弹出的"插入"对话框中有 4 个单选项，其意义如下。

● 活动单元格右移：表示把选中区域的数据右移。

● 活动单元格下移：表示把选中区域的数据下移。

● 整行：表示当前区域所在的行及其以下的行全部下移。

● 整列：表示当前区域所在的列及其以右的列全部右移。

在对话框中选定所需的"活动单元格右移"单选按钮，单击"确定"按钮，就完成了插入操作。

（2）通过插入选项插入单元格、行或列

① 在"开始"选项卡功能区中，单击"单元格"组中的"插入"下三角按钮，如图 4-13 所示。

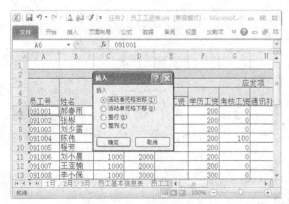

图 4-12 "插入"对话框   图 4-13 插入工作表行

② 在弹出的下拉列表中单击"插入单元格"选项，在弹出的"插入"对话框中选择所需的选项，单击"确定"按钮，就完成了插入操作。

（3）插入剪切（或复制）单元格

Excel 可以将从别处剪切（或复制）的区域插入到当前工作表中。步骤：选中被剪切或复制的区域，单击"剪切"或"复制"按钮。选定目标区域的左上角单元格。在"开始"选项卡功能区中，单击"单元格"组中的"插入"下三角按钮，在弹出的下拉菜单中选择"插入剪切的单元格"即可完成操作。

4.3.4 输入和编辑数据

输入数据是创建工作表的最基本工作，即向工作表中的单元格输入文字、数字、日期与时间、公式等内容。输入数据的方法有 4 种：直接输入、快速输入、自动填充输入和外部导入。

输入时，首先要选择单元格，然后输入数据，输入的数据会出现在选择的单元格和编辑栏中。输入完成后，可按<Enter>键、<Tab>键，或用鼠标单击编辑栏中出现的绿色"√"按钮 3 种方法确认输入。输入过程中发现有错误，可用<Backspace>键删除。若要取消，可直接按<Esc>键或用鼠标单击编辑栏中出现的红色"×"按钮。

Excel 对输入的数据会自动进行数据类型判断，并进行相应的处理。

Excel 允许输入的数据类型分为文本型、数值型和日期时间型。

1．直接输入

（1）文本型

在 Excel 2010 中输入的文本可以是汉字、数字、英文字母、空格和其他各类字符等的组合。文本输入时自动左对齐。

① 如果用户在单元格中输入的文本内容太多时，可按<Alt+Enter>组合键强行换行。

② 如果用户要输入由一串数字构成的字符，如学号、身份证号、电话号码、产品的代码等，为避免 Excel 2010 将它们认为是数值，输入时应在数字前加一个英文的单引号"'"。例如，要输入学号 001210，应输入'001210，此时 Excel 将把它看做字符数据沿单元格左对齐。当输入的文本长度超过了单元格宽度时，如果右边相邻的单元格中没有内容，则超出的文本

会延伸到右边单元格位置显示；如果右边相邻的单元格有内容，则超出的文本不显示，但实际内容依然存在。当单元格容纳不下一个格式化的数字时，就会用若干个"#"号代替。

③ 任何输入，只要系统不认为它是数值（包括日期和时间）和逻辑值，它就是文本型数据。

（2）数值型

在 Excel 2010 中，数值只能由 0～9、+、−、（ ）、/、E、$、%及小数点和千分位符号等特殊字符组成。数值输入时自动右对齐。

① 用户输入正数时，"+"可以不输入。

② 用户输入负数时，可用"−"或"（ ）"。例如，输入−25，可直接输入−25，也可输入（25）。

③ 在输入分数（如 3/5）时，应先输入"0"和一个空格，然后再输入分数。否则 Excel 会把它处理为日期数据（如将 3/5 处理为 3 月 5 日）。

④ 当输入的数值整数部分长度较长时，Excel 用科学计数法表示（如 2.2222E+12），小数部分超过格式设置时，超过部分 Excel 自动四舍五入后显示。

值得注意的是，Excel 在计算时，使用输入的数值参与计算，而不使用显示的数值。例如，某个单元格数字格式设置为两位小数，此时输入数值 12.236，则单元格中显示数值为 12.24，但计算时仍用 12.236 参与运算。

（3）日期和时间

Excel 2010 将日期和时间视为数字处理。默认状态下，日期和时间在单元格中均右对齐。如果 Excel 2010 不能识别输入的日期或时间格式，输入的内容将被视为文本。

① 输入日期常采用的格式有：年-月-日或年/月/日（内置格式"dd-mm-yy""yyyy/mm/dd""yy/mm/dd"）。

例如：输入"10/3/4"，则单元格中显示为"2010-3-4"。

输入"3/4"，则单元格中显示为"3 月 4 日"。

输入系统当前的日期，可按<Ctrl+；>组合键。

② 输入时间常采用的格式有时：分：秒。

例如：输入"15:25"，则单元格中显示为"15:25"。

输入"23:1:15"，则单元格中显示为"23:01:15。

③ 如果要在同一单元格中输入日期和时间，就要在它们之间用空格分离。

例如：输入 2010 年 9 月 1 日下午 2：30 分，可以输入：10/9/1 14:30。

④ 输入系统当前的时间，可按<Ctrl+Shift+；>组合键。

（4）输入符号

在制作表格的过程中，用户可能需要插入一些不能直接用键盘输入的实用符号，此时就要使用 Excel 的插入符号功能。

具体操作方法：在"插入"选项卡功能区中单击"文本"组中的"符号"按钮，如图 4-14 所示。在弹出的"符号"对话框中的"符号"选项卡下，可根据需要选择合适的符号进行插入，如要插入"特殊字符"，可单击"符号"选项卡的"其他符号"选项，在弹出的"符号"对话框中选择"特殊字符"标签，选择合适的字符（如商标符），单击"插入"按钮即可。

图 4-14　插入符号

（5）快速输入数据

当在工作表的某一列输入一些相同的数据时，可以使用 Excel 提供的快速输入方法："记忆式输入"和"下拉列表选择输入"。

① 记忆式输入。

当输入的字与同一列中已输入的内容相同，Excel 会自动填写其余的字符。如图 4-15 所示，在 A6 单元格输入"计"时，单元格内会自动出现"计算机应用"。

② 下拉列表选择输入。

如图 4-16 所示，在 E6 单元格输入出版社名称时，可以单击鼠标右键，在弹出的快捷菜单中选择"从下拉列表中选择"命令，该单元格会出现下拉列表，可进行选择输入；或者按<Alt+↓>组合键打开下拉列表，然后选择所需的输入项。

图 4-15　记忆式输入法　　　　　　　　图 4-16　下拉列表选择输入

2．自动填充输入

Excel 提供的自动填充功能，可以快速地录入一个数据序列，如日期、星期、序号等。利用这种功能可将一个选定的单元格，按列或行方向给相邻的单元格填充数据。

所谓"填充柄"是指位于当前单元格右下角的小黑方块。将鼠标指向填充柄时，鼠标的形状变为黑十字。

通过拖曳填充柄，可以将选定单元格或区域中的内容按某种规律进行复制。利用"填充柄"的这种功能，可以进行自动填充的操作。"自动填充"示例如图 4-17 所示。

图 4-17　"自动填充"示例

自动填充分为以下 3 种情况。

（1）填充重复数据

选中 B1 单元格，直接拖曳 B1 的填充柄沿水平方向右移，便会在 C1 和 D1 单元格中产生相同数据"上海"。

（2）填充序列数据

如果要在工作表某一个区域输入有规律的数据，可以使用 Excel 的数据自动填充功能。它是根据输入的初始数据，然后到 Excel 自动填充序列登记表中查询，如果有该序列，则按该序列填充后继项，如果没有该序列，则用初始数据填充后继项（即复制）。

具体操作方法：先输入初始数据，再将鼠标指向该单元格右下角的填充柄，此时鼠标指针变为实心十字形，按下鼠标左键向下或向右拖曳至填充的最后一个单元格，然后松开鼠标左键即可。

① 如果是日期型序列，只需要输入一个初始值，然后直接拖曳填充柄即可。

② 如果是数值型序列，则必须输入前两个单元格的数据，然后选定这两个单元格后拖曳填充柄，系统将根据默认的等差关系依次填充等差系列数据。

例如，在 B2 单元格中输入 1，在 C2 单元格中输入 3，用鼠标选定 B2 和 C2 两个单元格后，拖曳填充柄至 D2、E2，此时分别填入了 5 和 7 数据。

如果要在 B3:F3 单元格区域按等比序列填充，首先在 B3 和 C3 中分别输入 1 和 2，在"开始"选项卡功能区中，单击"编辑"组中"填充"列表中的"系列"选项，在弹出的"序列"对话框中，选择类型为"等比序列"，步长值为"2"，单击"确定"按钮。然后选中 B3:C3 单元格区域，拖曳填充柄至 F3，此时 B3:F3 单元格区域中依次填充等比序列数据，如图 4-18 所示。

图 4-18　填充等比序列数据

【例 4.1】假设一个工作表的 D4 单元格输入初始数据 4，要求对 D4:D13 单元格区域用等比序列来填充，步长值为 2。

操作步骤如下。

① 在单元格 D4 中输入 4。

② 选中要进行填充的单元格区域 D4:D13。

③ 在"开始"选项卡功能区中单击"编辑"组中的"填充"下三角按钮。

④ 在弹出的列表中单击"系列"选项。

⑤ 在弹出的"序列"对话框中，在"类型"选项组中单击"等比序列"单选按钮。

⑥ 在"步长值"文本框中输入"2"。

⑦ 单击"确定"按钮。

（3）填充自定义序列数据

Excel 2010 提供的自动填充序列的内容，来自系统提供的数据。单击"文件"按钮，在弹出的下拉菜单中单击"选项"按钮，弹出"Excel 选项"对话框，在"高级"选项右侧列表 "常规"中单击"编辑自定义列表"按钮，在"自定义序列"列表框中查看已有的数据系列，如图 4-19 所示。

图 4-19 "自定义序列"选项卡

例如：在 B4 单元格输入"第一季"，拖曳填充柄至 C4:E4，此时释放鼠标后自动填充"第二季""第三季""第四季"。

除了可以使用 Excel 2010 已定义的序列外，用户还可以自己创建新序列，修改或删除用户自定义的序列。

创建新序列的操作方法如下。

单击"文件"按钮中的"选项"按钮，在弹出的"Excel 选项"对话框中，在"高级"选项右侧列表中单击"编辑自定义列表"按钮，弹出"自定义序列"对话框。要输入新的序列列表，先选择"自定义序列"列表框中的"新序列"选项。此时在"输入序列"文本框中输入自定义序列项，如"第一季度"，每输入一项，要按一次回车键作为分割。整个序列输入完毕单击"添加"按钮。如果已经在工作表中输入了数据项，则只需在"从单元格中导入序列"文本框中选择工作表中输入的数据项，然后单击"导入"按钮即可。

3．外部导入

在 Excel 2010 中，在"数据"选项卡功能区中单击"获取外部数据"组，可以导入其他数据库（如 Access、网站、文本、其他来源等）产生的文件，如图 4-21 所示。

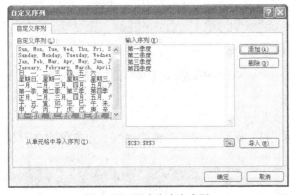

图 4-20　用户自定义序列

图 4-21　外部导入数据

4.3.5　清除和删除数据

"清除"是指清除所选中单元格中的信息，包括内容、格式和批注，但并不删除选中的单元格。而删除单元格、行或列是将选中的单元格从工作表中移走，并自动调整周围的单元格来填补删除的空间，不但删去了数据，而且用其右边或下方的单元格填充了区域。

1．清除操作

（1）消除内容

① 选中要清除内容的单元格区域。

② 在"开始"选项卡功能区中单击"编辑"组中的"清除"下三角按钮，如图 4-22 所示。

③ 在弹出的列表中单击"清除内容"选项完成操作。

（2）清除格式

① 选中工作表带格式（如红色或粗体）的单元格区域。

② 在"开始"选项卡功能区中单击"编辑"组中的"清除"下三角按钮。

③ 在弹出的列表中单击"清除格式"选项完成操作。

图 4-22　清除内容

（3）全部清除

用上述同样的方法，在"清除"列表中单击"全部清除"选项，可将工作表中所选区域的所有数据包括格式一起清除。

单元格的信息包含"内容""格式""批注"和"超链接"4 个部分，所以在清除时，要选择清除的是哪一部分信息。如果要把一个区域中的所有信息清除，就直接选择"全部清除"选项。如果只清除其中的部分信息，如"格式"，则选择"清除格式"选项，清除后该区域的"内容"和"批注"仍然存在。

选中区域后，直接按<Del>键也可清除其中的内容。

2．删除操作

① 选中要删除的区域并用鼠标右键单击。

② 在弹出的快捷菜单中选择"删除"命令，弹出"删除"对话框。对话框中的 4 个选项与"插入"对话框相似，只是移动方向正好相反。

③ 在"删除"对话框中选定所需的选项，单击"确定"按钮完成操作。

4.3.6　移动和复制单元格

1．移动单元格和区域

移动操作是将工作表中选定的单元格或一个区域中的数据移动到新的位置。移动是常用的操作，一般有以下两种方法来实现。

（1）用菜单命令进行移动

如果在不同的工作簿或不同的工作表之间移动区域，用菜单或快捷工具更方便有效。操作步骤如下。

① 选择要移动的区域。

② 在"开始"选项卡功能区中单击"剪切"按钮。

③ 切换到另一工作簿或工作表，选定目标区域的左上角单元格。

④ 在"开始"选项卡功能区中单击"粘贴"按钮，区域中的数据就移到了新的位置。

（2）用鼠标拖曳的方法进行移动

操作步骤如下。

① 选中要移动的区域。

② 把鼠标指针指向选定区域的外边界，鼠标指针变为箭头形状。

③ 此时按住鼠标左键并拖曳至目标位置，松开鼠标左键就实现了移动操作。

2．复制单元格和区域

复制操作是将工作表中选定单元格或一个区域中的数据复制到新的位置，甚至复制到另一工作簿、另一工作表中，提高工作效率。复制是常用的操作，一般通过以下两种方法来实现。

（1）用菜单命令进行复制

在不同的工作簿或不同的工作表之间复制区域，用菜单或快捷工具更方便有效，操作步骤如下。

① 选中要复制的区域。

② 在"开始"选项卡功能区中单击"复制"按钮。

③ 切换到另一工作簿或工作表，选定目标区域的左上角单元格。

④ 在"开始"选项卡功能区中单击"粘贴"按钮，区域中的数据就复制到了新的位置。

（2）用鼠标拖曳的方法进行复制

操作步骤如下。

① 选中要复制的区域。

② 把鼠标指针指向选定区域的外边界，鼠标指针变为箭头形状。

③ 按住<Ctrl>键的同时，按住鼠标左键并拖曳至目标位置，释放鼠标左键就实现了复制操作。

3．特殊的复制操作

除了复制整个区域外，还可以有选择地复制区域中的特定内容。例如，可以只复制公式的结果而不是公式本身，或者只复制格式，或者将复制单元的数值和要复制到的目标单元的数据进行某种指定的运算，操作步骤如下。

① 选定需要复制的区域。

② 单击"复制"按钮。

③ 选定粘贴区域的左上角单元格。

④ 在"开始"选项卡功能区中单击"选择性粘贴"按钮（注意！不是"粘贴"），出现"选择性粘贴"对话框，如图 4-23 所示。

⑤ 选定"粘贴"栏下的所需选项，各选项的功能如表 4-1 所示。有关对话框选项的帮助信息，单击问号按钮，再选定相应的选项即可获得。

图 4-23 "选择性粘贴"对话框

表 4-1 "选择性粘贴"对话框中选项的功能

选项	功能
全部	粘贴单元格的所有内容和格式
公式	只粘贴编辑框中所输入的公式
数值	只粘贴单元格中显示的数值
格式	只粘贴单元格的格式
批注	只粘贴单元格中附加的批注

选项	功能
有效性验证	将复制区的有效数据规则粘贴到粘贴区中
边框除外	除了边框，粘贴单元格的所有内容和格式
列宽	只粘贴单元格的列宽
公式和数字格式	既粘贴编辑框中所输入的公式，又粘贴数字格式
值和数字格式	既粘贴编辑框中所输入的值，又粘贴数字格式
转置	将复制区中的列变为行，或将行变为列

⑥ 最后单击"确定"按钮。

说明　"公式""数值""格式""批注"等均为单选项，所以，一次只能"粘贴"一项。

注意　① 区域的复制只是将该区域的数据复制到目标位置，源区域的信息及区域名称仍存在；

② 如果目标区域已存在数据，系统直接将目标区域的源数据覆盖；

③ 如果区域中含有公式，变化情况将在4.5节中介绍。

【例4.2】假设单元格A1中有数值50，单元格区域F1:F10中的数值全部为8，则可以通过以下步骤将F1:F10中的数值变成58。

① 选中A1单元格，单击"复制"按钮。

② 选中F1:F10单元格区域后，在"开始"选项卡功能区中单击"选择性粘贴"按钮。

③ 在"选择性粘贴"对话框中选定"全部"和"加"单选按钮，单击"确定"按钮。

4.4 工作表的格式化

当工作表的数据建立好后，为了美化工作表，可以对工作表中的数据进行数据格式、字体、表格线、行高列宽、单元格样式和表格样式进行设置。

4.4.1 调整行高、列宽

在Excel的工作表中，已经预置了行高和列宽，如果认为其效果不合适时，可以随时调整。例如，由于某一列列宽不够，使数据没有完全显示出来，此时可调整列宽使数据显示出来。

调整行高、列宽可使用鼠标拖曳法、快捷菜单法和在功能区中设置单元格格式的方法。

1．鼠标拖曳法

将鼠标指针指向要调整行高或列宽的行号或列标分割线上，此时鼠标指针变为一个双向箭头形状，按下鼠标左键拖曳分割线至需要的行高或列宽。

如果想一次调整多行行高或多列列宽，则应先选定调整的多行或多列，然后将鼠标指针指向任一选定行的行号下边界上或任一选定列的列标右边界上，此时鼠标指针也变为一个双向箭头的形状，按下鼠标左键拖曳即可。

2．快捷菜单法

选定调整的行或列，如选中 1 行，单击鼠标右键，从弹出的快捷菜单中选择"行高"或"列宽"命令，屏幕弹出如图 4-24 所示的行高或列宽对话框，输入调整的行高或列宽值，然后单击"确定"按钮。

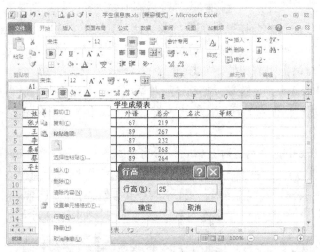

图 4-24　调整行高或列宽值

4.4.2　设置单元格格式

单元格格式可以使用功能区中的设置单元格格式选项进行格式设置，也可以使用快捷菜单命令进行快速设置。不论用哪一种方法，在进行数据格式化时，都必须首先选定要格式化的单元格或单元格区域，然后才能使用格式化命令进行设置。

选中需要格式化的单元格或区域，单击"开始"选项卡功能区"单元格"组中的"格式"下三角按钮，在弹出的列表中单击"设置单元格格式"选项，或单击鼠标右键，在快捷菜单中选择"设置单元格格式"命令，弹出"设置单元格格式"对话框，如图 4-25 所示。然后在对话框中设置有关的信息。

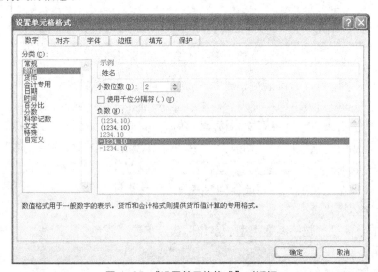

图 4-25　"设置单元格格式"对话框

下面分别介绍"设置单元格格式"对话框中 6 个选项卡的设置。

（1）设置数字格式

Excel 提供了大量的数字格式，如可以将数字格式设置成带有货币的形式、百分比或科学记数法等形式。

具体设置方法：在"设置单元格格式"对话框中先选择"数字"选项卡，然后在"分类"列表框中选择一种分类，如选择"数值"分类，此时，对话框的右边会出现进一步设置该分类格式的设置项，如设置"小数位数"等格式。设置后在"示例"框中显示数据的实际形式。若认为合适，单击对话框中的"确定"按钮。

每一种分类，Excel 在"设置单元格格式"对话框的下方都给出了说明，如果还想进一步地了解其含义，可使用对话框中的帮助按钮去查询。这里就不再详细介绍各分类的具体含义了。

（2）设置对齐格式

默认情况下，Excel 的单元格对齐格式设置为文本靠左对齐、数字靠右对齐、逻辑值和错误值居中对齐等。为了产生更好的效果，可以使用"对齐"选项卡自己设置单元格对齐格式。

具体设置方法：在"单元格格式"对话框中先选择"对齐"选项卡，然后在"对齐"选项卡的"文本对齐方式"栏中设置水平对齐和垂直对齐，如图 4-26 所示。

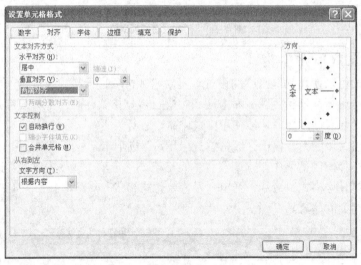

图 4-26 "对齐"选项卡

"水平对齐"下拉列表中包括左、居中、靠右、填充、两端对齐、分散对齐和跨列居中选项，"垂直对齐"下拉列表中包括靠上、居中、靠下、两端对齐和分散对齐选项。

在"方向"栏可以直观地设置文本按某一角度方向显示。

在"文本控制"选项包括"自动换行""缩小字体填充"和"合并单元格"3 个复选框。当输入的文本过长时，一般应设置为自动换行。一个区域中的单元格合并后，这个区域就成为一个整体，并把左上角单元的地址作为合并后的单元格地址。

（3）设置字体格式

Excel 中的字体设置包括字体类型、字体形状、字号、颜色、下画线、特殊效果等内容，如图 4-27 所示。

【例 4.3】将学生成绩表（见图 4-24）中的标题字体设为“黑体”，字型设为“加粗并倾斜”、“双下画线”，字号为“20”，在 A1:I1 单元格区域水平垂直居中显示。

操作步骤：选中 A1:I1 单元格区域，然后在“设置单元格格式”对话框（见图 4-25）中打开“字体”选项卡（见图 4-27），在“字体”列表框中选择“黑体”，在字形列表框中选择“加粗”“倾斜”，在“字号“列表框中选择“20”。然后单击“对齐”选项卡，在“水平对齐”和“垂直对齐”下拉列表中都选择“居中”选项，选中“合并单元格”复选框，最后单击“确定”按钮，设置结果如图 4-28 所示。

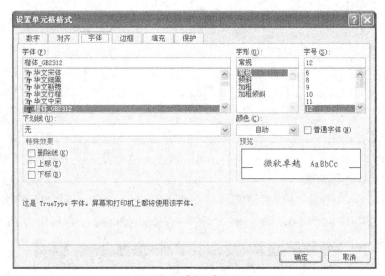

图 4-27 “字体”选项卡

B1 | fx 学生成绩表

	A	B	C	D	E	F	G	H
1		学生成绩表						
2	学号	姓名	语文	数学	外语	总分	名次	等级
3	102	张大云	85	67	67	219		
4	107	王莉	89	89	89	267		
5	109	李云	67	78	87	232		
6	111	秦晓雨	89	90	89	268		
7	101	蔡静	77	98	89	264		
8	103	高雅政	65	75	55	195		
9	104	司马倩	93	82	77	252		
10	106	陈海虹	88	78	76	242		

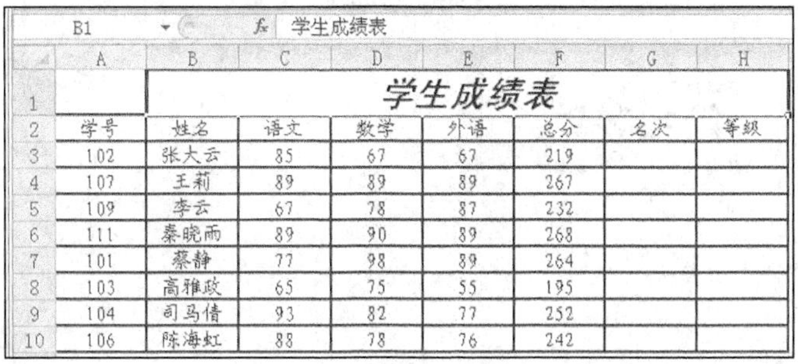

图 4-28 标题字体设置

（4）设置边框格式

为了使编制的表格美观，使数据易于理解，可以利用设置边框格式重新设置单元格、单元格区域（对于区域，则有外边框和内边框之分）及整个表格的线型、颜色等。

设置方法：选择设置边框线的单元格或单元格区域（也可以是整个表格），打开“设置单元格格式”对话框，选择“边框”选项卡，如图 4-29 所示，在对话框中首先选择线形和颜色，然后单击预置选项、预览草图及边框按钮，即可设置新的线形，设置完成后单击“确定”按钮。

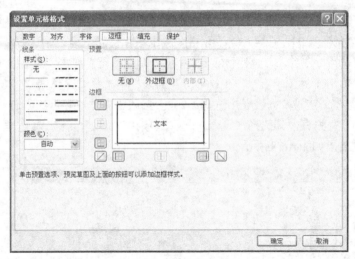

图 4-29 "边框"选项卡

（5）设置填充格式

利用"填充"格式，可为单元格或单元格区域设置颜色及底纹图案，使得表格中的数据更加突出、醒目、错落有致。

设置方法：选择要设置"填充"的单元格或单元格区域，打开"设置单元格格式"对话框，选择"填充"选项卡，如图 4-30 所示，在对话框中选择颜色和图案，然后单击"确定"按钮。

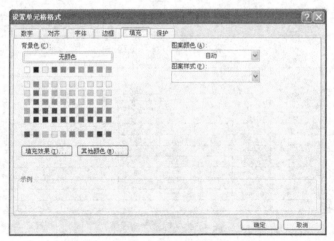

图 4-30 "填充"选项卡

【例 4.4】将"小华商场 1998 年销售额统计表"（见图 4-31）按下列要求进行设置。

	A	B	C	D	E	F
1	小华商场1998年销售额分类统计表					
2		销售额（单位：元）				
3	季度种类	副食品	日用品	电器	服装	合计
4	1季度	45637.0	56722.0	47534.0	34567.0	
5	2季度	23456.0	34235.0	45355.0	89657.0	
6	3季度	34561.0	34534.0	56456.0	55678.0	
7	4季度	11234.0	87566.0	78755.0	96546.0	
8	合计	114888.0	213057.0	228100.0	276448.0	
9	制表人:	韩佳	审核人:	王晓娅	日期:	1998/12/26

图 4-31 小华商场 1998 年销售额统计表

① 表格标题为"华文行楷"、18 号字，在 A1:F1 单元格区域水平垂直居中显示。

② 说明部分（包括销售额、季度种类、制表人、审核人、日期等）字体为"隶书"、16号字、水平垂直居中对齐，并为A3单元格添加斜线。

③ 表头字段名部分（副食品、日用品、电器、服装、合计、1季度、2季度、3季度、4季度等）字体为"黑体"、16号字、垂直居中，填充颜色为浅蓝色——RGB（120，200，255）。

④ 表格中其他数字为"宋体"，12号字，垂直居中，保留两位小数，以千位号分隔，右对齐。

⑤ 整个表格外边框线为单双线，A8:F8单元格区域的底线为粗线，其余内边框为单实线。
操作步骤如下。

① 选中A1:F1单元格区域，单击鼠标右键，在弹出的快捷菜单选择"设置单元格格式"命令，打开"设置单元格格式"对话框，选择"字体"选项卡，设置字体为"华文行楷"、18号字，单击"对齐"选项卡，设置水平和垂直居中对齐，并选中"合并单元格"复选框。

② 分别选中"销售额""季度种类"单元格及制表人、审核人、日期单元格），设置字体为"隶书"、16号字，水平和垂直居中对齐。右键单击A3单元格，在弹出的快捷菜单中单击"设置单元格格式"命令，单击"边框"选项卡，再单击如图4-32所示的边框样式按钮绘制斜线，单击"确定"按钮。

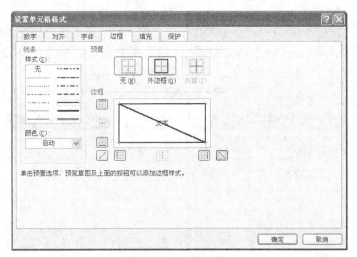

图4-32　添加斜线

在绘制了斜线后，单元格中的内容未被斜线分开，要使单元格中的内容分别在斜线的上方和下方显示，还要进行上下标设置。选中A3单元格中的文字"季度"，在"开始"选项卡功能区中，单击"单元格"组中的"格式"下三角按钮，再单击"设置单元格格式"选项，在"字体"选项卡中，勾选特殊效果选项中的"下标"复选框，然后单击"确定"按钮。同样方法，选中A3中的文字"种类"，将其设置为"上标"即可。

③ 选中"副食品""日用品""电器""服装""合计"单元格，单击"开始"选项卡功能区中"字体"组的"字体"下拉框，设置字体为"黑体"、16号字。单击"对齐方式"下的"垂直居中"，打开"设置单元格格式"对话框，选择"填充"选项卡，单击"其他颜色"按钮，在"自定义"选项卡中设置RGB为（120，200，255），最后单击"确定"按钮。同样方法设置"1季度""2季度""3季度""4季度"单元格的格式，在此不再赘述。

④ 选中B4:F8单元格区域，单击"开始"选项卡功能区中"字体"组的"字体"下拉框，设置字体为"宋体"，字号为12号，在"对齐方式"选项中单击"水平居中""右对齐"按钮，

在“数字”选项中单击两次“增加小数位”和“千位分隔符”。

⑤ 选中整个表格区域 A2:F9，单击鼠标右键，选择“设置单元格格式”命令，打开“设置单元格格式”对话框。选择“边框”选项卡，在线条样式列表框中选择单双线，单击预置中的“外边框”按钮。在线条样式列表框中选择单实线，然后单击“内部”按钮。最后选中 A8:F8 单元格区域，用同样方法设置区域的底线为粗线。

最后效果如图 4-33 所示。

	A	B	C	D	E	F
1	小华商场1998年销售额分类统计表					
2		销售额（单位：元）				
3	种类 季度	副食品	日用品	电器	服装	合计
4	1季度	45,637.00	56,722.00	47,534.00	34,567.00	
5	2季度	23,456.00	34,235.00	45,355.00	89,657.00	
6	3季度	34,561.00	34,534.00	56,456.00	55,678.00	
7	4季度	11,234.00	87,566.00	78,755.00	96,546.00	
8	合计	114,888.00	213,057.00	228,100.00	276,448.00	
9	制表人：	韩佳	审核人：	王晓娅	日期：	1998/12/26

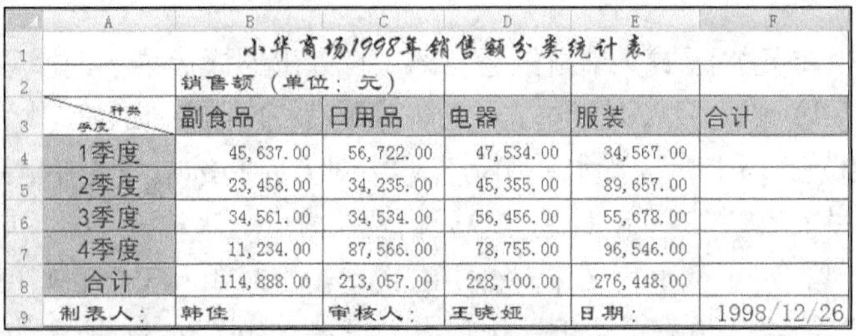

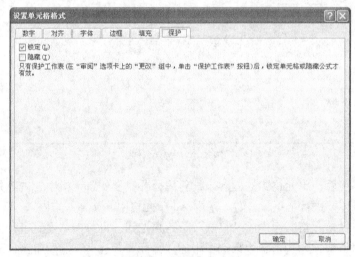

图 4-33　单元格修饰后的统计表

（6）设置保护格式

当工作表设置完成后，可将表格中的数据保护起来，以避免因误操作而修改或删除表中的数据，或防止别人看到表中一些重要数据，此时可用 Excel 的“保护”选项卡进行设置，如图 4-34 所示。“保护”选项卡的作用是用于“锁定”或“隐藏”所选定的单元格或单元格区域中的公式。“锁定”是使用户只能浏览不能修改；“隐藏”是使用户不能看到内容。

图 4-34　“保护”选项卡

此操作必须是在保护工作表（在“审阅”选项卡上的“更改”组中单击“保护工作表”按钮）后“锁定”单元格或“隐藏”公式才有效。

4.4.3　设置条件格式

条件格式可以使工作表中不同的数据以不同的格式来显示，用户可以使用数据条、色阶、图标集及突出颜色来显示适合条件的单元格，达到更快、更方便地获取重要信息的目的。例如，在学生成绩表中，运用条件格式化将所有不及格的分数用红色、加粗来显示，所有 90 分以上的用蓝色、加粗字体来显示等。

1．设置数据条

① 单击"开始"选项卡。

② 选中要设置数据条的单元格区域，如图 4-11 所示的 D4:D13 单元格区域。

③ 单击"样式"组中"条件格式"下三角按钮。

④ 在弹出的列表中指向"数据条"选项。

⑤ 在子列表中选择"红色数据条"，效果如图 4-35 所示。

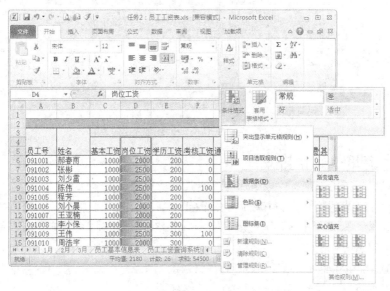

图 4-35　设置数据条

2．设置色阶

① 选中要设置色阶的单元格区域，如图 4-11 所示的 G4:G13 单元格区域。

② 单击"样式"组中"条件格式"下三角按钮。

③ 在弹出的列表中指向"色阶"选项。

④ 在子列表中选择"绿-黄-红色阶"。

3．设置图标集

① 选中要设置图标集的单元格区域，如图 4-11 所示的 H4:H13 单元格区域。

② 单击"样式"组中"条件格式"下三角按钮。

③ 在弹出的列表中指向"图标集"选项。

④ 在子列表中选择"四向箭头（彩色）"。

4．突出显示单元格

① 选中要设置突出显示的单元格区域，如图 4-11 所示的 I4:IG13 单元格区域。

② 单击"样式"组中"条件格式"下三角按钮。

③ 在弹出的列表中指向"突出显示单元格规则"选项。

④ 在子列表中单击"小于"选项，在"为小于以下值的单元格设置格式"文本框中输入"60"，如图 4-36 所示。

⑤ 单击"确定"按钮，效果如图 4-37 所示。

图 4-36　设置条件

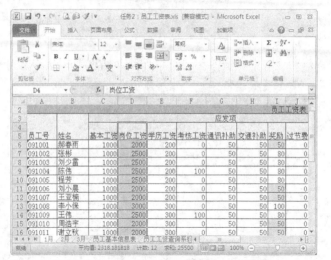

图 4-37　突出显示小于 60 的单元格的效果

4.4.4　套用单元格格式

所谓样式，是指可以定义并成组保存的格式设置集合，如字体大小、图案、对齐方式等。样式可以简化工作表的格式设置和以后的修改工作，定义了一个样式后，可以把它应用到其他单元格和区域，这些单元格和区域就具有相同的格式，如果样式改变，所有使用该样式的单元格都自动跟着改变。

Excel 2010 提供了许多内置的单元格样式供用户选择使用，如用户对内置的单元格样式不满意，还可以根据自己的需要自定义新的单元格样式。

1．套用内置单元格样式

① 选中要套用单元格样式的单元格，如图 4-35 中所示的 A3 单元格。

② 单击"开始"选项卡。

③ 单击"样式"组中"单元格样式"下三角按钮。

④ 在展开的面板中选择"标题 1"样式，如图 4-38 所示。

2．自定义单元格样式

① 单击"样式"组中"单元格样式"下三角按钮。

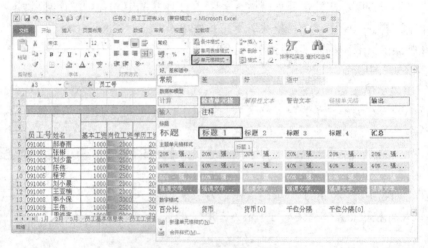

图 4-38　选择合适的单元格样式

② 在展开的面板中单击"新建单元格样式"选项，弹出样式对话框，如图 4-39 所示。

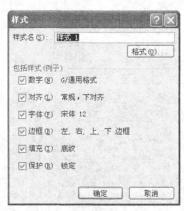

图 4-39　自定义单元格样式

③ 在弹出的"样式"对话框中，单击"格式"按钮。

④ 在弹出的"设置单元格格式"对话框中，单击"填充"选项卡。

⑤ 单击"填充效果"按钮，在弹出的"填充效果"对话框中设置"颜色 1"为"红色"，"颜色 2"为"黄色"。

⑥ 单击"确定"按钮。

⑦ 返回"设置单元格格式"对话框中，单击"确定"按钮，返回"样式"对话框，在"样式名"文本框中输入"新样式 1"。

⑧ 单击"确定"按钮。

⑨ 选中要应用新样式的单元格 A3，单击"样式"组中"单元格样式"下三角按钮，在展开的面板中单击"自定义"选项组中的"新样式 1"样式，此时选中的 A3 单元格的样式就改变成新样式了。

3. 删除单元格样式

如果用户不满意自定义的单元格样式，可以将其删除，操作步骤如下。

① 单击"样式"组中"单元格样式"下三角按钮。

② 在展开的面板中单击"自定义"选项组中的"自定义"样式。

③ 在弹出的快捷菜单中单击"删除"命令。

4.4.5　套用工作表样式

Excel 2010 不仅提供许多内置的单元格样式供用户选择使用，还提供工作表样式供用户套用，其套用工作表样式的方法与套用单元格样式的方法大同小异。

操作步骤如下。

① 选中图 4-35 所示表格中要套用工作表样式的单元格区域 A3:M13。

② 单击"开始"选项卡。

③ 单击"样式"组中"套用表格格式"下三角按钮。

④ 在展开的面板中选择"表样式浅色 2"样式。

⑤ 弹出"套用表格格式"对话框，在"表数据的来源"文本框中输入"=$A$3:$M$13"。

⑥ 勾选"表包含标题"复选框。

⑦ 单击"确定"按钮，效果如图 4-40 所示。

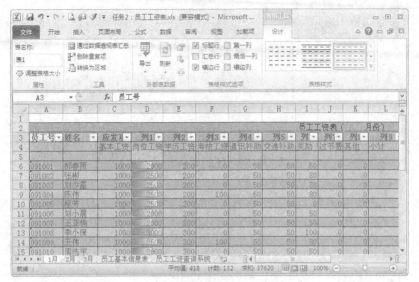

图 4-40 套用表格格式后的效果

4.4.6 设置数据有效性

为防止输入一些错误的数据或进行错误的操作，可以通过设置数据有效性功能来提示用户注意执行正确的操作，操作步骤如下。

① 选中要设置数据有效性的单元格区域，单击"数据"选项卡。

② 单击"数据工具"组中的"数据有效性"下三角按钮。

③ 在弹出的列表中单击"数据有效性"选项。

④ 在弹出的"数据有效性"对话框中，单击"设置"选项卡。

⑤ 在"允许"下拉列表中选择"整数"选项，数据选择"小于"，最大值选择"5 000"，如图 4-41 所示。

⑥ 单击"输入信息"选项卡，标题为"提示"，输入信息为"基本工资应小于 5 000 元"。

⑦ 单击"出错警告"选项卡，标题为"出错"，错误信息为"基本工资超出范围，请重新输入！"。

⑧ 单击"确定"按钮，效果如图 4-42 所示。

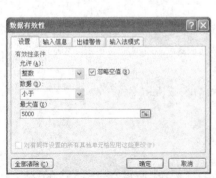

图 4-41 "数据有效性"对话框

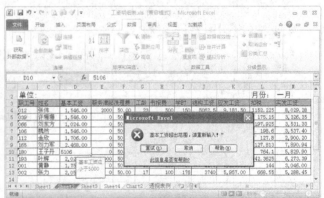

图 4-42 数据有效性设置后的效果

4.4.7　创建页眉和页脚

当工作表中的数据超过一页甚至有好几页时，为了更好地管理工作表中数据，通常用户会为工作表添加页眉和页脚，操作步骤如下。

① 在"插入"选项卡功能区中单击"文本"组中的"页眉和页脚"按钮。

② 在显示的"页眉和页脚工具"的"设计"选项卡中，可直接输入页眉中的文本："2014年7月教师工资表"，如图 4-43 所示。

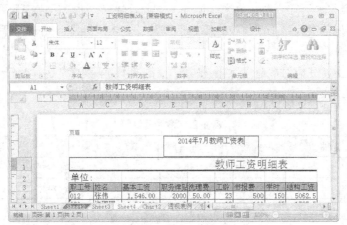

图 4-43　页眉设置

③ 单击"页眉和页脚工具"的"设计"选项卡中的"导航"组中的"转至页脚"按钮，可进行页脚切换，此时单击"页眉和页脚工具"中"第 1 页，共? 页"选项。

④ 单击"确定"按钮，效果如图 4-44 所示。

图 4-44　设置页眉页脚后的效果

4.5　公式与函数

使用 Excel 2010 除了能方便地编辑处理数据外，还可以使用 Excel 提供的公式与函数实现各种计算。掌握公式的编写，是完成数据计算的前提。用户可以根据公式编写的规则，编写出各种计算公式来完成复杂的数据计算工作。当工作表中的数据发生变化时，公式的计算结果也会自动更新。

4.5.1 公式

在电子表格中，所谓公式就是以等号开头的一个运算表达式，它由运算对象和运算符按照一定的规则和需要连接而成。运算对象可以是常量、变量、函数及单元格引用。运算符用于指定要对公式中的元素执行的计算类型，计算时有一个默认的次序，但可以使用括号"（ ）"改变运算优先级。例如，"=B3+B4""=B6*5−B7""=sum(C3:C8)"等。

1．公式中的运算符及其优先级

Excel 的运算符分为 4 大类：算术运算符、文本运算符、比较运算符和引用运算符。其运算优先级从高到低依次为引用运算符、算术运算符、文本运算符、比较运算符。

（1）算术运算符

算术运算符主要完成对数值型数据进行加、减、乘、除等数学运算，Excel 提供的算术运算符的相关说明如表 4-2 所示。

表 4-2　算术运算符

算术运算符	含义	举例
+	加法运算	=B1+B2
−	减法运算	=C2+8
*	乘法运算	=D3*D4
/	除法运算	=D1/10
%	百分号	=10%
^	乘方运算	=8^2

Excel 所支持的算术运算符的优先级从高到低依次为%（百分比）、^（乘幂）、*（乘）和/（除）、+（加）和−（减）。

例如：

公式=C2+8

它的值是 C2 单元格的值与常量 8 之和。

（2）文本运算符

Excel 的文本运算符只有一个&，它把前后两个文本连接成一个文本。

例如：

公式 ="张燕 "&"同学"　　　结果：张燕同学

若 A1 中的数值为 120，则

公式 ="My Salary is"& A1　　　结果：My Salary is 120

注意　要在公式中直接输入文本，必须用双引号把输入的文本括起来。

（3）比较运算符

Excel 中使用的比较运算符有 6 个。比较运算符完成两个运算对象的比较，并产生逻辑值 TRUE（真）或 FALSE（假）。比较运算符的相关说明如表 4-3 所示。

表 4-3　比较运算符

比较运算符	含义	举例说明		结果
=	等于	= C2=28	（假设 C2 中的值是 20）	FALSE
<	小于	=C2<30		TRUE
>	大于	=B3>C2	（假设 C2 中的值是 20，B3 的值是 10）	FALSE
<>	不等于	=C2<>B3		TRUE
<=	小于等于	=C2<=B3		FALSE
>=	大于等于	=C2>=B3		TRUE

比较运算符优先级从高到低依次为=（等于）、<（小于）、>（大于）、<=（小于等于）、>=（大于等于）、<>（不等于）。

（4）引用运算符

引用运算符可以将单元格区域合并计算，引用运算符有冒号（:）、逗号（,）、空格（ ）和三维引用（!）。引用运算符的相关说明如表 4-4 所示。

表 4-4　引用运算符

引用运算符	含义	举例说明	结果
冒号（:）—区域运算符	生成对两个引用之间所有单元格的引用（包括这两个引用）	=sum(B1:C2)	对 B1、B2、C1、C2 共 4 个单元格数据求和
逗号（,）—联合运算符	将多个引用合并为一个引用	=sum(A1:B2,A4:C5)	对 A1、A2、B1、B2、A4、A5、B4、B5、C4、C5 共 10 个单元格数据求和
空格（ ）—交集运算符	生成对两个引用中共有的单元格的引用	=sum(B1:C3 C2:D3)	对 B1:C2 和 C2:D3 的交集区域 C2、C3 两个单元格数据求和
三维引用（!）	在多个工作表上引用相同单元格或单元格的引用称为"三维引用"	=Sheet1!A1 （在 Sheet3 表中的 A1 单元格输入以上公式）	表示将 Sheet1 中 A1 单元格的内容"李凤同学"放到工作表 3 的 A1 单元格中，即 Sheet3 表中的 A1 单元格内容也为"李凤同学"

注意

若要引用当前打开的另一个工作簿中的单元格或区域，只需在引用单元格或区域的地址前冠以工作簿名称，即工作簿文件名（以方括号 [] 括起）、工作表名称（后跟感叹号），接着是单元格引用或区域名称。例如：=[学生成绩表.xlsx]Sheet1!A7。

引用未打开的另一个工作簿中的单元格或区域，要写出工作簿文件完整路径。例如：= 'C:\My Documents\[学生成绩表.xlsx]Sheet1' !A7。

2．公式的输入

在了解了运算符之后,理解公式的基本特性就非常容易了。Excel 中的公式有下列基本特性。

① 全部公式以等号开始。

② 输入公式后，其计算结果显示在单元格中。

③ 当选定了一个含有公式的单元格后，该单元格的公式就显示在编辑栏中。

公式的输入方法如下。

① 选定要输入公式的单元格（用鼠标单击或双击该单元格）。

② 在单元格中首先输入一个等号（＝），然后输入编制好的公式内容。

③ 确认输入（可用鼠标单击工具栏中的"√"按钮），计算结果自动填入该单元格。

例如，计算钱财德同学的平均成绩。其操作方法：用鼠标单击 I4 单元格，输入"＝"号，再输入公式内容，如图 4-45 所示。

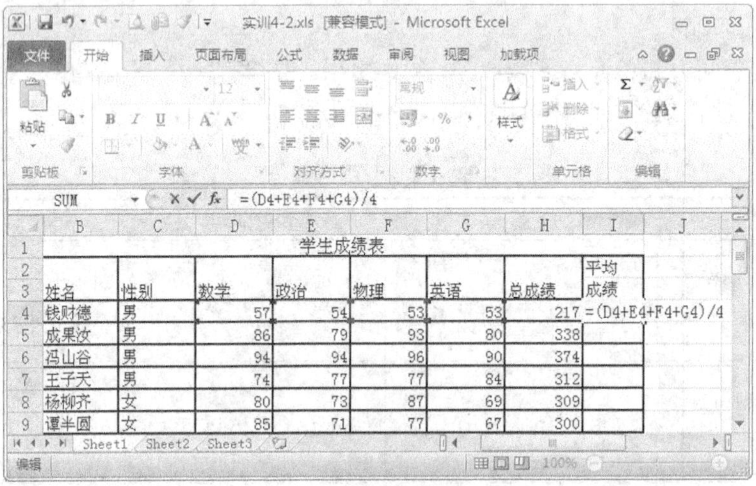

图 4-45　学生成绩表

用鼠标单击编辑栏上的"√"按钮，计算结果自动填入 I4 单元格中，此时公式仍然出现在编辑栏中，如图 4-46 所示。

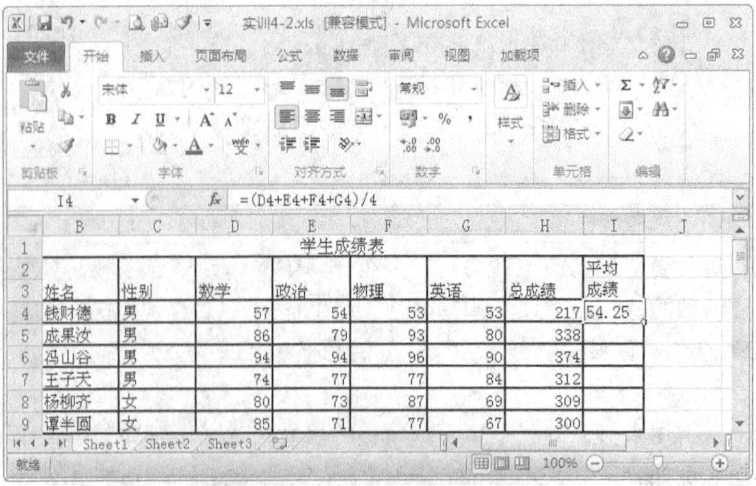

图 4-46　计算钱财德的平均成绩

编辑公式与编辑数据相同，可以在编辑栏中，也可以在单元格中。

> **注意** 当编辑一个含有单元格引用（特别是区域引用）的公式时，在编辑没有完成之前就移动光标，可能会产生意想不到的错误结果。

在使用公式时需要注意，公式中不能包含空格（除非在引号内，因为空格也是字符），字符必须用引号括起来。另外，虽然 Excel 也允许在某些场合对不同类型的数据进行运算，但公式中运算符两边一般需要是相同的数据类型。

3．单元格引用

单元格的引用是告诉 Excel 计算公式，如何从工作表中提取有关单元格数据的一种方法。公式通过单元格的引用，既可以取出当前工作表中单元格的数据，也可以取出其他工作表中单元格的数据。Excel 单元格引用分为相对引用、绝对引用和混合引用 3 种。

在不涉及公式复制或移动的情形下，任一种形式的地址的计算结果都是一样的。但如果公式进行复制或移动，不同形式的地址产生的结果可能就完全不同了。

（1）相对引用

相对引用是指用单元格名称引用单元格数据。例如，在计算冯雪的平均成绩公式中，要引用 D3、E3、F3 和 G3 4 个单元格中的数据，则直接写这 4 个单元格的名称即可（“=(D3+E3+F3+G3)/4”）。

相对引用的好处是当编制的公式被复制到其他单元格中时，Excel 能够根据移动的位置自动调节引用的单元格。例如，要计算学生成绩表中所有学生的平均分，只需给第一个学生平均成绩单元格中输入一个公式（方法同计算钱财德的平均成绩操作），然后用鼠标向下拖曳该单元格右下角的填充柄，拖曳到最后一个学生平均成绩单元格松开鼠标左键，可以看到所有学生的平均成绩均被计算完成，如图 4-47 所示。

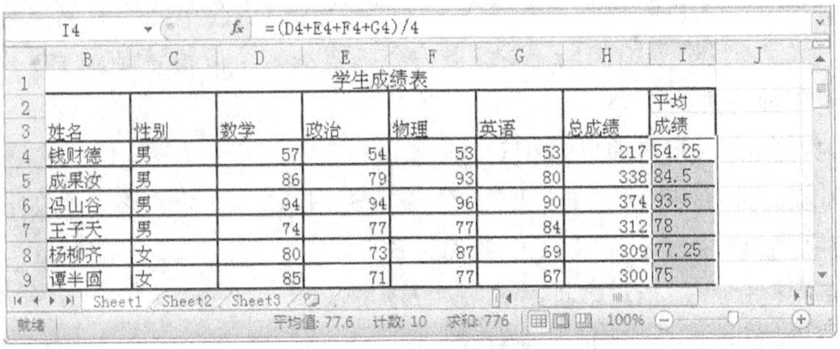

姓名	性别	数学	政治	物理	英语	总成绩	平均成绩
钱财德	男	57	54	53	53	217	54.25
成果汝	男	86	79	93	80	338	84.5
冯山谷	男	94	94	96	90	374	93.5
王子天	男	74	77	77	84	312	78
杨柳齐	女	80	73	87	69	309	77.25
谭丰圆	女	85	71	77	67	300	75

图 4-47　相对地址引用公式

此时可以发现，在公式的复制过程中，其公式中引用单元格的行号随向下移动的位置而自动改变。

同样，如果在行方向进行复制公式操作，则公式中引用单元格的列标也随移动的位置而自动改变。如果复制公式操作既有行方向又有列方向的移动，则公式中引用单元格的行号和列标都随移动的位置而自动改变。

（2）绝对引用

在行号和列标前面均加上“$”符号，则代表绝对引用。在公式复制时，绝对引用单元格将不随公式位置的移动而改变单元格的引用，即不论公式被复制到哪里，公式中引用的单元格不变。如对上例中的第一个平均成绩计算公式改为“=($D$3+$E$3+$F$3+$G$3)/4”后，则复制完成后，其他平均成绩单元格中的公式都为“=($D$3+$E$3+$F$3+$G$3)/4”。因而所有学生的平均成绩单元格中填的都是第一个学生的平均分值 54.25，如图 4-48 所示。

（3）混合引用

混合引用是指引用单元格名称时，在行号前加“$”符号或在列标前加“$”符号的引用方法，即行用绝对引用，而列用相对引用；或行用相对引用，而列用绝对引用。其作用是不加“$”符号的单元格随公式的复制而改变，加了“$”符号的单元格不发生改变。

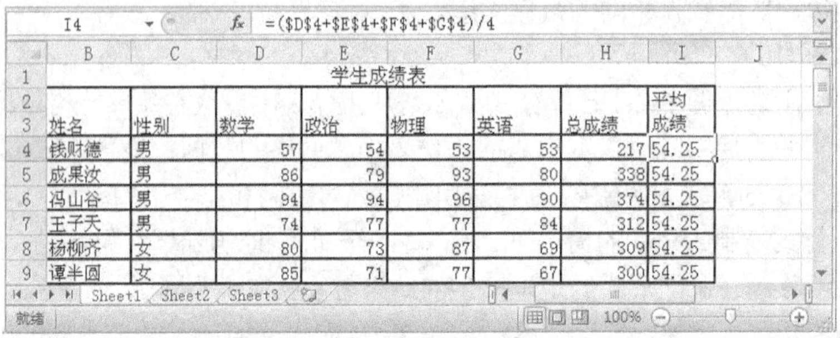

姓名	性别	数学	政治	物理	英语	总成绩	平均成绩
钱财德	男	57	54	53	53	217	54.25
成果汝	男	86	79	93	80	338	54.25
冯山谷	男	94	94	96	90	374	54.25
王子天	男	74	77	77	84	312	54.25
杨柳齐	女	80	73	87	69	309	54.25
谭半圆	女	85	71	77	67	300	54.25

图 4-48　绝对地址引用公式

例如：E$2　　行不变而列随移动的列位置自动调整。

　　　$F2　　列不变而行随移动的行位置自动调整。

> 提示
>
> 如果要将单元格相对地址快速修改为绝对地址表示，只需选中该单元格的相对地址后按<F4>键来完成。

4．复制公式

公式的复制与数据的复制操作方法相同。但当公式中含有单元格或区域引用时，根据单元地址形式的不同，计算结果将有所不同。当一个公式从一个位置复制到另一个位置时，Excel 能对公式中的引用地址进行调整。

（1）公式中引用的单元格地址是相对地址

当公式中引用的地址是相对地址时，公式按相对寻址进行调整。例如，A3 中的公式“=A1+A2”，复制到 B3 中会自动调整为“=B1+B2”。

公式中的单元格地址是相对地址时，调整规则如下：

新行地址 = 原行地址 + 行地址偏移量

新列地址 = 原列地址 + 列地址偏移量

（2）公式中引用的单元格地址是绝对地址

不管把公式复制到哪里，引用地址被锁定，这种地址称做绝对地址。例如，A3 中的公式“=$A$1+$A$2”复制到 B3 中，仍然是“=$A$1+$A$2”。

公式中的单元格地址是绝对地址时进行绝对寻址。

（3）公式中的单元格地址是混合地址

在复制过程中，如果地址的一部分固定（行或列），其他部分（列或行）是变化的，则这种地址称为混合地址。例如，A3 中的公式“=$A1+$A2”复制到 B4 中，则变为“=$A2+$A3”，其中，列固定、行变化（变换规则和相对地址相同）。

5．移动公式

当公式被移动时，引用地址还是原来的地址。例如，C1 中有公式 "=A1+B1"，若把单元格 C1 移动到 D8，则 D8 中的公式仍然是 "=A1+B1"。

但注意：当公式中引用的单元格或区域被移动时，因原地址的数据已不复存在。不管公式中引用的是相对地址、绝对地址或混合地址，当被引用的单元格或区域移动后，公式的引用地址都将调整为移动后的地址。即使被移动到另外一个工作表也不例外。例如，A1 中有公式 "=$B6*C8"，把 B6 移动到 D8，把 C8 移动到 Sheet2 的 A7，则 A1 中的公式变为 "=$D8*Sheet2!A7"。

6．公式中的出错信息

当公式有错误时，系统会给出错误信息。表 4-5 所示为公式中常见的出错信息及其说明。

表 4-5　公式中常见的出错信息

出错信息	可能的原因
#DIV/0!	公式被零除
#N/A	没有可用的数值
#NAME?	Excel 不能识别公式中使用的名字
#NULL!	指定的两个区域不相交
#NUM!	数字有问题
#REF!	公式引用了无效的单元格
#VALUE!	参数或操作数的类型有错

公式出现错误，或者公式中的参数不太恰当（例如，公式=day("85-05-04")，使用两位数字表示年份）时，则在包含该问题公式的单元格的左上角会出现一个绿色的小三角。选中包含该问题公式的单元格，则在该单元格的左边出现⬦图标，单击该图标，就可获得有关该公式错误的详细信息和改正的方法。

4.5.2　使用函数

函数是 Excel 附带的预定义的公式。使用函数不仅能提高工作效率，而且可减少错误。Excel 共提供了 9 大类，300 多个函数，包括数学与三角函数、统计函数、数据库函数、逻辑函数等。

1．函数的组成

函数由函数名和参数组成，格式如下：

函数名(参数 1,参数 2,…)

函数的参数可以是具体的数值、字符、逻辑值，也可以是表达式、单元地址、区域、区域名字等。函数本身也可以作为参数。如果一个函数没有参数，也必须加上括号。

2．函数的输入与编辑

Excel 2010 提供了多种输入函数的方法，在输入函数时，可以直接以公式的形式编辑输入，也可以使用菜单选项卡及利用函数模板输入函数或使用 "插入函数" 工具按钮等几种方法来输入。

（1）直接输入

选定要输入函数的单元格，输入 "=" 和函数名及参数，按回车键即可。例如，要在 H1

单元格中计算区域 A1:G1 中所有单元格值的和，就可以选定单元格 H1 后，直接输入"=SUM(A1:G1)"，再按回车键。

（2）使用"公式"选项卡中"函数库"组来插入函数

① 单击"公式"选项卡。

② 在"函数库"组中单击"插入函数"按钮 f_x 或按<Shift+F3>组合键。此时会弹出一个"插入函数"对话框，如图 4-49 所示。

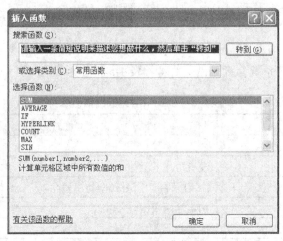

图 4-49 "插入函数"对话框

③ 对话框中提供了函数的搜索功能，并在"或选择类别"中列出了所有不同类型的函数，"选择函数"列表中则列出了被选中的函数类别所属的全部函数。选中某一函数后，单击"确定"按钮，会弹出"函数参数"对话框，其中显示了函数的名称，它的每个参数、函数功能和参数的描述，函数的当前结果和整个公式的结果。一般情况下，系统会给定默认的参数，如与题意相符，直接单击"确定"按钮；如果给出的参数与题意不符，可单击"折叠对话框"按钮，用鼠标重新选择参数后单击"打开对话框"按钮返回到"函数参数"对话框，选择合适的函数后再单击"确定"按钮。

（3）利用函数模板输入函数

① 单击需要输入函数的单元格。

② 从键盘上输入"="，左边的名称框变成一个函数模板。

③ 单击函数模板的下拉箭头，出现如图 4-49 所示的下拉列表框，可选择需要的函数。例如，选择"SUM"选项，在编辑栏中就出现函数"SUM"，同时出现"函数参数"对话框，可进行选择，如果需要的函数没有出现就单击"其他函数"选项，此时会弹出一个"插入函数"对话框，输入相应的参数，再单击"确定"按钮。

【例 4.5】假设要在 I3 单元格中计算区域 D3:G3 中所有单元格数值的平均成绩。

操作步骤如下。

① 选定单元格 D3，单击"函数库"组左边的"插入函数"按钮，弹出"插入函数"对话框，如图 4-49 所示。在"选择类别"中选择"常用函数"项，在"选择函数"中选择"AVERAGE"，单击"确定"按钮，如图 4-50 所示，弹出"函数参数"对话框。

图 4-50 "函数参数"对话框

② 在"函数参数"对话框的"Number1"框中输入 D3:G3，或者用鼠标在工作表选中该区域，再单击"确定"按钮。

操作完毕后，在 I3 单元格中将显示计算结果为 54.25。

4.5.3 常用函数格式及功能说明

Excel 2010 提供了能完成各种不同运算的函数,这些函数按其不同的功能可以分为常用函数、财务函数、数学与三角函数、统计函数等几大类,下面介绍几种最常用的函数格式及功能。如果在实际应用中需要了解其他函数及函数的详细使用方法,可以参阅 Excel 的"帮助"系统。

1．数学函数

（1）取整函数 INT

格式：INT(number)。

功能：取数值 number 的整数部分。

例如，INT(123.45)的运算结果值为 123。

（2）四舍五入函数 ROUND

格式：ROUND(number, num_digits)。

功能：按指定的位数 num_digits，将数值 number 进行四舍五入。

例如，ROUND(536.8175,3)等于 536.818。

（3）求平方根函数 SQRT

格式：SQRT(number)。

功能：返回正值 number 的平方根。

例如，SQRT(9)等于 3。

2．统计函数

（1）求和函数 SUM

格式：SUM(number1, number2,…)。

功能：返回参数单元格区域中所有数字的和。

【例 4.6】在图 4-45 所示的学生成绩表中，要计算出学生的课程总成绩，可以用函数进行计算。

具体操作步骤如下。

① 选定 H3 单元格，作为公式结果存放的单元格。

② 单击编辑栏中的 f_x 按钮。

③ 在 "选择函数" 列表框中选择 "SUM" 函数后，输入参数，如图 4-51 所示。

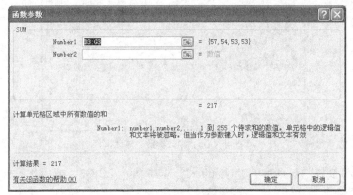

图 4-51　SUM 函数的使用

④ 单击 "确定" 按钮。然后用鼠标拖曳 H3 单元格右下角的填充柄至 H12 单元格，松开鼠标左键，单元格中将显示出各课程总成绩，如图 4-52 所示。

	H3		f_x =SUM(D3:G3)					
	B	C	D	E	F	G	H	I
1				学生成绩表				
2	姓名	性别	数学	政治	物理	英语	总成绩	平均成绩
3	钱财德	男	57	54	53	53	217	54.25
4	成果汝	男	86	79	93	80	338	84.5
5	冯山谷	男	94	94	96	90	374	93.5
6	王子天	男	74	77	77	84	312	78
7	杨柳齐	女	80	73	87	69	309	77.25
8	谭半圆	女	85	71	77	67	300	75
9	周旋敏	女	91	68	82	76	317	79.25
10	司马倩	女	93	73	88	78	332	83
11	高雅政	女	55	59	76	98	288	72
12	陈海红	女	88	74	78	77	317	25

图 4-52　用 SUM 函数求总成绩

（2）求平均值函数 AVERAGE

格式：AVERAGE(number1, number2,...)。

功能：返回参数单元格区域中所有数值的平均值。

例如，AVERAGE(A1:A5,C1:C5)返回从单元格 A1:A5 和 C1:C5 中的所有数值的平均值。

（3）求记录个数函数 COUNT

格式：COUNT (value1, value2,...)。

功能：返回参数单元格区域中包含数字的单元格个数。函数 COUNT 在计数时，会把数字、文本、空值、逻辑值和日期计算进去，但是错误值或其他无法转化成数据的内容则会被忽略。这里的 "空值" 是指函数的参数中有一个 "空参数"，和工作表单元格的 "空白单元" 意义是不同的。

例如，COUNT（"ABC",1,3,TRUE,,5）中就有一个 "空值"，计数时也计算在内，该函数的计算结果为 5；而 COUNT(H15:H27) 是计算范围为 H15 到 H27 中非空白的数字单元格的个数。注意，空白单元格不计算在内。

（4）COUNTIF 函数

格式：COUNTIF (range,criteria)。

功能：用于计算给定参数区域 range 中满足给定条件 criteria 的单元格的数目。条件 criteria 的形式可以为数字、表达式或文本，如"50" ">50" "student"等。

假 设 A3:A6 中 的 内 容 分 别 为 "Monday""Tuesday""Wednesday""Monday" ，则 COUNTIF(A3:A6," Monday ")等于 2。

假设 B3:B6 中的内容分别为 32、54、75、86，则 COUNTIF(B3:B6,">55")等于 2。

【例 4.7】在例 4.6 中，统计"性别"属于"男"的学生有几位，并将统计结果放入 C13 中。

具体操作步骤如下。

① 选定 C13 单元格作为存放统计结果的单元格。

② 单击编辑栏中的 f_x 按钮。

③ 在"选择函数"列表框中选择"COUNTIF"函数后，在"函数参数"对话框中，设置范围为 C3:C12，条件是"男"，如图 4-53（a）所示。

④ 单击"确定"按钮后，C13 单元格中显示男性的个数是 4 个，如图 4-53（b）所示。

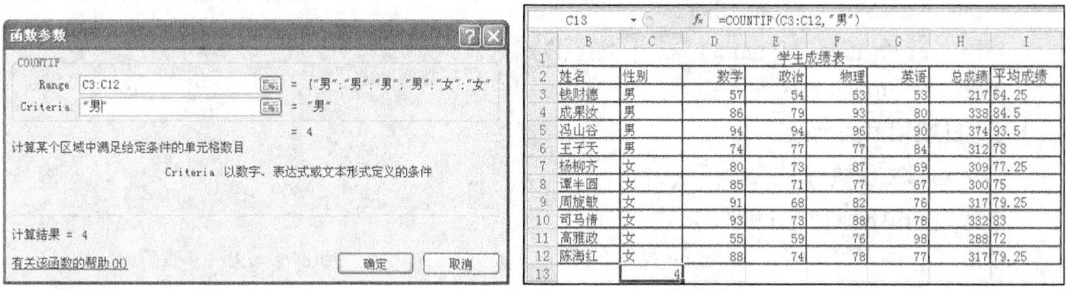

（a）　　　　　　　　　　　（b）

图 4-53　COUNTIF 函数的使用

（5）SUMIF 函数

格式：SUMIF(range, criteria,sum_range)。

功能：对满足条件的若干单元格求和。其中，range 为用于条件判断的单元格区域；criteria 为求和的条件，其形式可以为数字、表达式或文本；sum_range 为需要求和的实际单元格。只有当 criteria 中的相应单元格满足条件时，才对 sum_range 中的单元格求和。如果省略 sum_range 参数，则直接对 range 中的单元格求和。

【例 4.8】在一个工作表 A1:A5 单元格区域中分别输入 apper、pele、apple、bannle、apple 数据，在 B1:B5 单元格区域中分别输入 1 000、2 000、3 000、4 000、5 000。求在 A1:A5 单元格区域中值为"apple"的单元格的数值的和，并将计算结果放入 C1 中。

具体操作步骤如下。

① 选定 C1 单元格作为存放统计结果的单元格。

② 单击编辑栏中的 f_x 按钮。

③ 在"选择函数"列表框中选择"SUMIF"函数后，在"函数参数"对话框中，设置范围为 A1:A5，条件是"apple"，如图 4-54（a）所示。

单击"确定"按钮后，C1 单元格中显示 apple 的合计是 9 000，也即 B1、B3、B5 之和，如图 4-54（b）所示。

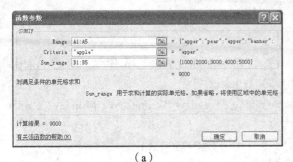

（a） （b）

图 4-54 SUMIF 函数的使用

（6）求最大值函数 MAX

格式：MAX(number1, number2,…)。

功能：返回指定(number1, number2,…)中的最大数值。

例如，MAX(87,A8,B1:B5) MAX(D1:D88)。

（7）求最小值函数 MIN

格式：MIN(number1, number2,…)。

功能：返回(number1, number2,…)中的最小数。

例如，MIN(C2:C88)。

3．日期和时间函数

（1）YEAR 函数

格式：YEAR(serial_number)。

功能：返回日期 serial_number 对应的年份值。返回值为 1 900 ~ 9 999 的整数。

例如，YEAR("2010-7-5")返回 2010。

（2）MONTH 函数

格式：MONTH(serial_number)。

功能：返回日期 serial_number 对应的月份值。该返回值为介于 1 和 12 的整数。

例如，MONTH("6-May")返回 5；MONTH(366)返回 12。

（3）DAY 函数

格式：DAY(serial_number)。

功能：返回一个月间第几天的数值，用整数 1 ~ 31 表示。x1 不仅可以为数字，还可以为字符串（日期格式，一定要用引号引起来）。

例如，DAY("15-Apr-1993")等于 15；DAY("2010-7-5")等于 5，但是 DAY(2010-7-5)的结果并不等于 5，而是 20，因为在函数中，不加引号的 2010-7-5 不表示 2010 年 7 月 5 日。该函数的计算过程如下：先计算 2002-7-5（数字相减，不当作日期），结果为 1998，而数字 1998 相当于日期的 1905 年 6 月 20 日，于是这个 DAY 函数的结果就是 20。

4．条件函数 IF

格式：IF(x, n1, n2)。

根据逻辑值 x 判断，若 x 的值为 TRUE，则返回 n1，否则返回 n2。其中 n2 可以省略。

【例 4.9】在工作表中要根据工龄来计算工龄工资，计算规则为工龄大于等于 5 年的，每年 10 元，小于 5 年的，每年 5 元。

操作步骤如下。

在 G4 中输入的计算公式为 "=IF(F4>=5,10*F4, 5*F4)"。

把 G4 复制到 G13，即得到计算结果，如图 4-55 所示。

职工号	部门号	姓名	基本工资	职务津贴	工龄	工龄工资
012	jsjx	张伟	546.00	200	22	220.00
039	zwx	许珊珊	546.00	0	17	170.00
066	flx	刘东方	1,024.00	0	5	50.00
106	jsjx	魏然	546.00	0	4	20.00
112	flx	金欣	706.00	0	16	160.00
165	zwx	刘力军	468.00	0	21	210.00
180	jsjx	王子丹	706.00	0	2	10.00
193	zwx	叶辉	1,024.00	100	10	100.00
001	flx	晋静	750.00	0	14	140.00

图 4-55　IF 函数应用

IF 函数可以嵌套使用，最多嵌套 7 层，用 n1 及 n2 参数可以构造复杂的检测条件。

【例 4.10】假设课程考试平均成绩在 H2:H16 中，要在 J2:J16 中根据平均成绩自动给出其等级：>=85 为优，75～84 为良，60～74 为及格，60 以下为不及格。

操作步骤如下。

在 J2 中输入公式：

=IF(H2>=85,"优",IF(H2>=75,"良",IF(H2>=60,"及格",IF(H2<60,"不及格"))))

按确认键，然后利用填充柄把 J2 公式复制到 J16 即可得到计算结果，如图 4-56 所示。

姓名	学号	专业	数学	化学	英语	计算机	平均分	总分	等级评定
洪辉	065201	临床医学	100	93	91	95	94.75	379	优
曹艺晗	065202	遗传学	95	89	84	94	90.5	362	优
李雪瑛	065203	临床医学	90	84	93	86	88.25	353	优
王凯	065204	医学影像学	95	100	93	82	92.5	370	优
黄明达	065205	临床医学	86	92	84	80	85.5	342	优
钟晓婷	065206	临床医学	92	94	79	88	88.25	353	优
孙睿	065207	口腔学	80	85	90	93	87	348	优
张莹	065208	医学影像学	86	77	84	93	85	340	优
郭晨	065209	遗传学	82	91	89	80	85.5	342	优
赵景阳	065210	口腔学	67	83	55	84	72.25	289	及格
马翔	065211	遗传学	76	85	94	90	86.25	345	优
陈思	065212	口腔学	82	85	73	76	79	316	良
许迪	065213	口腔学	74	69	83	91	79.25	317	良
罗颖楠	065214	遗传学	71	56	72	65	66	264	及格
吴熙楠	065215	医学影像学	44	56	65	69	58.5	234	不及格

图 4-56　IF 函数嵌套的应用

5．其他函数

（1）排名次函数 RANK

格式：RANK(number,ref,order)。

功能：返回单元格 number 在一个垂直区域 ref 中的排位名次，order 是排位的方式。order 为 0 或省略，则按降序排名次（值最大的为第 1 名）；order 不为 0 则按升序排名次（值最小的为第 1 名）。

说明

函数 RANK 对相同数的排位相同。但相同数的存在将影响后续数值的排位。

【例 4.11】假设课程考试期末成绩在 F4:F11 中，要在 I4:I11 中根据期末成绩高低，通过 RANK 函数自动求出期末考试成绩的名次。

操作步骤如下。

① 将鼠标定位在 I4 单元格中，单击编辑栏，在编辑栏中输入公式：

=RANK(F4,$F$4:$F$11,0)

② 单击回车确认键。

③ 利用填充柄把 I4 公式复制到 I11 即可得到计算结果，如图 4-57 所示。

I4			fx	=RANK(F4,$F$4:$F$11,0)		
xx学院2012秋学生考试成绩一览表						
-10-28						
姓名	课程名称	期中成绩	期末成绩	总成绩	平均成绩	名次
冯雪	电子商务	100.00	95.00	195.00	97.50	1
竺燕	电子商务	100.00	82.00	182.00	91.00	2
林莹	电子商务技术基础	100.00	82.00	182.00	91.00	2
徐珊珊	电子商务	100.00	45.00	145.00	72.50	8
施淑英	电子商务技术基础	89.00	64.00	153.00	76.50	5
章志军	电子商务技术基础乙	78.00	73.00	151.00	75.50	4
林平平	电子商务	78.00	64.00	142.00	71.00	5
燕芳	电子商务	78.00	55.00	133.00	66.50	7

图 4-57　名次结果

4.5.4　应用实例

金科科技有限公司为建立正常的工作秩序，进一步增强员工劳动纪律观念，下发"关于加强公司考勤制度及员工职场纪律管理"的通知。通知规定，公司标准上下班时间为周一至周五，上午：9：00～12：00，下午：13：00～17:00。公司员工每天需按规定上、下班打卡考勤。假设在"上下班规定时间"工作表单元格 B1：B2 已输入公司规定上班时间为 9:00，规定下班时间为 17:00。在"赵天浩签到"工作表单元格 A3：C3 中已输入"2014-9-1""8:50""(上班签到时间)"16:50"(下班签到时间)，请统计赵天浩员工迟到早退的现象。

分析：这是一个使用 IF 函数来解决实际问题的综合实例。要判断某一员工是否迟到早退，需要先将该员工上班签到时间与公司规定的上班时间进行比较，若上班签到时间大于规定的上班时间，则表示该员工迟到了，否则表示没有迟到。同样道理，若下班签到时间大于规定的下班时间，则表示该员工未早退，否则该员工就提前下班了。

操作步骤如下。

① 新建一个工作簿，在 sheet1 的 A1 和 A2 单元格中分别输入：上班规定时间和下班规定时间，在 B1 和 B2 单元格中输入：9:00 和 17:00。

② 选中 sheet1 工作表标签，单击鼠标右键，在快捷菜单中单击"重命名"，取名为上下班规定时间。

③ 在 sheet2 的 A1 单元格中输入标题：9 月签到表，选中 A1：E1 区域并设置合并后居中。

④ 在 sheet2 的 A2：E2 区域中分别输入：签到日期、上班签到时间、下班签到时间、迟到、早退。

⑤ 在 A3：A4 单元格中分别输入日期 2014 年 9 月 1 日和 2014 年 9 月 2 日，然后选中 A3：A4 单元格用鼠标拖动填充柄至 A32 处，释放鼠标。

⑥ 在 B3：B32 区域中对应签到日期分别输入赵天浩上班签到时间，在 C3：C32 区域中对应签到日期分别输入其下班签到时间。

⑦ 选中 sheet2 工作表标签，单击鼠标右键，在快捷菜单中单击"重命名"，取名为赵天浩。

⑧ 将鼠标定位在 D3 单元格，输入公式 "=IF(B3="","请假",IF(B3>上下班规定时间!$B$1," ▲",""))"，回车确认。然后利用填充柄将 D3 公式复制到 D32，释放鼠标。

⑨ 使用同样方法，将鼠标定位在 E3 单元格，输入公式 "=IF(C3="","请假",IF(C3>上下班规定时间!$B$2,"","●"))"，回车确认。

⑩ 利用填充柄将 E3 公式复制到 E32，释放鼠标即可得到结果，如图 4-59 所示。

图 4-58　IF 函数的使用

4.6　图表的建立

在 Excel 中，不仅可以使用二维数据表的形式反映人们需要使用和处理的信息，而且也能够用图表来形象和直观地反映信息。在 Excel 2010 功能区上用户只需选择图表类型、图表布局和图表样式，便可在每次创建图表时即刻获得专业效果。本节将介绍如何建立、编辑和使用 Excel 图表。

1．图表的概念

图表是工作表数据的图形表示，用户可以很直观、容易地从中获取大量信息。Excel 有很强的内置图表功能，可以很方便地创建各种图表，并且图表可以以内嵌图表的形式嵌入数据所在的工作表，也可以嵌入在一个新工作表上。所有的图表都依赖于生成它的工作表数据，当数据发生改变时，图表也会随着做相应的改变。

图表采用二维坐标系反映数据，通常用横坐标 x 轴表示可区分的所有对象，如学生成绩表中的所有学生的编号或姓名，教师职称人数统计表中所有职称类别（教授、副教授、讲师、助教等），用纵坐标 y 轴表示对象所具有的某种或某些属性的数值大小，如学生成绩表中各课程的分数，教师职称人数统计表中每类职称人数的多少等。因此，常称 x 轴为分类（类别）轴，y 轴为数值轴。

在图表中，每个对象都对应 x 轴的一个刻度，它的属性值的大小都对应 y 轴上的一个高度值，因此，可用一个相应的图形（如矩形块、点、线等）形象地反映出来，有利于对象之间属性值大小的直观性比较和分析。图表中除了包含每个对象所对应的图形外，还包含有许多附加信息，如图表名称、x 轴和 y 轴名、坐标系中的刻度线、对象的属性值标注等。

2．图表的类型

Excel 提供的图表有柱形图、折线图、饼图、条形图、面积图、XY（散点图）、股价图、曲面图、圆环图、气泡图和雷达图 11 种类型，而且每种图表还有若干子类型。不同图表类型适合于表示不同数据类型，如柱形图中就包含 19 个子图表类型。当单击每个子图表类型时，会给出相应的名称说明，如柱形图的第 1 个子类型叫做簇状柱形图，用于比较相交于类别轴上的数值大小，第 2 个子图叫做堆积柱形图，用于比较相交于类别轴上的每一数值所占总数值的大小。

下面将重点介绍和使用 3 种图表类型，即柱形图、折线图和饼图，有了这个基础就很容易使用其他图表类型。

（1）柱形图

柱形图用于反映数据表中每个对象同一属性的数值大小的直观比较，每个对象对应图表中的一簇不同颜色的矩形块，或上下颜色不同的矩形块，所有簇当中的同一颜色的矩形块属于数据表中的同一属性，如各门课程分数属性等。

柱形图如图 4-59 所示，在柱形图的各子类型中，有二维平面图和三维立体图，用户可以根据需要和兴趣进行选择。

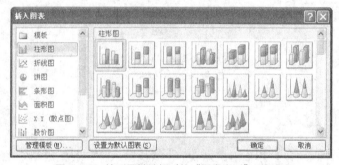

图 4-59　柱形图被选择时的"图表类型"对话框

（2）折线图

折线图通常用来反映数据随时间或类别而变化的趋势，如反映某个学校历年来考取高一级学校的总人数的发展趋势，反映一年 12 个月中的某种菜价变化的趋势或某个产品在某个地区的某段时间内的销售量变化趋势等。

折线图包含 7 个子类型，折线图中每个数据点或每截线段的高低就表示对应数值的大小，如图 4-60 所示。

（3）饼图

饼图通常用来反映同一属性中的每个值占总值（所有值之和）的比例。饼图可用一个平面或立体的圆形饼状图表示，由若干个扇形块组成，扇形块之间用不同颜色区分，一种颜色的扇形块代表同一属性中的一个对应对象的值，其扇形块面积大小就反映出对应数值的大小和在整个饼图中的比例。

饼图的子类型有 6 种，如图 4-60 所示。

图 4-60　折线图和饼图被选择时的"图表类型"对话框

4.6.1　创建图表

图表是在数据表的基础上使用的，当需要在一个数据表上创建图表时，首先要选择该数据表中的任一个数据区域（源数据区域），然后在"插入"选项卡中的"图表"组中选择需要的图表类型，即可创建图表。

下面以学生成绩表为例，介绍创建图表的方法。

① 选择创建图表的数据区域 B2:B12 及 D2:G12，在选定第 2 个区域时，因与第 1 个区域不连续固要按住<Ctrl>键的同时进行选择，如图 4-61 所示（这里选择了姓名、数学、政治、物理和英语）。

② 用鼠标在"插入"选项卡中的"图表"组中单击需要的图表类型按钮，从下拉列表中选择一种子类型，如图 4-62 所示。

③ 单击"三维柱形图"子类型后，系统会以默认的格式在工作表中创建图表，效果如图 4-63 所示。

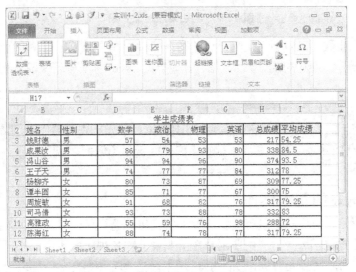

图 4-61　创建图表的数据区域

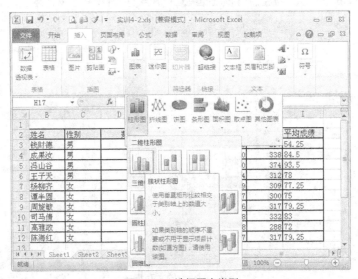

图 4-62　选择图表类型

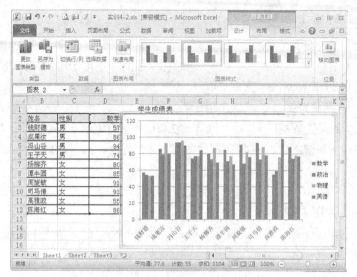

图 4-63　学生成绩表创建的图表

从以上操作步骤可以看到，实际上创建图表的过程非常简单。其中的关键是要理解每种图表的意义，绘制每种图表所需要的数据，哪些数据 Excel 可以自动获取，哪些数据需要用户给出。

 提示　在 Excel 2010 中快速创建图表，只需先选中创建图表的源数据，然后按 <F11>键，就可以完成系统默认的二维柱形图的创建。

4.6.2　图表的基本操作

创建图表以后，可以对它进行编辑修改和格式化，这样可以突出某些数据，增强人们的印象。编辑和格式化图表元素的主要困难在于图表上的各种元素太多，而且每种元素都有自己的格式属性。各种图表元素标识如图 4-64 所示。当光标停留在某一图表元素上，就会有一个说明弹出。移动鼠标时，需注意分辨图表的 3 大部分：图表区域、绘图区和坐标轴（分类轴 x 轴和数值轴 y 轴）。

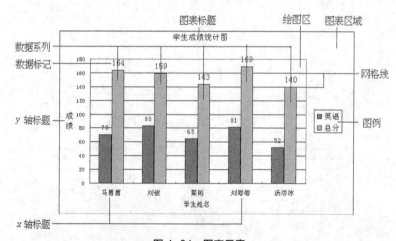

图 4-64　图表元素

1. 图表格式化

对各种图表元素，可使用不同的格式、字体、图案和颜色。不管哪种图表元素，都必须按照以下步骤进行格式设置。

① 单击鼠标左键以激活图表，这时图表的边框四周出现 8 个小黑方块。

② 选择要格式化的图表元素。如果用鼠标很难准确地选中图表元素，可以通过在"格式""布局""设计"选项卡功能区中对选定图表对象进行格式化。

例如，单击欲格式化的图表元素"图例"，或者用鼠标指针指向该元素并单击鼠标右键，在弹出的快捷菜单中选择需要的格式化选项，如图 4-65 所示。设置完成后单击"确定"按钮。

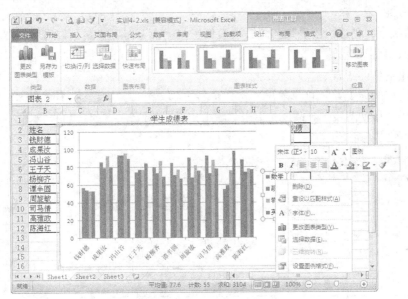

图 4-65　图例的格式化选项

每一种图表元素都有自己的格式化选项，具体如下。

- 图表区的格式选项包括字体、选择数据、数据区域格式和移动图表。
- 绘图区的格式选项只有选择数据和绘图区格式两项。
- 数据系列的格式选项包括选择数据、添加数据标签、添加趋势线、数据系列格式等。
- 图例的格式选项包括字体、格式和选择数据。
- 坐标轴的格式选项包括字体、选择数据、添加主要次要网格线、坐标轴格式等。

2. 修改图表

一旦创建了一个图表，在添加、删除和重组数据时，并不需要重建图表，只要进行一些适当的修改就可以了。

单击图表以激活它，也可在图表区域或绘图区单击鼠标右键，从弹出的快捷菜单中选择相应的命令（图表类型、选择数据、移动图表、设置图表区域格式项）。设置完毕后，图表就发生了改变。

（1）更改图表类型

方法 1：通过"插入"选项卡更改。在"插入"选项卡功能区中的"图表"组中单击需要的图表类型，如单击"饼图"按钮，从弹出的下拉列表中选择子图表，此时图表会自动发生改变。

方法 2：在图表区单击鼠标右键，在弹出的快捷菜单中选择"更改图表类型"命令，在"图表类型"对话框中选择所要改变成的图表类型及子类型，单击"确定"按钮即可。

（2）选择数据

可更改数据系列包括增加或减少数据系列，增加或减少坐标轴标签和图例，或者把系列数据从"列"改成"行"、从"行"改成"列"。

在图表区单击鼠标右键，在弹出的快捷菜单中选择"选择数据"命令，在弹出的"选择数据源"对话框中进行修改，如图 4-66 所示。修改的方法和建立新图表时基本是一样的，关键是要理解 Excel 是如何使用你给出的数据来绘制图表的。

（3）移动图表

默认情况下，创建的图表是和源数据表格在同一个工作表中的，如果想将图表移动到其他工作表中，其操作步骤如下。

① 选中创建的图表。

② 单击"图表工具"的"设计"选项卡，在"位置"组中单击"移动图表"按钮。

③ 弹出"移动图表"对话框，单击"新工作表"单选钮，在右侧的文本框中输入新工作表的名称，如图 4-67 所示。

图 4-66 "选择数据源"对话框

图 4-67 选择放置图表的位置

④ 单击"确定"按钮。

另外，向图表中添加和删除数据的方法如下。

● 向图表中添加数据。有多种方法可在已建好的图表中添加数据，最简单的方法是先选定要往图表上添加的数据，选择"开始"选项卡功能区中的"复制"选项，然后选定图表，再选择"开始"选项卡功能区中的"粘贴"选项。如果原来的图表没有 x 轴的标记，用这种方法也可以把它加上去。

● 从图表上删除数据。可从图表上直接删除一组数据系列（包括 x 轴的标记）而不影响工作表数据。方法是先选定图表，在图表中选定要删除的数据系列，按<Del>键。

另外，图表的有些元素，如图表的标题和坐标轴的标题，可以在"布局"选项卡功能区中的"标签"组中单击"图表标题"或"坐标轴标题"来添加或直接进行编辑修改。

3．快速设置图表布局和样式

在创建图表后，用户可以利用 Excel 2010 提供的多种实用的预定义布局和样式快速对图表进行美化，而无需手动添加更改图表元素或设置图表格式。

快速设置图表布局和样式的具体操作步骤如下。

① 选中创建的图表。

② 单击"图表工具"的"设计"选项卡，单击"图表布局"组中的"其他"按钮，从展开的面板中选择预定义布局和样式，如单击"布局 5"选项，如图 4-68 所示。

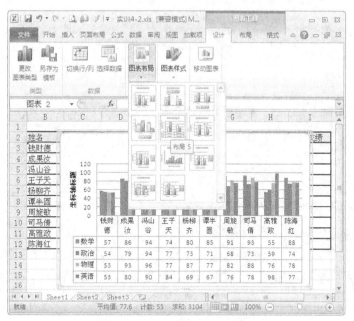

图 4-68　选择预定义的图表布局

③ 选择预定义图表样式。选定图表后，单击"图表工具"的"设计"选项卡，单击"图表样式"组选择预定义的图表样式，如单击"样式 44"选项，此时图表样式会发生相应改变。

掌握了设置预定义图表布局和样式的方法，在这个基础上对图表的背景、图表标签的布局和格式及图表坐标轴和网格线的格式进行设置的操作方法与此大同小异，同学们可以自己进行上机练习。

4.6.3　图表的应用

前面学习了如何创建简单的柱形图表、如何设置修改图表格式等，为了掌握更多图表类型的基本操作，下面用实例讲解如何利用折线图来绘制趋势线及进行饼图的制作。

1．绘制折线图表

【例 4.12】在华新中学毕业生工作表中，用折线图表示出历年毕业人数和升学人数的变化情况和发展趋势。

具体操作步骤如下。

① 在工作表中选中 B2:C12 单元格区域。

② 单击"插入"选项卡功能区的中"图表"组，选择"插入折线图"中"带数据标记的折线图"，如图 4-69 所示。

③ 用鼠标右键单击数据轴（1，2，…，10），在弹出的快捷菜单中选择"选择数据"命令。

④ 弹出"选择数据源"对话框，如图 4-70 所示。在"水平（分类）轴标签"栏，单击"编辑"按钮，弹出"轴标签区域"对话框，选择 A3:A12 区域。

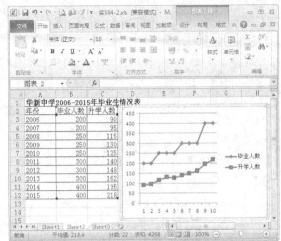

图 4-69 带数据标记的折线图

图 4-70 修改数据源的水平轴标签

⑤ 单击"确定"按钮，结果如图 4-71 所示。

⑥ 单击"图表工具"的"布局"选项卡，在"标签"组的选项中可对生成的折线图分别添加"图表标题""坐标轴标题""数据标签""网格线"等，结果如图 4-72 所示。

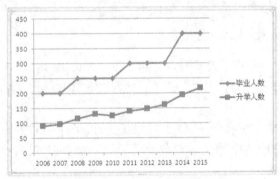

图 4-71 折线图效果

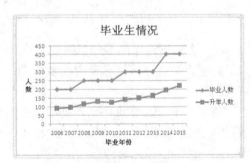

图 4-72 添加标题、数据的折线图

2. 绘制饼图

【例 4.13】请在某单位学历结构情况工作表中，分析单位职工各种学历的人数所占总人数的比例。

具体操作步骤如下。

① 在某单位学历结构情况工作表中选中相应的单元格区域。

② 在"插入"选项卡功能区的"图表"组中单击"饼图"下三角按钮，在展开的面板中单击"饼图"选项，此时系统将根据所选的原始数据自动创建出如图 4-73 所示的图表。

③ 假设要更改图表样式，可单击"图表工具"的"设计"选项卡，单击"图表样式"组中的"其他"按钮，选择"样式 26"选项，如图 4-74 所示。

图 4-73 创建的图表

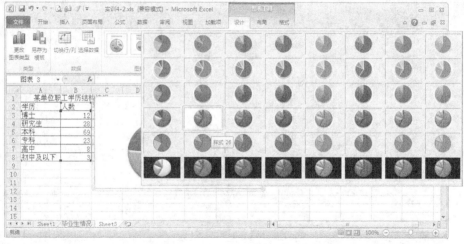

图 4-74　更改图表样式

④ 假设要添加饼图图表的标题和数据，可单击"图表工具"的"布局"选项卡，在"标签"组中单击"数据标签"下的三角按钮，选择"数据标签外"选项，结果如图 4-75 所示。然后将插入点定位在图表标题文本框中，将标题更改为"职工学历结构"，如图 4-76 所示。

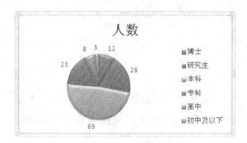

图 4-75　设置数据标签

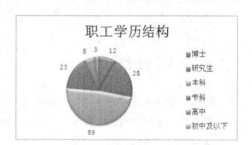

图 4-76　更改图表标题

提示　　如果沿着图表水平坐标轴的文字不见了，只需单击坐标轴，在"开始"选项卡功能区中的"字体"组中选择合适的字体大小。

4.6.4　图表模板

在 Excel 2010 中，系统自带了一些丰富美观的图表类型，如果用户想要多次使用自己喜爱的图表类型，可以根据需要将该图表在图表模板文件夹下另存为图表模板，其扩展名为.crtx。这样以后就不需要再重新创建图表，只需应用图表模板即可。如果以后不需要某一特定的图表模板，也可以将其从图表模板文件夹中删除。下面介绍如何自定义图表模板。

具体操作步骤如下。

① 选中图表，在"图表工具"的"设计"选项卡功能区中的"类型"组中单击"另存为模板"按钮，如图 4-77 所示。

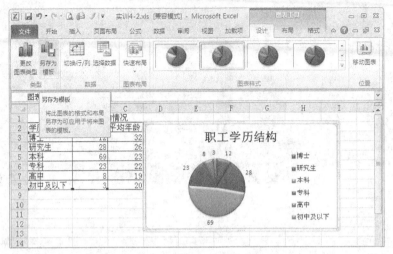

图 4-77 "另存为模板"按钮

② 在弹出的"保存图表模板"对话框中，系统默认的保存位置为"…\Microsoft\Templates\Charts"文件夹，并自动选择了保存类型为"图表模板文件（.crtx）"，在"文件名"文本框中输入保存的文件名称。

③ 单击"保存"按钮。

4.7 数据处理

Excel 2010 具有强大的数据处理能力，数据处理就是利用已经建好的电子数据表格，根据用户需要进行数据查找、排序（分类）、筛选和分类汇总的过程。本节主要介绍数据的排序、筛选及分类汇总的方法。

4.7.1 数据排序

排序是指根据某个列或某几个列的升序或降序关系重新排列数据记录的顺序，从而满足不同数据分析的要求。

排序分为简单排序和高级排序两种。简单排序是指对表格中某一单列的数据以升序或降序方式排列数据。高级排序也称多条件排序，就是将多个条件同时设置出来，对工作表数据进行排序，一般指对 2 列或 3 列的数据进行复杂的排序。

在排序时所依据的列（字段）称为"关键字"，关键字根据起作用的先后顺序分为主关键字、次要关键字和第三关键字。排序过程中，只有当主要关键字相同时才考虑次要关键字，当次要关键字也相同时才考虑第三关键字。

排序的方式有升序（默认）和降序两种，升序指由小到大的顺序，即递增，降序则反之，即递减。对于数值数据，排序依据是数值大小；字母以字典顺序为依据，默认大小写等同，也可在"选项"对话框中设置区分大小写；汉字默认按拼音顺序，也可在"选项"对话框中设置按拼音或笔画顺序进行排序；空格单元格始终排在最后。

1．简单排序

对图 4-61 所示表格中的"数学"列按升序进行排序，具体步骤如下。

① 选中排序字段"数学"的任一单元格。

② 单击"数据"标签，在"排序和筛选"组中单击"排序"按钮。

③ 弹出"排序"对话框，在"主要关键字"下拉列表框中单击"数学"选项，排序依据处选"数值"，次序选"升序"，如图 4-78 所示。

④ 单击"确定"按钮，此时所有学生的数学成绩就按照从小到大的方式进行了排序。

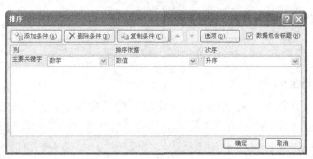

图 4-78 "排序"对话框

说明　要对表格中某一单列进行排序，也可选中该列后，用鼠标单击"开始"标签中的"编辑"组中的"排序和筛选"，单击"升序"按钮，即可完成数据从小到大的排序；单击"降序"即从大到小排序；如选"排序"，会弹出如图 4-78 所示的对话框，按照上述方法进行关键字和排序次序的设置即可。

2．高级排序

将如图 4-61 所示的表格，以"总分"为主关键字进行"降序"排列，再以"计算机"成绩为次要关键字进行"升序"排序，具体操作步骤如下。

① 用鼠标将表格全部选中。

② 单击"数据"标签，在"排序和筛选"组中单击"排序"按钮。

③ 弹出"排序"对话框，在"主要关键字"下拉列表框中单击"总分"选项，在"次序"下拉列表框中单击"降序"。

④ 如果存在相同的总分，此时需要单击"添加条件"按钮，然后设置"次要关键字"为"计算机"，排序次序为"升序"。

⑤ 单击"确定"按钮，此时表格中的数据首先按照"总分"的降序排列，对于总分相同的成绩，再按照"计算机"专业成绩的"升序"排序，排序结果如图 4-80 所示。

注意　多关键字的排序原则是首先按照主关键字排序，当主关键字的数据相同时，再按次要关键字排序，同样，如果次要关键字数据仍然相同，最后按第三关键字排序。

图 4-80 所示的排序结果中，"计算机"列中出现了两个相同的数据"80"分，即次要关键字数据仍然相同，此时还需要按第三关键字排序。

	A	B	C	D	E	F	G	H	I
1	姓名	学号	专业	数学	化学	英语	计算机	平均分	总分
2	洪辉	065201	临床医学	100	93	91	95	94.75	379
3	王凯	065204	医学影像学	95	100	93	82	92.5	370
4	曹艺晗	065202	遗传学	95	89	84	94	90.5	362
5	李雪琪	065203	临床医学	90	84	93	86	88.25	353
6	钟晓婷	065206	临床医学	92	94	79	88	88.25	353
7	孙睿	065207	口腔学	80	85	90	93	87	348
8	马翔	065211	遗传学	76	85	94	90	86.25	345
9	郭晨	065209	遗传学	82	91	89	80	85.5	342
10	黄明达	065205	临床医学	86	92	84	80	85.5	342
11	张莹	065208	医学影像学	86	77	84	93	85	340
12	许迪	065213	口腔学	74	69	83	91	79.25	317
13	陈思	065212	口腔学	82	85	73	76	79	316
14	赵景阳	065210	口腔学	67	83	55	84	72.25	289
15	罗颖鑫	065214	遗传学	71	56	72	65	66	264
16	吴熙楠	065215	医学影像学	44	56	65	69	58.5	234

图 4-80　排序后效果

4.7.2　数据筛选

数据筛选就是从数据表中筛选出复合一定条件的数据库记录，不满足条件的数据库记录则被暂时隐藏。Excel 2010 的筛选功能包括自动筛选、自定义筛选和高级筛选。其中自动筛选比较简单，自定义筛选可设定多个条件，而高级筛选的功能强大，可以利用复杂的筛选条件进行筛选。

1．自动筛选

自动筛选的操作步骤如下。

① 选定工作表中的任意单元。

② 在"数据"选项卡功能区中单击"筛选"按钮。此时在各字段名的右下角出现一个下三角按钮，如图 4-81 所示。

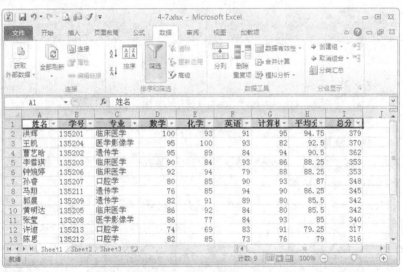

图 4-81　"自动筛选"窗口

③ 单击某字段的下三角按钮，在弹出的下拉列表中，通常包括 4 个选项：升序、降序、按颜色排序、文本筛选或数字筛选。

④ 在下拉列表中单击某一个具体的值，这时符合筛选条件的记录被显示，不符合筛选条件的记录均被隐藏。

恢复隐藏的记录有以下两种方法。

● 在"开始"选项卡功能区中的"编辑"组中，单击"排序和筛选"选项，然后单击"清除"按钮则可恢复显示数据库所有的记录，此时各字段名的"自动筛选"右下角下拉按钮仍存在，故仍可以进行筛选。

● 单击"数学"字段的下三角按钮，然后在列表中单击"从数学中清除筛选"选项或从展开的列表中勾选"（全选）"复选框，即可将原来数据全部重新显示出来。

【例4.14】请筛选出"数学"成绩为86分的学生记录。

操作步骤如下。

① 选定工作表中的任意单元。

② 在"数据"选项卡功能区中单击"筛选"按钮。

③ 单击"数学"字段的下三角按钮，然后在列表中先取消勾选"（全选）"复选框，再勾选86分选项。

④ 单击"确定"按钮，则所有数学成绩是86分学生的记录都筛选出来了。筛选出的记录所在的列号变成了蓝色，如图4-82所示。

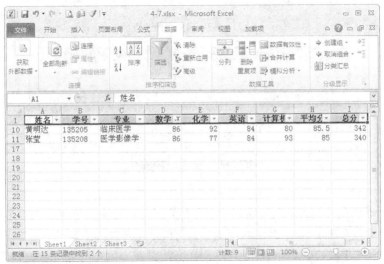

图4-82 筛选结果

2．自定义筛选

如果需要设定多个条件进行筛选，则要使用自定义筛选功能来完成更精确的数据筛选。

【例4.15】从工作表中筛选出姓"黄"或者姓"李"同学的记录。

自定义数据筛选的操作步骤如下。

① 选定工作表中的任意单元。

② 在"数据"选项卡功能区中单击"筛选"按钮，然后单击"姓名"下三角按钮。

③ 从展开的下拉列表中将鼠标指针指向"文本筛选"选项，如图4-84所示。

④ 弹出"自定义自动筛选方式"对话框，在"姓名"栏下拉列表中选择"开头是"选项，在右侧的下拉框中输入需要筛选的姓"黄"，如图4-84所示。

⑤ 单击"或"单选按钮，在下方的下拉列表中选择"开头是"选项，并在右侧下拉框中输入"李"，如图4-84所示。

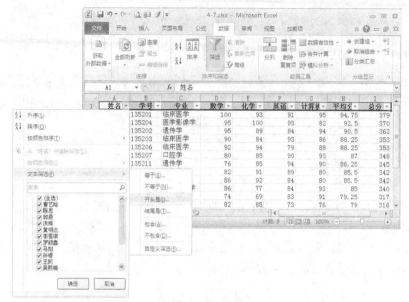

图 4-83　自定义筛选项

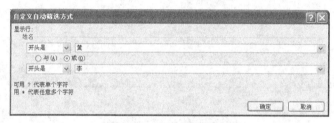

图 4-84　自定义筛选条件

⑥ 单击"确定"按钮。

对于文本数据列，在自定义筛选项中可以规定关系操作符（等于、不等于、开头是、结尾是、包含、不包含等）；对于数字数据列，也可以规定操作符（等于、不等于、大于、大于或等于、小于、小于或等于、介于、10 个最大的值、高于平均值、低于平均值等），而且两个比较条件还能以"或者"或"并且"的关系组合起来形成复杂的条件。

通过对多个字段的依次自动筛选，可以进行复杂一些的筛选操作。例如，要筛选出英语和数学成绩都在 85 分以上的学生的记录，可以先筛选出"英语成绩在 85 分以上"的学生记录，然后在已经筛选出的记录中继续筛选"数学成绩在 85 分以上"的记录。

　　在设置自定义筛选时，还可以使用通配符来进行条件设置。"？"代表任意一个字符，"*"代表任意多个字符。

3．高级筛选

对于复杂的筛选条件，可以使用"高级筛选"。使用"高级筛选"的关键是在工作表的任意位置先设置用户自定义的复杂组合条件，这些组合条件常常放在一个称为条件区域的单元格区域中。

（1）筛选的条件区域

条件区域包括两个部分：标题行（也称字段名行或条件名行），一行或多行的条件行。条件区域的创建步骤如下。

① 在数据库记录的下面准备好一个空白区域。

② 在此空白区域的第一行输入字段名作为条件名行，最好从字段名行复制过来，以避免输入时因大小写或有多余的空格而造成不一致。

③ 在字段名的下一行开始输入条件。

（2）筛选的条件

① 简单比较条件。简单比较条件是指只用一个简单的比较运算（=、>、>=、<、<=、<>）表示的条件。在条件区域字段名正下方的单元格输入条件，如：

姓名	英语	数学
刘*	>80	>=85

当是等于（=）关系时，等号"="可以省略。当某个字段名下没有条件时，允许空白，但是不能加上空格，否则将得不到正确的筛选结果。

对于字符字段，其下面的条件可以用通配符"*"及"?"，字符的大小比较按照字母顺序进行；对于汉字，则以汉语拼音为顺序，若字符串用于比较条件中，必须使用双引号""（除直接写的字符串）。

② 组合条件。如果需要使用多重条件在数据库中选取记录，就必须把条件组合起来。其基本的形式有如下两种。

- 在同一行内的条件表示 AND（"与"）的关系。例如，要筛选出所有姓刘并且英语成绩高于 80 分的人，条件表示为

姓名	英语
刘*	>80

如果要建立一个条件为某字段的值的范围，必须在同一行的不同列中为每一个条件建立字段名。例如，要筛选出所有姓刘并且英语成绩在 70~79 分的人，条件表示为

姓名	英语	英语
刘*	>=70	<80

- 在不同行内的条件表示 OR（"或"）的关系。例如，要筛选出满足条件姓刘并且英语分数大于等于 80 分或者英语分数低于 60 分的人，这时组合条件在条件区域中表示为

姓名	英语
刘*	>=80
	<60

如果组合条件为姓刘或英语分数低于 60 分，在条件区域中则写为

姓名	英语
刘*	
	<60

由以上的例子可以总结出组合条件的表示规则如下。

规则 A：当使用数据库不同字段的多重条件时，必须在同一行的不同列中输入条件。

规则 B：当在一个数据库字段中使用多重条件时，必须在条件区域中重复使用同一字段名，这样可以在同一行的不同列中输入每一个条件。

规则 C：在一个条件区域中使用不同字段或同一字段的逻辑 OR 关系时，必须在不同行中输入条件。

（3）高级筛选操作

高级筛选的操作步骤如下。

① 按照前面所讲的方法建立条件区域。

② 在数据库区域内选定任意一个单元格。

③ 在"数据"选项卡功能区中的"排序和筛选"组中单击"高级"按钮，弹出"高级筛选"对话框，如图 4-85 所示。如果系统默认的列表区域不正确，可单击"列表区域"文本框右侧的折叠按钮重新选择。

图 4-85 "高级筛选"对话框

④ 在"高级筛选"对话框中选中"在原有区域显示筛选结果"单选按钮。

⑤ 输入"条件区域"，即单击"条件区域"文本框右侧的折叠按钮选择步骤①中建立的条件区域。

⑥ 单击"确定"按钮，则可以筛选出符合条件的记录。

如果要想把筛选出的结果复制到一个新的位置，则可以在"高级筛选"对话框中选定"将筛选结果复制到其他位置"单选按钮，并且还要在"复制到"文本框中输入要复制到的目的区域的首单元地址。注意，以首单元地址为左上角的区域必须有足够多的空位存放筛选结果，否则将覆盖该区域的原有数据。

有时要把筛选的结果复制到另外的工作表中，则必须首先激活目标工作表，然后再在"高级筛选"对话框中，输入"数据区域"和"条件区域"。输入时要注意加上工作表的名称，如数据区域为 Sheet1!A1:H16，条件区域为 Sheet1!A20:B22，而复制到的区域直接为 A1，则这个 A1 是当前的活动工作表（如 Sheet2）的 A1，而不是源数据区域所在的工作表 Sheet1。

在"高级筛选"对话框中，选中"选择不重复的记录"复选框后再筛选，得到的结果中将剔除相同的记录（但必须同时选择"将筛选结果复制到其他位置"，此操作才有效）。这个特性使得用户可以将两个相同结构的数据库合并起来，生成一个不含有重复记录的新数据库。此时筛选的条件为"无条件"，具体做法：在条件区只写一个条件名，条件名下面不要写任何的条件，这就是所谓的"无条件"。

【例 4.16】在成绩统计工作表中，其数据区域为 A1:I16。① 试采用高级筛选的功能从中筛选出数学成绩大于或等于 90 分，或者英语成绩大于或等于 85 分的所有记录；② 将筛选结果复制到其他位置；（3）清除源数据表中的所有信息，再把筛选结果移动到 A1 单元格为左上角的区域内。

具体操作步骤如下。

① 先建立筛选条件区域 B18:C20，则 B18 和 C18 的内容分别为"数学"和"英语"，B19和 C20 的内容分别为">=90"和">=85"。

② 选择工作表中的任一单元格。

③ 在"数据"选项卡功能区中的"排序和筛选"组中单击"高级"按钮，弹出"高级筛选"对话框。

④ 在"高级筛选"对话框中，设置"列表区域""条件区域"和"复制到"3 个文本框中

的内容，如图 4-86 所示。

　　⑤ 单击"确定"按钮，在"复制到"区域内就得到了筛选结果，如图 4-87 所示。

姓名	学号	专业	数学	化学	英语	计算机	平均分	总分
洪辉	135201	临床医学	100	93	91	95	94.75	379
王凯	135204	医学影像学	95	100	93	82	92.5	370
曹艺晗	135202	遗传学	95	89	84	94	90.5	362
李雪琪	135203	临床医学	90	84	93	86	88.25	353
钟婉婷	135206	临床医学	92	94	79	88	88.25	353
孙睿	135207	口腔学	80	85	90	93	87	348
马翔	135211	遗传学	76	85	94	90	86.25	345
郭晨	135209	遗传学	82	91	89	80	85.5	342
黄明达	135205	临床医学	86	92	84	80	85.5	342
张莹	135208	医学影像学	86	77	84	93	85	340
许迪	135213	口腔学	74	69	83	91	79.25	317
陈思	135212	口腔学	82	85	73	76	79	316
赵景阳	135210	口腔学	67	83	55	84	72.25	289
罗颖鑫	135214	遗传学	71	56	72	65	66	264
吴熙楠	135215	医学影像学	44	56	65	69	58.5	234

图 4-86　"高级筛选"对话

图 4-87　筛选结果

　　⑥ 选择原数据表的整个区域，单击"开始"选项卡功能区中"编辑"组中"清除"三角下拉按钮，选择"全部清除"选项。

　　⑦ 最后把筛选结果移动到以 A1 单元格为左上角的区域内。

　　【例 4.17】筛选出数学和英语两门课分数之和大于 185 分的学生记录。

　　分析：解决本例可以用计算条件。假设数学、英语分别在 D、F 列，第 1 条记录在第 2 行，计算条件就是 D2+F2>185。在条件名行增加条件名"数英"，在其下输入计算条件。表示为

数英
=D2+F2>185

最后的筛选结果如图 4-88 所示。

	A	B	C	D	E	F	G	H	I
1	姓名	学号	专业	数学	化学	英语	计算机	平均分	总分
2	洪辉	135201	临床医学	100	93	91	95	94.75	379
3	王凯	135204	医学影像学	95	100	93	82	92.5	370
4	曹艺晗	135202	遗传学	95	89	84	94	90.5	362
5	李雪琪	135203	临床医学	90	84	93	86	88.25	353
6	钟婉婷	135206	临床医学	92	94	79	88	88.25	353
7	孙睿	135207	口腔学	80	85	90	93	87	348
8	马翔	135211	遗传学	76	85	94	90	86.25	345
9	郭晨	135209	遗传学	82	91	89	80	85.5	342
10	黄明达	135205	临床医学	86	92	84	80	85.5	342
11	张莹	135208	医学影像学	86	77	84	93	85	340
12	许迪	135213	口腔学	74	69	83	91	79.25	317
13	陈思	135212	口腔学	82	85	73	76	79	316
14	赵景阳	135210	口腔学	67	83	55	84	72.25	289
15	罗颖鑫	135214	遗传学	71	56	72	65	66	264
16	吴熙楠	135215	医学影像学	44	56	65	69	58.5	234
17									
18		数英							
19		TRUE							
20									
21									
22	姓名	学号	专业	数学	化学	英语	计算机	平均分	总分
23	洪辉	135201	临床医学	100	93	91	95	94.75	379
24	王凯	135204	医学影像学	95	100	93	82	92.5	370

图 4-88　计算条件的筛选结果

4.7.3　分类汇总

分类汇总是指将数据库中的记录先按某个字段进行排序分类，然后再对另一字段进行汇总统计。汇总的方式包括求和、求平均值、统计个数等。

【例4.18】 将如图4-80所示的学生成绩数据表，按专业分类统计出各专业学生的英语平均成绩。操作步骤如下。

① 全部选中工作表数据，在"数据"选项卡功能区中的"排序和筛选"组中单击"排序"按钮，主要关键字设为"专业"，次序为"升序"，单击"确定"按钮，将学生记录进行排序。

② 在"数据"选项卡功能区中单击"分类汇总"按钮，弹出"分类汇总"对话框，如图4-89所示。

③ 在"分类字段"下拉列表中选择"专业"字段。注意，这里选择的字段就是在第①步排序时的主关键字。

④ 在"汇总方式"下拉列表中选择"平均值"。

⑤ 在"选定汇总项"列表框中选定"英语"复选框。此处可根据要求选择多项。

⑥ 单击"确定"按钮。

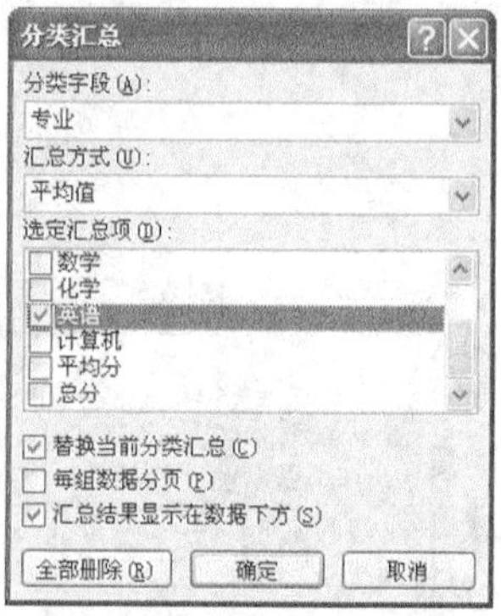

图 4-89　"分类汇总"对话框

分类汇总的结果如图4-90所示。

如果要撤销分类汇总，可以在"数据"选项卡功能区中的"分级显示"组中单击"分类汇总"按钮，进入"分类汇总"对话框后，单击"全部删除"按钮即可恢复原来的数据清单。

	姓名	学号	专业	数学	化学	英语	计算机	平均分	总分
1									
2	孙睿	135207	口腔学	80	85	90	93	87	348
3	许迪	135213	口腔学	74	69	83	91	79.25	317
4	陈思	135212	口腔学	82	85	73	76	79	316
5	赵景阳	135210	口腔学	67	83	55	84	72.25	289
6			口腔学 平均值			75.25			
7	洪辉	135201	临床医学	100	93	91	95	94.75	379
8	李雪琪	135203	临床医学	90	84	93	86	88.25	353
9	钟婉婷	135206	临床医学	92	94	79	88	88.25	353
10	黄明达	135205	临床医学	86	92	84	80	85.5	342
11			临床医学 平均值			86.75			
12	王凯	135204	医学影像学	95	100	93	82	92.5	370
13	张莹	135208	医学影像学	86	77	84	93	85	340
14	吴熙楠	135215	医学影像学	44	56	65	69	58.5	234
15			医学影像学 平均值			80.66667			
16	曹艺晗	135202	遗传学	95	89	84	94	90.5	362
17	马翔	135211	遗传学	76	85	94	90	86.25	345
18	郭晨	135209	遗传学	82	91	89	80	85.5	342
19	罗颖鑫	135214	遗传学	71	56	72	65	66	264
20			遗传学 平均值			84.75			
21			总计平均值			81.93333			

图 4-90　分类汇总结果

分类汇总还允许对多字段进行分类。例如，可以对学生成绩数据表的数据按专业和籍贯分类，求出学生的英语平均成绩。操作方法如下。

① 分类排序，将"专业"作为主要关键词，"籍贯"作为次要关键词。

② 将"专业"作为分类字段进行汇总。

③ 将"籍贯"作为分类字段进行汇总。

注意 在"分类汇总"对话框（见图 4–89）中，将"替换当前分类汇总"复选项取消勾选，即可实现按两个字段进行分类汇总。

4.7.4 数据透视表

数据透视表是一个功能强大的数据汇总工具，用来将数据库中相关的信息进行汇总，而数据透视图是数据透视表的图形表达形式。当需要用一种有意义的方式对大量的数据进行说明时，就需要用到数据透视图。

分类汇总虽然也可以对数据进行多字段的汇总分析，但它形成的表格是静态的、线性的，而数据透视表则是一种动态的、二维的表格。在数据透视表中，建立了行列交叉列表，并可以通过行列转换以查看源数据的不同统计结果。

【例 4.19】以图 4-91 所示的数据为数据源，建立一个数据透视表，按学生的籍贯和专业分类统计出英语和数学的平均成绩。

姓名	学号	籍贯	专业	数学	化学	英语	计算机	平均分	总分
洪辉	135201	重庆	临床医学	100	93	91	95	94.75	379
王凯	135204	北京	医学影像学	95	100	93	82	92.5	370
曹艺晗	135202	南京	遗传学	95	89	84	94	90.5	362
李雪琪	135203	重庆	临床医学	90	84	93	86	88.25	353
钟婉婷	135206	上海	临床医学	92	94	79	88	88.25	353
孙睿	135207	北京	口腔学	80	85	90	93	87	348
马翔	135211	北京	遗传学	76	85	94	90	86.25	345
郭晨	135209	北京	遗传学	82	91	89	80	85.5	342
黄明达	135205	河北	临床医学	86	92	84	80	85.5	342
张莹	135208	重庆	医学影像学	86	77	84	93	85	340
许迪	135213	南京	口腔学	74	69	83	91	79.25	317
陈思	135212	上海	口腔学	82	85	73	76	79	316
赵景阳	135210	北京	口腔学	67	83	55	84	72.25	289
罗颖鑫	135214	上海	遗传学	71	56	72	65	66	264
吴熙楠	135215	河北	医学影像学	44	56	65	69	58.5	234

图 4-91 学生成绩表

操作步骤如下。

① 打开如图 4-91 所示的工作表，在"插入"选项卡功能区中单击"表格"组中的"数据透视表"下三角按钮。

② 从弹出的下拉列表中单击"数据透视表"选项，弹出"创建数据透视表"对话框（见图 4-92），单击"选择一个表或区域"单选按钮，选择 A1:J16 单元格区域，单击"新工作表"单选按钮，最后单击"确定"按钮。

③ 在新的工作表中会显示出"数据透视表字段列表"任务窗格，并且在"选择要添加到报表的字段"列表框中会显示出原始数据区域中的所有字段名，如图 4-93 所示。

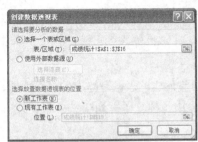

图 4-92 "创建数据透视表"对话框

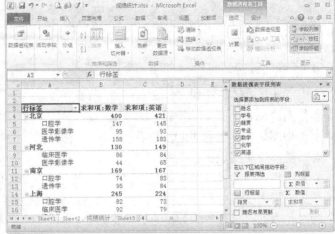

图 4-93 创建数据透视表

④ 在图 4-93 中所示的"选择要添加到报表的字段"列表框中勾选"籍贯"和"专业"到"行标签。或通过鼠标将"籍贯"拖到"行","专业"拖到"列","英语"和"数学"拖到"数据"区。这时,"数据"区中就有两个按钮【求和项:英语】和【求和项:数学】。

⑤ 分别双击求和项"英语"和"数学",在弹出的"值字段设置"对话框(见图 4-94)中,设置"汇总方式"为"平均值"。单击"确定"按钮返回,然后将"数据透视表字段列表"对话框关闭。经过以上设置即可在一个新的工作表中创建一个数据透视表,结果如图 4-95 所示。

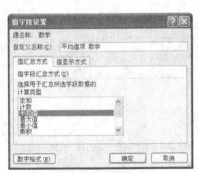

图 4-94 修改汇总方式

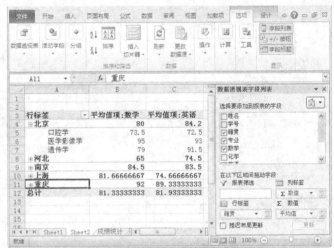

图 4-95 生成的数据透视表

在该数据透视表中,可以任意地拖动交换行、列字段,数据区中的数据会自动随着变化。通过"选项"选项卡功能区中"工具"组的"数据透视图"按钮,可在新的工作表中生成数据透视图。

数据透视表生成后,还可以方便地对它进行修改和调整。限于篇幅,本章就不做介绍了。

4.8 打印与输出

4.8.1 打印预览

在打印之前利用"打印预览"功能，可以查看打印工作表后的效果。在"页面布局"选项卡功能区中单击"页面设置"组中的对话框启动图标（见图 4-96），弹出"页面设置"对话框，在"页面"选项卡中单击"打印预览"按钮，此时便可进入"打印预览"窗口。必要时还可以在"打印预览"窗口中对打印效果进行页面设置，其中包括页边距、打印、显示比例等。

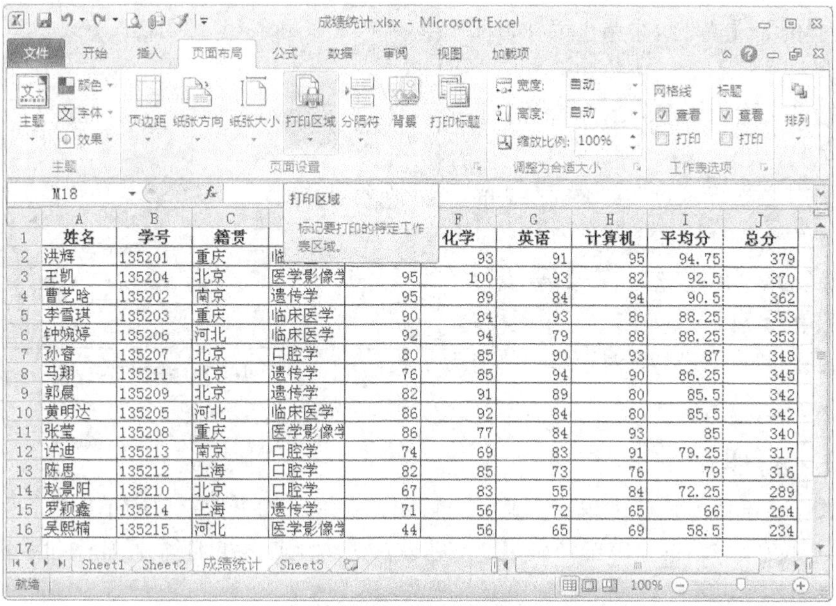

图 4-96　页面设置对话框启动图标

4.8.2 设置打印页面

在打印工作表前通常要对工作表进行页面设置的相关操作，包括设置页边距、设置纸张大小与方向、设置打印区域、设置打印标题、设置分页符等。

1．设置页边距

通过设置页边距可以使文件或表格格式更加统一，具体操作步骤如下。

① 在"页面布局"选项卡功能区中单击"页面设置"组中的"页边距"下三角按钮。

② 在展开的面板中单击"自定义页边距"选项。

③ 在弹出的"页面设置"对话框中，单击"页边距"选项卡，设置"上""下""左""右"边距的值，设置"页眉""页脚"边距值，勾选居中方式处的"水平""垂直"复选框，单击"确定"按钮。

2．设置纸张大小与方向

在默认情况下，打印工作表时使用的纸张大小一般为 A4 纸，如果用户需要使用其他规格的纸张，就需要进行相应的设置，具体的操作步骤如下。

① 在"页面布局"选项卡功能区中单击"页面设置"组中的"纸张大小"下三角按钮。

② 在弹出的列表中单击"其他纸张大小"选项。

③ 在"页面设置"对话框中，单击"纸张大小"下拉列表框，选择合适的选项。

用同样的方法，可以设置"纸张方向"为横向或纵向。

3．设置打印区域

① 在工作表中选中要打印的区域，然后在"页面布局"选项卡功能区中单击"页面设置"组中的"打印区域"下三角按钮。

② 在弹出的列表中单击"设置打印区域"选项。此时在工作表中自动添加了两条虚线（即分页符）。预览打印效果时，可以看到页面中只显示了所选区域中的数据。

4．设置打印标题

① 在"页面设置"组中单击"打印标题"按钮。

② 弹出"页面设置"对话框，单击"工作表"选项卡。

③ 单击"顶端标题行"文本框右侧的折叠按钮，如图 4-97 所示。

④ 当光标变为⇨状态时，选择要设置为标题行的单元格区域，如第 1 行单元格。

⑤ 返回到"页面设置"对话框，单击"确定"按钮。

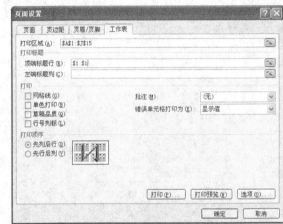

图 4-97　打印标题设置

4.8.3　打印

预览工作表确认无误后，单击"文件"按钮，在弹出的下拉菜单中单击"打印"命令，弹出"打印内容"对话框，单击"确定"按钮即可进行工作表的打印操作，如图 4-98 所示。

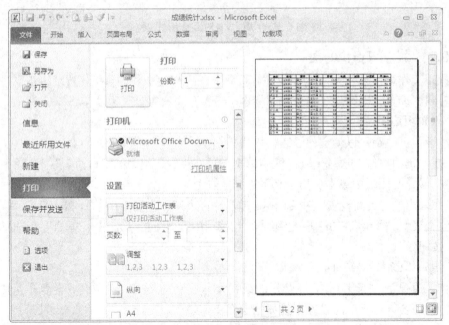

图 4-98　"打印内容"对话框

本章小结

Excel 2010 是办公自动化软件 Office 2010 的重要组成成员之一，它是专门处理数据的软件。读者通过学习本章，不仅要掌握一些基本概念，如单元格、工作表、工作簿等，还要了解 Excel 2010 各种视图方式的特点，掌握工作簿和工作表编辑的基本方法，熟悉比较各种方法的异同和各自的特点；掌握工作表的格式化，灵活利用公式、函数实现数据的计算等；其中，利用图表直观表示数据，通过排序、筛选、分类汇总对数据进行管理，以及利用数据透视表对数据进行动态分析的方法和操作显得尤其重要，读者需在实践中反复练习来提高数据处理能力。

习　题

一、简答题

1. Excel 2010 中工作簿与工作表之间是什么关系？
2. 单元格的格式包括哪些内容？边框线和网格线有什么区别？
3. 如何将身份证号升位？（在单元格中显示 18 位。）
4. 函数 IF 参数如何设定？如何设置 IF 函数的嵌套？
5. 试比较函数 SUM、SUMIF 的不同点。
6. 试比较函数 COUNT、COUNTA、COUNTIF 的不同点。
7. 如何使用"选择性粘贴"？它与直接"粘贴"有何不同？
8. 相对地址、绝对地址和混合地址表示有什么不同？它们在公式复制、移动时变化规则是怎样的？
9. 如何对已绘制的图表增加或删除一个数据系列？如何修改柱形图表的背景？
10. 如何实现将 Excel 文件转换成 Web 网页的形式，并用浏览器进行浏览？

二、操作题

（1）在 Excel 的 Sheet1 工作表中输入以下表格，然后以该数据表为基础，完成相应操作。

新新商场 2015 年销售额分类统计表					
季度	销售额（单位：元）				
种类	副食品	日用品	电器	服装	平均值
1 季度	45 637.0	56 722.0	47 534.0	34 567.0	
2 季度	23 456.0	34 235.0	45 355.0	89 657.0	
3 季度	34 561.0	34 534.0	56 456.0	55 678.0	
4 季度	11 234.0	87 566.0	78 755.0	96 546.0	
合计					

（2）在 Sheet1 工作表标题行（字段名行）前增加一行，并在 A1 单元格中输入"新新商场 2010 年销售额分类统计表"，输入完毕后，设置 A1 单元格与 B1、C1 单元格合并，内容居中，并把 A1 中的字体设置为华文行楷，18 磅，蓝色。

（3）在 A2、A3 单元格中分别输入"季度"和"种类"，设置合并单元格，并添加斜线分隔。

（4）在 B2 单元格中输入"销售额（单位：元）"，使其在 B2:F2 单元格区域中合并居中。字体设置为隶书、16 磅。

（5）在 A9:F9 单元格区域分别输入文字："制表人：李佳""审核人：王小丫""日期：2015 年 8 月 1 日"。将文字设置为黑体、12 磅，居中对齐。

（6）设置 A4:A8 单元格区域和 B3:F3 单元格区域的底纹颜色为 RGB（100，155，255），并将整个表格添加内外框线，外框为橙色（淡色 6）单实线。

（7）用公式复制的方法计算每个种类 4 季度销售合计及平均值；表中 B4:E4 单元格区域数据水平、垂直居中对齐，并设置为"货币"型，保留 1 位小数。

（8）各列宽设置为"最适合的列宽"。

（9）复制该工作表到 sheet2，并重命名为"销售统计表"。

（10）在"销售统计表"的"平均值"右侧插入一列，列标题为"服装销售提成额"，并按销售额超过 10 万元的提成 0.5 万元，在 5～10 万元以内的提成 0.2 万元，5 万元以下的只提成 0.1 万元，计算第 1～4 季度销售提成额。

（11）在 Sheet3 中输入以下表格内容，用"分类汇总"的方法，分类计算出不同性别职工的总平均奖金。

下面的习题仍然在 Sheet3 工作表中进行操作。

序号	姓名	性别	年龄	职称	基本工资	奖金
5501	刘晓华	女	48	总裁	4 500	2 650
5502	李婷	女	39	财务部会计	1 200	565
5503	王宇	男	52	高级工程师	3 500	1 450
5504	张曼	女	44	工程师	2 000	1 250
5505	王萍	女	23	助理工程师	900	560
5506	杨向中	男	45	事业部总经理	2 700	1 256
5507	钱学农	男	25	项目经理	3 000	1 450
5508	王爱华	女	35	财务总监	3 750	2 245
5509	李小辉	男	27	助理工程师	1 000	566
5510	厉强	男	36	财务部会计	2 200	620
5511	吴春华	男	33	助理工程师	1 000	566

（12）使用排名次函数 RANK，计算出每人奖金的排名。

（13）筛选出所有年龄在 45 岁及以上的人的记录，并将筛选结果复制到以 A20 开头的区域中。

（14）用高级筛选的方法筛选出所有奖金数高于 2 000 元的女职工的记录，并将筛选结果的姓名、性别、职称、奖金 4 个字段的信息复制到以 A30 开头的区域中。

（15）根据第（13）题计算的结果，绘制一个饼图（生成一个新图表），表示出基本工资在各个区间内职工的分布情况，并要求在图中做出标记（人数及百分比）。

PART 5

第 5 章
电子演示文稿
PowerPoint 2010

5.1　PowerPoint 的界面及视图模式

PowerPoint 2010 是 Microsoft 公司最新推出的演示文稿制作软件，不仅具有强大的幻灯片制作功能，同时还具有界面友好，易学、易用等优点。因此，它被广泛应用于产品演示、广告宣传、学术论文展示、教学等方面。

5.1.1　PowerPoint 2010 启动与退出

1．启动 PowerPoint 2010

PowerPoint 2010 是在 Windows 环境下开发的应用程序，和启动 Microsoft Office 软件包的其他应用程序一样，可以采用以下几种方法来启动 PowerPoint 2010。

① 选择"【开始】"→"所有程序"→"Microsoft Office"→"Microsoft Office PowerPoint 2010"命令，即可启动 PowerPoint 2010。

② 如果桌面上创建了 PowerPoint 2010 快捷方式图标，直接双击该图标，即可启动。

③ 在资源管理器中，选择任意一个 PowerPoint 文档，双击该文档后系统自动启动与之关联的 PowerPoint 应用程序，并同时打开此文档。

2．退出 PowerPoint 2010

在完成演示文稿的制作及保存后，应退出 PowerPoint 2010，释放所占用的系统资源。退出的方法有下面几种。

① 单击"文件"按钮，在弹出的菜单中选择"关闭"命令或选择"退出"命令。

② 单击窗口右上角的"关闭"按钮 ⌧ 。

③ 按<Alt+F4>组合键。

5.1.2 PowerPoint 2010 的工作界面

启动 PowerPoint 2010 后，打开如图 5-1 所示的工作界面，PowerPoint 2010 工作界面主要包括快速访问工具栏、标题栏、功能选项卡、功能区、帮助、"幻灯片编辑"窗口、滚动条、显示比例、状态栏和视图栏等，下面分别进行介绍。

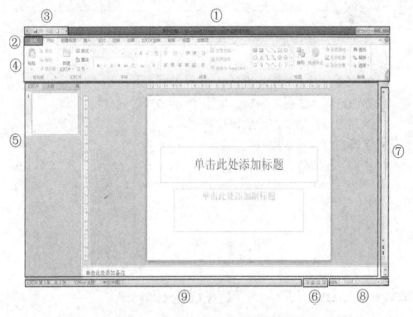

图 5-1　PowerPoint 2010 工作界面

① 标题栏：显示出软件的名称（Microsoft PowerPoint）和当前文档的名称（演示文稿 1）；在其右侧是常见的"最小化、最大化/还原、关闭"按钮。

② "文件"按钮：单击该按钮，会弹出菜单命令，用户可以对文档进行新建、保存、打印、发布、关闭等操作。

③ 快速访问工具栏：默认情况下，快速访问工具栏位于 PowerPoint 工作界面的顶部。它为用户提供了一些常用的按钮，如"保存""撤销""恢复"等按钮，用户单击按钮旁的下拉箭头，在弹出的菜单中可以将频繁使用的工具添加到快速访问工具栏中。

④ 功能选项卡和功能区：PowerPoint 2010 中比较有特色的界面组件，相当于之前版本的菜单与菜单栏。选择某个选项卡可打开对应的功能区，在功能区中有许多工具组，为用户提供常用的命令按钮或列表框。有的工具组右下角会有一个小图标即"功能扩展"按钮，单击"功能扩展"按钮将打开相关的对话框或任务窗格，可在其中进行更详细的设置。

⑤ "幻灯片编辑"窗口：整个工作界面最核心的部分，它用于显示和编辑幻灯片，不仅可以在其中输入文字内容，还可以插入图片、表格等各种对象，所有幻灯片都是通过它完成

制作的。

⑥ 视图按钮：位于状态栏的右侧，主要用来切换视图模式，可方便用户查看文档内容，其中包括普通视图、幻灯片浏览、阅读视图和幻灯片放映。

⑦ 滚动条：只有垂直滚动条，位于文本编辑区窗口的最右边，使用户可以更改正在编辑的演示文稿的显示位置。

⑧ 页面缩放比例：位于视图按钮的右侧，主要用来显示演示文稿比例，默认显示比例为100%，用户可以通过移动控制杆滑块来改变页面显示比例。

⑨ 状态栏：在此处显示出当前文档相应的某些状态要素。

5.1.3 PowerPoint 2010 的视图模式

在演示文稿制作的不同阶段，PowerPoint 提供了不同的工作环境，称为视图。PowerPoint 2010 的视图模式是指幻灯片在屏幕上的显示方式，包括普通视图、幻灯片浏览视图、阅读视图和幻灯片放映视图等。在不同的视图中，可以使用相应的方式查看和操作演示文稿。

1．普通视图

打开一个演示文稿，单击窗口左下角视图切换按钮中的"普通视图"按钮（注意观察光标尾部按钮的注释），看到的就是普通视图窗口，它是 PowerPoint 2010 默认的视图模式。在普通视图下又分为"大纲"和"幻灯片"两种视图模式。单击大纲编辑窗口上的"幻灯片"选项卡，进入普通视图的幻灯片模式，如图 5-2 所示。

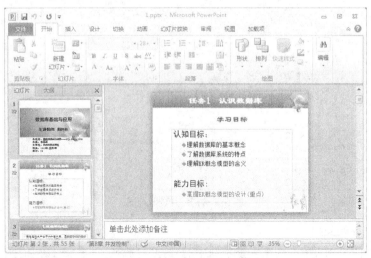

图 5-2　普通视图的幻灯片模式

幻灯片模式是调整幻灯片总体结构和修饰单张幻灯片的最好显示模式。在幻灯片模式窗口中显示的是幻灯片的缩略图，在每张图的前面有该幻灯片的序列号。单击缩略图，即可在右边的幻灯片编辑窗口中进行编辑修改。还可拖曳缩略图，改变幻灯片的位置，调整幻灯片的播放次序。

在演示文稿窗口中，单击大纲编辑窗口上的"大纲"选项卡，进入普通视图的大纲模式，如图 5-3 所示。由于普通视图的大纲方式具有特殊的结构，因此在大纲视图模式中，更便于文本的输入、编辑和重组。

2．幻灯片浏览视图

在演示文稿窗口中，单击视图切换按钮中的"幻灯片浏览视图"按钮，可切换到幻灯片浏览视图窗口，如图 5-4 所示。在这种视图方式下，可以从整体上浏览所有幻灯片的效果，并可进行幻灯片的复制、移动、删除等操作。但在此种视图中，不能直接编辑和修改幻灯片的内容，如果要修改幻灯片的内容，则需双击某个幻灯片，切换到幻灯片编辑窗口后进行编辑。

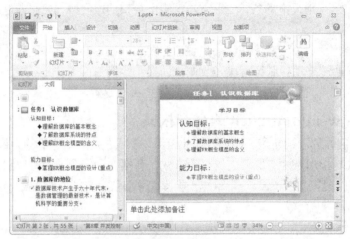

图 5-3　普通视图的大纲模式

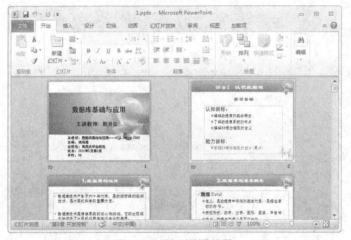

图 5-4　幻灯片浏览视图

3．幻灯片放映视图

在演示文稿窗口中，单击视图切换按钮中的"幻灯片放映"按钮，切换到幻灯片放映视图窗口，如图 5-5 所示。在这个窗口中，可以查看演示文稿的放映效果，测试其中插入的动画、声音效果等。

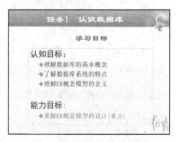

图 5-5　幻灯片放映视图

在放映幻灯片时，是全屏幕按顺序放映的，可以单击鼠标，一张张放映幻灯片，也可自动放映（预先设置好放映方式）。放映完毕后，视图恢复到原来状态。

4．阅读视图

阅读视图与幻灯片放映视图的功能类似，都是用来查看演示文稿的放映效果的，它们的区别在于，幻灯片放映视图是全屏放映，而阅读视图不是全屏放映，会出现标题栏和状态栏。

5.2   创建演示文稿

利用 PowerPoint 2010 制作的文件称为演示文稿，该文件默认的扩展名为.pptx。用户也可选择保存为原 PowerPoint 97-2003 格式文件，其扩展名为.ppt。演示文稿有不同的表现形式，如幻灯片、大纲、讲义、备注页等。其中幻灯片是最常用的演示文稿形式。在很多情况下，人们也将演示文稿称为幻灯片。

PowerPoint 2010 制作幻灯片一般包括以下流程。

制作方案（确定主题）→准备素材（文字、图片）→初步制作幻灯片→美化幻灯片→设置动画效果→放映幻灯片。

创建演示文稿最常用的方法有以下 3 种。

① 新建空白演示文稿：使用不含任何建议内容和设计模板的空白幻灯片制作演示文稿。

② 使用模板创建演示文稿：应用设计模板，可以为演示文稿提供完整、专业的外观，内容则可以灵活地自主定义。

③ 使用现有演示文稿新建：可以直接使用这些演示文稿类型进行修改编辑，创建所需的演示文稿。

5.2.1   新建空白演示文稿

创建空白演示文稿的随意性很大，能充分满足自己的需要，因此可以按照自己的思路，从一个空白文稿开始，建立新的演示文稿。

创建空白演示文稿有两种方法。

方法 1：

启动 PowerPoint 2010 后，标题栏显示的"演示文稿 1"名称就是系统自动新建的空白演示文稿，其中不包括任何内容，如图 5-6 所示。

图 5-6   空白演示文稿

方法 2：

① 单击"文件"按钮，在弹出的菜单中选择"新建"命令。

② 打开"新建演示文稿"对话框，在"模板"栏中选择"空白文档和最近使用的文档"选项。

③ 在中间的列表框中选择"空白演示文稿"选项。

④ 单击"创建"按钮，此时自动新建一个名为的"演示文稿 1"的空白文档。

5.2.2 使用模板创建演示文稿

1. 模板

使用设计模板创建演示文稿，可以迅速建立具有专业水平的演示文稿。模板包含了固定的结构与格式，PowerPoint 2010 自带有多个模板，其中"样本模板"和"主题模板"为两种不同类型的模板，分别如图 5-7 和图 5-8 所示。PowerPoint 2010 模板是以*.potx 为扩展名的文件。如果 PowerPoint 提供的模板不能满足要求，用户也可自己设计模板格式，保存为模板文件。

图 5-7　样本模板

图 5-8　主题模板

2. 根据"样本模板"新建演示文稿

利用"已安装的模板"新建演示文稿的操作步骤如下。

① 单击"文件"按钮，在弹出的菜单中选择"新建"命令。

② 在"新建"命令的右侧弹出的"可用的模板和主题"窗口中选择"样本模板"按钮。

③ 在"样本模板"列表框中选择需要的选项，这里选择"现代型相册"选项，如图 5-7 所示。

④ 单击"创建"按钮，该模板就被应用到新的演示文稿中，这是由 6 张幻灯片组成的演示文稿，如图 5-9 所示。

图 5-9　使用模板创建的演示文稿

在上面的幻灯片视图中显示的是该模板的第 1 张幻灯片，在幻灯片中输入所需的文字，完成对这张幻灯片的各种编辑或修改后，再依次修改第 2 张至第 6 张幻灯片的文字和图片。这些模板只是预设了格式和配色方案，用户可以根据演示主题的需要，输入文本，插入各种图形、图片、多媒体对象等。使用设计模板创建演示文稿有很大的灵活性，用户使用这种方式可创建符合自己要求的演示文稿。

3．根据"主题模板"新建演示文稿

根据"主题模板"新建的演示文稿只包含幻灯片统一设计和颜色的搭配，不含任何内容，并且新建的演示文稿中只有一张幻灯片。

利用"主题模板"新建演示文稿的操作步骤如下。

① 单击"文件"按钮，在弹出的菜单中选择"新建"命令。

② 在"新建"命令的右侧弹出的"可用的模板和主题"窗口中选择"主题"按钮。

③ 在"主题"列表框中选择需要的选项，这里选择"暗香扑面"选项，如图 5-8 所示。

④ 单击"创建"按钮，此时新建的演示文稿中只包含一张幻灯片，其中背景及色彩搭配都显示出"暗香扑面"主题，如图 5-10 所示。

图 5-10　使用主题创建的演示文稿

5.2.3　使用现有演示文稿新建

有些公司每年都要就财务和销售业绩做汇报，在会议汇报中制作一些内容相似的演示文稿，此时只需根据原有的演示文稿进行相应内容的修改即可达到快速制作演示文稿的目的。

利用"现有演示文稿"新建演示文稿的操作步骤如下。

① 单击"文件"按钮，在弹出的菜单中选择"新建"命令。

② 在"新建"命令的右侧弹出的"可用的模板和主题"窗口中选择"根据现有内容新建"按钮。

③ 打开"根据现有内容新建"对话框，在"查找范围"下拉列表框中选择演示文稿所在的位置和文档名。

④ 单击"新建"按钮，此时即新建演示文稿成功，该演示文稿中的内容和原演示文稿一致，只需在其中修改相应内容，再以其他文件名保存即可。

5.2.4 保存和打开演示文稿

1. PowerPoint 2010 的文件类型

PowerPoint 2010 可以打开和保存多种不同的文件类型，如演示文稿、Web 页、演示文稿模板、演示文稿放映、大纲格式、图形格式等。

（1）演示文稿文件（*.pptx）

用户编辑和制作的演示文稿需要将其保存起来，所有在演示文稿窗口中完成的文件都保存为演示文稿文件（*.pptx），这是系统默认的 XML 文件格式保存类型。

（2）Web 页格式（*.html）

Web 页格式是为了在网络上播放演示文稿而设置的，这种文件的保存类型与网页保存的类型格式相同，这样就可以脱离了 PowerPoint 系统，可以在 Internet 浏览器上直接浏览演示文稿。

（3）演示文稿模板文件（*.potx）

PowerPoint 提供数十种经过专家细心设计的演示文稿模板，包括颜色、背景、主题、大纲结构等内容，供用户使用。此外，用户也可以把自己制作的比较独特的演示文稿保存为设计模板，以便将来制作相同风格的其他演示文稿。

（4）大纲 RTF 文件（*.rtf）

将幻灯片大纲中的主体文字内容转换为 RTF（Rich Text Format）格式，保存为大纲类型，以便在其他的文字编辑应用程序中（如 Word）打开并编辑演示文稿。

（5）Window 图元文档（*.wmf）

将幻灯片保存为图片文件 WMF（Windows Meta File）格式，则可以在其他能处理图形的应用程序（如画笔等）中打开并编辑其内容。

（6）演示文稿放映（*.ppsx）

将演示文稿保存成固定以幻灯片放映视图打开的 PPS 文件格式（PowerPoint 播放文档），可以脱离 PowerPoint 系统，在任意计算机中播放演示文稿。

（7）XPS/PDF 文档格式（*.xps）

新的 Microsoft 电子纸张格式，用于以文档的最终格式交换文档。只有安装了加载项之后，才能在 2010 Microsoft Office System 程序中将文件另存为 PDF 或 XPS 文件。

（8）其他类型文件

还可以使用其他图形文件，如可交换图形格式（*.gif）、文件可交换格式（*.jpg）、可移植网络图形格式（*.png）等，这些文件类型是为了增加 PowerPoint 系统对图形格式的兼容性而设置的。

2. 打开演示文稿文件

打开演示文稿的常用方式有以下两种。

① 单击"文件"按钮，选择"打开"命令。

② 单击"文件"按钮，选择"最近使用的文档"。

3. 保存演示文稿文件

① 新建文件的保存：编辑完演示文稿后单击"文件"按钮，选择"另存为"命令或单击快速访问工具栏上的"保存"按钮，在弹出的"另存为"对话框中保存文件（保存的类型是.pptx 文件）。

② 保存已有的文件：单击"文件"按钮，选择"保存"命令。

5.3　编辑演示文稿

PowerPoint 2010 的幻灯片制作功能很强大，可以很方便地输入标题、文本。幻灯片制作的第一步就是处理幻灯片文本。例如，分别在占位符或"大纲"窗格中输入文本，若输入错误需选择并修改文本，同时为了让制作的幻灯片更美观，还需要对文本设置格式，包括字体、颜色、对齐方式、段落间距等。

5.3.1　在幻灯片中输入和编辑文本

在 PowerPoint 2010 中输入和编辑文本可以在普通视图的幻灯片窗格或大纲窗格中进行。普通视图能够让用户同时查看幻灯片、大纲和备注，要想扩大幻灯片的显示区域，可以拖动窗格之间的分隔线来调整窗格的大小。

1．输入文本

在 PowerPoint 2010 中输入文本有多种情况，大多时候是采用在占位符中输入文本，有时候要输入大量文本，还可在"大纲"窗格中输入。

（1）在占位符中输入文本

在占位符中输入文本的方法如下。

用鼠标单击占位符，在相应的占位符中输入文本文字，输入完毕后，单击占位符框外的任一空白区域即可。

【例 5.1】新建一个"暗香扑面"主题的演示文稿，将其保存为"美丽大自然.pptx"。其中分别输入主标题文字"神奇九寨"和副标题文字"2010 年 6 月摄影"，然后添加一张新幻灯片，在标题处输入"九寨沟简介"，并依次输入正文文本。

操作步骤如下。

① 单击"文件"按钮，选择"新建"命令。

② 在"新建"命令的右侧弹出的"可用的模板和主题"窗口中选择"主题"按钮，在"主题"列表框中选择"暗香扑面"选项，单击"创建"按钮。

③ 用鼠标单击标题占位符，在插入点中输入文字"神奇九寨"。

④ 单击"单击此处添加副标题"的占位符，输入副标题文字"2010 年 6 月摄影"。

⑤ 单击"开始"选项卡，在"幻灯片"组功能区中单击"新建幻灯片"下拉框，选择"标题和内容"版式。

⑥ 此时添加的内容为第 2 张幻灯片，在标题占位符中输入"九寨沟简介"，然后在正文占位符中输入介绍九寨沟的一段文本后按<Enter>键自动产生一个项目符号，继续输入其他内容。完成后在占位符外单击即可退出文本输入。

⑦ 单击"保存"按钮。

（2）在"大纲"选项卡中输入文本

如果幻灯片大部分内容是文本，为达到快速输入文本的目的，可通过"大纲"窗格来进行输入。

操作步骤如下。

① 切换到"大纲"窗格，按<Ctrl+M>组合键插入一张幻灯片，在文本插入点输入标题文本。

② 按<Ctrl+Enter>组合键在该幻灯片中建立下一级标题，即正文，输入内容。

③ 按<Enter>键产生一个项目符号，继续输入其他内容。

提示

　　输入时，按<Shift+Enter>键可在同一标题内换行，按<Tab>键则可以将标题文本转化为正文文本。

　　当不需要使用产生项目符号时，可按<Backspace>键将其删除后再输入文本。

2．设置文本格式

文本的格式设置即对文字和段落进行必要的修饰，通常包括文本字体格式、段落的对齐格式等。

（1）设置字体格式

方法 1：通过浮动工具栏快速设置。

PowerPoint 2010 提供了一个浮动工具栏，如图 5-11 所示。当用户选择一段文字后，浮动工具栏将自动呈现，通过该工具栏上的按钮可快速地对选中文字进行"字体""字号""字型""颜色"等设置。

图 5-11　浮动工具栏

方法 2：通过"字体"组设置。

单击"开始"选项卡的"字体"组可对文本格式进行设置。"字体"组和浮动工具栏的外观差不多，但有一定区别，在"字体"工具栏中可以对文本进行更详细的设置，如下画线、删除线、阴影、快速消除格式等。

方法 3：通过"字体"对话框设置。

如果想要为文本设置复杂多样的文字效果，可以单击"字体"组右下角的"功能扩展"按钮打开"字体"对话框，在其中进行下画线样式、颜色、字符间距等一些比较特殊效果的格式设置。

（2）设置段落格式

段落设置包括对文本的对齐方式、缩进或者行距等进行设置。通过设置段落格式可以使幻灯片的版式更具有层次感，更加美观。其设置方法与设置字体格式类似，也有如下 3 种方法。

方法 1：通过浮动工具栏快速设置。

通过浮动工具栏设置段落格式的方法与设置字体格式方法一样，当用户选择要设置的文本后，系统自动呈现出浮动工具栏按钮，可以对标题的段落对齐方式进行设置。文本的对齐方式常见有"左对齐""居中对齐""右对齐"和"两端对齐"4 种，默认情况下标题是居中对齐，正文靠左对齐。

方法 2：通过"段落"组设置。

单击"开始"选项卡的"段落"组可对段落格式进行设置。"段落"组和浮动工具栏中按钮的作用相同，但多了一些功能按钮，如行距、文字方向、分栏等。

方法 3：通过"段落"对话框设置。

如果需要更精确地设置段落文本的格式，可以通过"段落"对话框来实现。单击"段落"组右下角的"功能扩展"按钮，打开"段落"对话框，在其中进行分散对齐、段前段后距离和行间距等特殊格式设置等。

5.3.2　插入文本框、图形、表格、图表以及多媒体对象

1．插入文本框

当要在幻灯片上的空白处输入文本时，必须先在空白处添加文本框，然后才能在文本框

中输入文本。操作方法如下。

① 选择某张幻灯片。

② 单击"插入"选项卡的"文本"组中"文本框"下拉列表。

③ 选择"横排文本框"或"垂直文本框"选项。

④ 此时鼠标指针将变为†形状，将其移动到幻灯片中需要输入文本的位置，按住鼠标左键不放，拖曳到合适大小时释放鼠标左键，即可插入一个文本框。

⑤ 在文本框插入点输入所需文本，输入完毕后，单击文本框外的任一空白区域即可。

2．编辑文本框

（1）调整文本框大小及位置

将鼠标指针移动到文本框的顶点处，当其变为形状时，按住<Shift>键拖动鼠标，可成比例地改变文本框的长和宽。

将鼠标指针移动到文本框的边框线上，按住鼠标左键拖曳可将该文本框从原来位置移动到新的位置。

（2）设置文本框形状格式

选择插入的文本框，单击"格式"选项卡，单击"形状样式"组中的"功能扩展"按钮，打开"设置形状格式"对话框，如图 5-12 所示。在对话框中可进行文本框边框、底纹、阴影、三维样式等格式的设置。

图 5-12 "设置形状格式"对话框

3．插入图形对象

在 PowerPoint 2010 的幻灯片中可通过插入一些图形对象，如剪贴画、图片、艺术字、自选图形、SmartArt 图形等，让幻灯片更加丰富多彩、赏心悦目，提高演示效果。

（1）插入剪贴画

有两种方式可以建立带有剪贴画的幻灯片，一种是利用含有剪贴画版式的幻灯片来创建，另一种是在不含有剪贴画版式的幻灯片中创建。

① 常用的是利用幻灯片版式建立带有剪贴画的幻灯片。在"开始"选项卡的幻灯片组中单击"版式"按钮，从幻灯片版式中选择含有剪贴画占位符的任何版式应用到新幻灯片中。然后双击剪贴画预留区，弹出"选择图片"对话框，如图 5-13 所示，双击要选择的剪贴画，

它就被插入到剪贴画预留区中。

图 5-13　插入剪贴画

② 还可在没有剪贴画占位符的幻灯片中插入剪贴画。先选择要插入剪贴画的幻灯片，选择"插入"选项卡，在"图像"组中单击"剪贴画"按钮，打开"剪贴画"任务窗格。在"搜索文字"文本框中输入关键字"计算机"，然后单击"搜索"按钮，搜索出按指定要求的剪贴画。在显示的图片缩略图中，单击要插入的图片，可将其加入到当前幻灯片上，如图 5-14 所示。

图 5-14　插入剪贴画的效果

（2）插入外部图片文件

在幻灯片中，除了可以插入剪贴画外，也可以添加自己的图片文件，这些文件可以是在软盘、硬盘或 Internet 上的图片文件。

插入外部图片文件的操作方法：选择要插入图片的幻灯片，选择"插入"选项卡，在"插图"组中单击"图片"按钮，弹出"插入图片"对话框，如图 5-15 所示。在"查找范围"下拉列表中选定图片文件所在的文件夹，找到需要插入的图片，单击选中它，再单击"插入"按钮。

图 5-15 插入图片对话框

（3）添加艺术字

PowerPoint 2010 还提供了一个艺术汉字处理程序，可以编辑各种艺术汉字效果。加入艺术字的方法：选择"插入"选项卡，在"文本"组中单击"艺术字"命令，在弹出的下拉菜单中选择艺术字的样式，然后在"请在此键入您自己的内容"文本框中输入文字即可。

如果艺术字的字体、字号等不符合要求，可通过选择"开始"选项卡，在"字体"组中进行编辑；如果艺术字的形状、样式和效果需要修改，可通过选择"格式"选项卡，在"艺术字样式"组进行修改。

（4）添加形状

PowerPoint 2010 中提供了多种形状绘制工具，使用这些工具可以绘制出圆形图、矩形图、线条、流程图、星和旗帜等图形。选择"插入"选项卡，在"插图"组中单击"形状"按钮，在弹出的下拉菜单中选择所需的图形，在幻灯片中拖曳鼠标，就创建了相应的图形。

（5）添加 SmartArt 图形

PowerPoint 2010 提供了多种类型的 SmartArt 图形，如流程图、层次结构图、循环和关系等图形，利用它可方便且快速地创建具有设计师水准的插图，如图 5-16 所示。

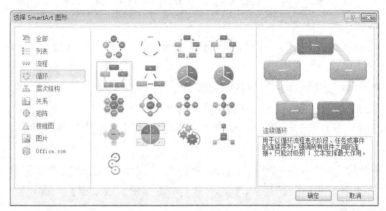

图 5-16 选择 SmartArt 图形

添加 SmartArt 图形的操作方法如下。

① 选择某张幻灯片。

② 选择"插入"选项卡，在"插图"组单击"插入 SmartArt 图形"按钮。在打开的"选择 SmartArt 图形"对话框中，选择"层次结构"选项卡。

③ 在中间的列表框中选择具体的图形布局样式，如选择"组织结构图"选项。

④ 单击"确定"按钮。

⑤ 此时组织结构图插入到幻灯片中，依次在文本框中输入相应的文本即可。

在幻灯片中插入图形对象后，选定对象并单击鼠标右键，在弹出的快捷菜单中选择"设置对象格式"命令，可以对其进行编辑，如调整大小、位置，进行裁剪等；还可以对自选图形进行缩放、旋转、翻转、加阴影或边框等操作。

4．插入表格与图表

在幻灯片中，表格的插入方法有两种，一是在插入新幻灯片后，在幻灯片版式中选择含有表格占位符的版式，应用到新的幻灯片，然后单击幻灯片中表格占位符标识，就可以制作表格；二是直接在已有的幻灯片中加入表格，可以选择"插入"选项卡，在"表格"组中单击"表格"按钮，快速建立一个表格。

在幻灯片中，插入图表的方法与插入表格类似。由于在幻灯片中，创建表格和图表的方法与在 Word 中相似，因此不再赘述。

5．添加声音和影片

幻灯片中除了包含文本和图形，幻灯片和谐的配色，富有创意的设计外，还可以添加音频和视频内容。使用这些多媒体元素，可以使幻灯片的表现力更丰富。

（1）添加声音

在制作幻灯片时，可以插入剪辑声音、添加声音、播放 CD 乐曲，以及为幻灯片录制配音等，使幻灯片声情并茂。

方法 1：插入剪辑管理器中的声音。

① 单击"插入"选项卡，在"媒体"组功能区中单击"声音"下拉按钮。

② 在弹出的菜单中选择"剪贴画音频"选项。

③ 打开"剪贴画"任务窗格，在其下方的声音文件列表框中单击需要插入的声音选项。

④ 此时幻灯片上将显示一个声音图标，同时打开提示播放的对话框，选择幻灯片播放声音方式，然后拖动声音图标到幻灯片的角落处，按<F5>键放映幻灯片，即可听到插入的声音。

方法 2：添加外部声音文件。

在幻灯片中添加外部声音文件，即保存在计算机硬盘中的声音文件，如 MTV/MP3、旁白声音等，其插入方法如下。

① 单击"插入"选项卡，在"媒体"组功能区中单击"声音"下拉按钮。

② 在弹出的菜单中选择"文件中的声音"选项。

③ 打开"插入声音"对话框，在其中选择需要插入的声音路径和文件名，单击"打开"按钮。

④ 此时幻灯片上将显示一个声音图标，同时打开提示播放的对话框，选择幻灯片播放声音方式，然后拖动声音图标到幻灯片的角落处，按<F5>键放映幻灯片，即可听到插入的声音。

（2）添加视频

在幻灯片中主要可以使用两种影片，一种是 PowerPoint 剪辑管理器中自带的影片，另一种是文件中的影片，其使用方法与声音相似。

方法 1：插入剪辑管理器中的影片。

① 单击"插入"选项卡，在"媒体"组功能区中单击"影片"下拉按钮。

② 在弹出的菜单中选择"剪贴画视频"选项。

③ 打开"剪贴画"任务窗格，在其下方的影片文件列表框中单击需要插入的影片选项。

④ 按<F5>键放映幻灯片，即可看到插入的影片

方法 2：插入文件中的影片。

① 单击"插入"选项卡，在"媒体"组功能区中单击"影片"下拉按钮。

② 在弹出的菜单中选择"文件中的影片"选项。

③ 打开"插入影片"对话框，在"查找范围"下拉列表中选择视频文件路径。

④ 单击"确定"按钮，此时幻灯片上将打开提示对话框，选择幻灯片播放影片方式。

⑤ 按<F5>键放映幻灯片，即可看到插入的影片。

提示

　　插入影片后，标题栏上将增加一个影片工具栏和"选项"选项卡，在其下的"影片选项"组中可设置影片的播放属性等。

（3）插入 Flash 动画

① 在普通视图中，选择要插入 Flash 动画的幻灯片。

② 单击"文件"菜单中的"选项"命令，在弹出的"PowerPoint 选项"对话框中的"自定义功能区"，勾选"开发工具"复选框，单击"确定"按钮。

③ 单击"开发工具"选项卡中的"控件"组的"其他控件"按钮，打开 ActiveX 控件清单列表，选择"Shockwave Flash Object"选项。

④ 用鼠标拖出一个任意大小的矩形区域，作为 Flash 播放区域。在该区域中，单击鼠标右键，选择"属性"命令，打开"属性"对话框。

⑤ 在"属性"对话框中的"Move"选项框中输入 Flash 动画文件所在的路径及文件名。注意，插入的 Flash 动画必须是 SWF 格式，并与演示文稿保存在同一个文件夹下，否则要写出完整的路径，如 c:\My Documents\dohua.swf。

⑥ 单击"确定"按钮。此时按<F5>键放映幻灯片，即可看到插入的动画影片。

【例 5.2】在例 5.1"美丽大自然.pptx"中，新插入一张幻灯片作为第 3 张幻灯片。输入标题文字为"主要景点"，格式为宋体、44 号、蓝色，插入 4 张风景图片；在第 4 张幻灯片中输入艺术字"诺日朗瀑布"作为标题，其下插入图片一张，右侧输入竖排介绍文本；在第 5 张幻灯片中插入 4 行 5 列表格，表格标题为"温度对比表"，输入相应四季景区温度；在第 6 张幻灯片中插入反映动物资源的层次结构图，并添加一种动物的叫声，自动播放。

操作步骤如下。

① 单击"文件"按钮，选择"打开"命令。

② 选择"美丽大自然.pptx"演示文稿，单击"打开"按钮。

③ 将鼠标移到第 2 张幻灯片上，单击"开始"选项卡，在"幻灯片"组功能区中单击"新建幻灯片"下拉框，选择"标题和内容"版式。

④ 输入标题文字"主要景点"，选中该文本，在"字体"组中依次将文本设为宋体、44 号、蓝色。

⑤ 单击"内容版式"区中"插入来自文件的图片"图标，插入事先准备好的风景图片，

重复操作完成其他图片的插入。

⑥ 单击"开始"选项卡，在"幻灯片"组功能区中单击"新建幻灯片"下拉框，选择"空白"版式。

⑦ 单击"插入"选项卡，在"文本"组功能区中单击"艺术字"下拉框，选2行1列的样式，输入"诺日朗瀑布"标题并将其移动到上方位置。在"插图"组功能区中单击"图片"，插入事先准备好的"诺日朗瀑布"图片。在"文本"组功能区中单击"文本框"下拉框，选择"竖排文本框"，输入相应介绍"诺日朗瀑布"的文本并将其拖至图片的右侧位置。

⑧ 单击"开始"选项卡，在"幻灯片"组功能区中单击"新建幻灯片"下拉框，选择"仅标题"版式，单击标题占位符输入表格标题"温度对比表"。接着单击"插入"选项卡，在"表格"组功能区中单击"表格"下拉框的"插入表格"选项，在"插入表格"对话框中设置4行5列。

⑨ 在表格中依次输入相应四季景区温度值，并设置表格的格式，如图5-17所示。

⑩ 同上，添加第6张幻灯片，插入一个反映动物资源的层次结构图，如图5-18所示。接着单击"插入"选项卡，在"媒体剪辑"组功能区中单击"声音"下拉框，选择"文件中的声音"，插入动物的叫声，并设置在幻灯片放映时自动播放。

温度对比表

景区	春	夏	秋	冬
九寨沟	8.2	15.9	7.7	0.1
拉萨	9.2	16.3	9.1	0.6
青岛	11.4	24.7	16.4	1.6

图5-17 表格样式图

图5-18 层次结构样式图

⑪ 单击"保存"按钮。

5.3.3 编辑幻灯片

幻灯片的编辑操作主要有幻灯片的插入、选择、移动、复制、删除等，这些操作通常都是在幻灯片浏览视图下进行的，因此，在进行编辑操作前，需首先切换到幻灯片浏览视图。

1．插入幻灯片

插入幻灯片的方法有以下几种。

方法1：在普通视图或幻灯片浏览视图中选择一张幻灯片，在"开始"选项卡的"幻灯片"组中单击"新建幻灯片"按钮或按<Ctrl+M>组合键，将在当前幻灯片的后面插入一张新幻灯片。

方法2：在普通视图的"幻灯片"窗格中按<Enter>键，或在"幻灯片/大纲"窗格中单击鼠标右键，在弹出的快捷菜单中选择"新建幻灯片"命令，都将在当前幻灯片的后面插入一张新幻灯片。

方法3：在幻灯片浏览视图或普通视图的"幻灯片"窗格中，将鼠标定位在要插入幻灯片的位置（即两张幻灯片之间），在"开始"选项卡的"幻灯片"组中单击"新建幻灯片"按钮或按<Enter>键，将在当前幻灯片的后面插入一张新幻灯片。

2．选择幻灯片

（1）选择单张幻灯片

在"幻灯片"窗格中单击"幻灯片"缩略图或在"大纲"窗格中单击幻灯片前面的图标即可选择该张幻灯片。

（2）选择多张连续的幻灯片

在"幻灯片"窗格或"大纲"窗格中，单击要连续选择的第 1 张幻灯片，按住<Shift>键不放，再单击连续选择的最后一张幻灯片，两张幻灯片之间的所有幻灯片均被选中。

（3）选择多张不连续的幻灯片

在"幻灯片"窗格或"大纲"窗格中，单击要选择的第 1 张幻灯片缩略图，按住<Ctrl>键不放，依次单击要选择的其他幻灯片缩略图，被单击的所有幻灯片均被选中。

（4）选择全部幻灯片

在"幻灯片"窗格、"大纲"窗格或幻灯片浏览视图中，按<Ctrl+A>组合键可将所有的幻灯片全部选中。

3．移动与复制幻灯片

（1）移动与复制幻灯片的区别

移动幻灯片用于在组织演示文稿时调整幻灯片位置。复制幻灯片则是为了快速制作相似或相同的幻灯片。两者操作过程类似但效果却大不同。通常情况下，采用"鼠标拖曳法"和"快捷菜单法"来完成幻灯片的移动和复制操作。

（2）移动幻灯片

打开演示文稿，切换到幻灯片浏览方式。单击选中要移动的幻灯片，用鼠标拖曳幻灯片到需要的位置，释放鼠标左键即可。

（3）复制幻灯片

选择需要复制的幻灯片，选择右键快捷菜单"复制"和"粘贴"命令，将所选幻灯片复制到演示文稿的其他位置或其他演示文稿中（只有在幻灯片浏览视图或大纲视图下才能使用复制与粘贴的方法）。

在演示文稿的排版过程中，可以通过移动或复制幻灯片，来重新调整幻灯片的排列次序，也可以将一些已设计好版式的幻灯片复制到其他演示文稿中。

4．删除幻灯片

删除不需要的幻灯片，只要选中要删除的幻灯片，选择鼠标右键快捷菜单"删除幻灯片"命令或按<Delete>键即可。如果误删除了某张幻灯片，可单击快速访问工具栏的"撤销"按钮。

5.4 幻灯片的外观设置

5.4.1 幻灯片版式设置

在 PowerPoint 2010 中，"版式"和"版面"是同一概念，它指的是各种对象在幻灯片上的布局格式。PowerPoint 2010 提供了 11 种精心设计的幻灯片预设版式，如"标题和内容"、"两栏内容""比较"等。每当创建一张新幻灯片时，默认使用的是"标题和内容"版式。如果要修改版式，可先选择幻灯片，再选择"开始"选项卡，在"幻灯片"组中单击"版式"按钮并在弹出的列表框中选择一种样式即可，如图 5-19 所示。

图 5-19　幻灯片版式

5.4.2　幻灯片背景设置

幻灯片的背景设置应与演示文稿的题材、内容相匹配，用来确定整个演示文稿的主要基调。PowerPoint 2010 可以采用设计模板为所有的幻灯片设置统一的背景，也可以每一张幻灯片设置不同的背景颜色，这些颜色可以是一种或多种颜色，可以采用纹理或图案甚至计算机中的任意图片文件来作背景等。

1．添加背景颜色

① 新建一张空白幻灯片，选择"设计"选项卡。

② 在"背景"组中单击"背景样式"按钮。

③ 在弹出的菜单中选择某种背景样式，如"样式 6"选项，如图 5-20 所示。

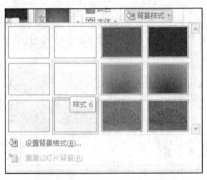

图 5-20　添加幻灯片背景

④ 单击鼠标，此时"样式 6"背景立即被应用到该幻灯片。

2．设置填充、纹理效果

① 新建一张空白幻灯片，选择"设计"选项卡。

② 在"背景"组中单击"背景样式"按钮。

③ 在弹出的菜单中选择"设置背景格式"选项，打开"设置背景格式"对话框，选择"填充"选项卡，选中"渐变填充"按钮。

④ 单击下方的"预设颜色"下拉按钮，在弹出的"预设颜色"菜单中选择选项，如"漫漫黄沙"，如图 5-21 所示。

⑤ 在"类型"下拉列表中选择"路径"选项。

⑥ 在"渐变光圈"设置渐变样式。

⑦ 单击"关闭"按钮，完成渐变色的设置，效果如图 5-22 所示。

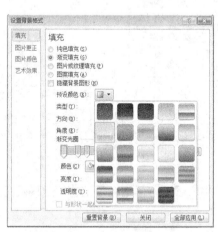

图 5-21 设置渐变颜色

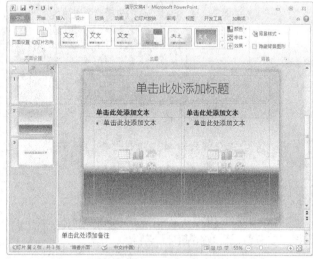

图 5-22 设置后的效果

重复步骤①~②，在步骤③中选中"图片或纹理填充"单选按钮。

⑧ 单击"纹理"下拉按钮，在弹出的"纹理"菜单中选择选项，如"鱼类化石"，如图 5-23 所示。

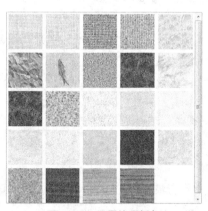

图 5-23 设置纹理颜色

⑨ 返回"设置背景格式"对话框，单击"关闭"按钮，该幻灯片的背景自动应用为"鱼类化石"纹理。

3．设置背景图片

① 新建一张空白幻灯片，选择"设计"选项卡，在"背景"组中单击"背景样式"按钮。在弹出的菜单中选择"设置背景格式"选项，打开"设置背景格式"对话框，选择"填充"选项卡，选中"图片或纹理填充"按钮。

② 在下方的"插入自"栏中单击"文件"按钮，打开"插入图片"对话框，在"查找范

围"下拉列表中选择图片所在的位置。

③ 选择需要插入的图片，单击"插入"按钮。

④ 选择"图片颜色"选项卡，单击"重新着色"下拉按钮，在弹出的菜单中选择选项，如"强调文字颜色 2"，如图 5-24 所示。

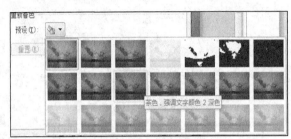

图 5-24 设置图片背景

⑤ 返回"设置背景格式"对话框，单击"关闭"按钮，该幻灯片的背景自动应用为变色的图片。

5.4.3 幻灯片主题设置

PowerPoint 2010 提供了多个风格不同的主题样式，用户可以方便地套用这些主题样式而不会为自己缺乏美术基础而苦恼。

1．自动套用主题样式

① 打开"美丽大自然.pptx"演示文稿，选择"设计"选项卡。

② 单击"主题"组中列表框的"其他"按钮。

③ 在弹出菜单的"内置"栏中选择一种主题样式，如选择"流畅"选项，如图 5-25 所示。

④ 单击鼠标后，其主题应用到该演示文稿中，如图 5-26 所示。

2．自定义主题

幻灯片的主题对标题文本和线条、背景、阴影、填充、强调、超级链接等组件的颜色、字体、效果等都进行了优化配色，如果用户不满意可以自己自定义主题。

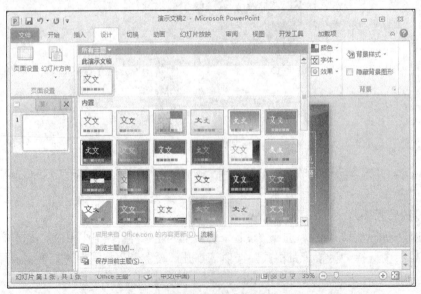

图 5-25 "流畅"主题

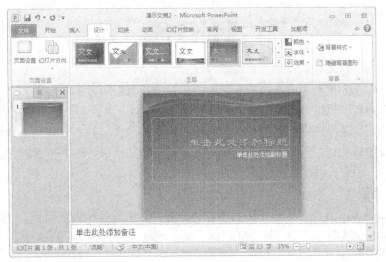

图 5-26　应用后的效果

自定义主题操作步骤如下。

① 在演示文稿中选择"设计"选项卡。

② 单击"主题"组中的"颜色"下拉按钮。

③ 在弹出的菜单中选择"新建主题颜色"选项。

④ 在打开的"新建主题颜色"对话框中,单击"文字/背景"选项,如"文字/背景-深色1"后面的下拉按钮,如图 5-27 所示。

⑤ 在弹出的颜色菜单中进行相关的设置。在"名称"文本框中输入"标题加深"。

⑥ 单击"保存"按钮。

⑦ 单击"主题"组中的"字体"下拉按钮,如图 5-28 所示,在弹出的菜单中选择"新建主题字体"选项。

图 5-27　新建主题颜色

图 5-28　新建主题字体

⑧ 在打开的"新建主题字体"对话框中,在"西文"栏的"标题字体"中选择某项;在"中文"栏的"标题字体"中选择某项,如"微软雅黑"选项。

⑨ 在"名称"文本框中输入"标题新"。

⑩ 单击"保存"按钮，其自定义主题被应用到该演示文稿中。

5.4.4 母版设计

演示文稿中的各个页面经常会有重复的内容，使用母版可以统一控制整个演示文稿的文字格式、图形外观、风格等，快速生成相同样式的幻灯片，从而极大地提高工作效率。

母版是演示文稿中所有幻灯片或页面格式的底版，包含所有幻灯片的公共属性和局部信息。当对母版前景和背景颜色、图形格式、文本格式等属性进行重新设置时，会影响到相应视图中的每一张幻灯片、备注页或讲义部分。

1．母版类型

PowerPoint 2010 提供了 3 种母版：幻灯片母版、备注母版和讲义母版。对应于幻灯片母版的类型，有 3 种视图，即幻灯片母版视图、讲义母版视图和备注母版视图。

（1）幻灯片母版

幻灯片母版控制的是包含标题幻灯片在内的所有幻灯片格式。标题及文本的版面配置区中包含了标题、文本对象、日期、页脚和数字 5 种占位符，通过设置幻灯片母版中占位符的字符格式和段落格式来设置应用此母版的幻灯片对应区域的格式。如果删除了幻灯片母版上的占位符，幻灯片上的相应区域就会失去格式控制。

要使每张幻灯片都出现相同元素，如公司徽标、图形，可在母版中编辑插入这些元素。同样也可以为母版设置背景、页眉页脚、时间和日期及幻灯片编号。

进入幻灯片母版视图的方法如下。

选择"视图"选项卡，在"母版视图"组中单击"幻灯片母版"按钮，即可进入幻灯片母版视图。

（2）备注母版

备注母版可将幻灯片和备注显示在同一页面中。备注母版上有 6 个占位符，其中可以设置备注幻灯片的格式即备注页方向、幻灯片方向等。为幻灯片添加备注文本，更利于观众深入理解该幻灯片要表达的意思。

进入备注母版视图的方法如下。

有两种方法进入备注母版视图，一是选择"视图"选项卡，在"母版视图"组中单击"备注母版"按钮；二是按住<Shift>键同时单击"备注页"按钮。

（3）讲义母版

讲义母版只显示幻灯片而不包括相应的备注。在讲义母版中有 4 个占位符和 6 个代表小幻灯片的虚线框，在其中可以查看一页纸张里显示的多张幻灯片，也可设置页眉和页脚内容并调整其位置。如需将幻灯片作为讲义稿打印装订成册，就可使用讲义母版形式将其打印出来。

有两种方法进入讲义母版视图，一是选择"视图"选项卡，在"母版视图"组中单击"讲义母版"按钮；二是按住<Shift>键同时单击"幻灯片浏览视图"按钮进入讲义母版视图。

2．幻灯片母版设计

幻灯片母版通常用来制作具有统一标志和背景的内容，设置占位符、各级标题文本及项目符号的格式等。在 3 种母版中，最常用的是幻灯片母版，掌握了它的设置方法后，制作讲义母版和备注母版就变得简单了。下面举例讲解制作幻灯片母版的方法。

【**例 5.3**】新建一个名为"师德师风演讲.pptx"演示文稿，在标题母版下方绘制一个绿色矩形，并设置幻灯片母版标题样式为隶书，44 号字，如图 5-29 所示。在幻灯片母版的上方绘制一个红色的矩形条和插入一张"地图"图片。在顶端标题处添加一个横排文本框，其文本内容为"演讲比赛"，并设置字体为华文彩云，字号为 40，颜色为黄色，居中，效果如图 5-30 所示。返回普通视图下，在第 1 张幻灯片中输入标题文字"师德师风"，添加副标题"演讲者：谷风"。接着插入"标题和内容"版式的幻灯片作为第 2 张，并在文本区添加图片"教师.jpg"。

操作步骤如下。

① 单击"文件"按钮，选择"新建"命令，选择"空白演示文稿"，单击"创建"按钮。

② 选择"视图"选项卡，在"母版视图"组功能区中单击"幻灯片母版"按钮，进入"幻灯片母版"视图。

③ 当前幻灯片默认为标题母版幻灯片（即编辑区左侧的第 2 张）。鼠标选中"单击此处编辑母版样式"处，设置为隶书、44 号字。用鼠标单击"插入"选项卡，选择"插图"组中的"形状"下拉按钮，单击矩形，拖曳鼠标绘制一个矩形至幻灯片底部处。选中该矩形，单击鼠标右键，选择"设置形状格式"，单击"颜色"下拉框，选择"绿色"，最后单击"关闭"按钮，如图 5-29 所示。

④ 单击编辑区左侧的第 1 张幻灯片，用鼠标单击"插入"选项卡，选择"插图"组中的"形状"下拉按钮，单击矩形，拖曳鼠标绘制一个矩形至幻灯片顶部处。选中该矩形，单击鼠标右键，选择"设置形状格式"，单击"颜色"下拉框，选择"红色"，最后单击"关闭"按钮。在"插图"组中单击"剪贴画"按钮，在弹出的"剪贴画"任务窗格中搜索"地图"图片并插入到红色"矩形"条左端。用类似方法可以插入一个横排文本框，输入文字为"演讲比赛"，选中该文字，设置字体为华文彩云、字号为 40、颜色为黄色，居中，如图 5-30 所示。

⑤ 单击"幻灯片母版"选项卡中"关闭"组中的"关闭母版视图"按钮，返回到普通视图。在"单击此处添加标题"处输入标题文字"师德师风"，添加副标题"演讲者：谷风"。

⑥ 单击"新建幻灯片"下拉框中的"标题和内容"版式，作为第 2 张幻灯片插入。在文本编辑区中单击"剪贴画"图标，在弹出的"剪贴画"任务窗格的搜索文字框中输入关键字"教师"，单击"搜索"按钮，选中该图片插入。

图 5-29　标题母版效果

图 5-30　幻灯片母版效果

⑦ 最后单击"保存"按钮并为演示文稿取名为"师德师风演讲.pptx"。最后效果如图 5-31 所示。

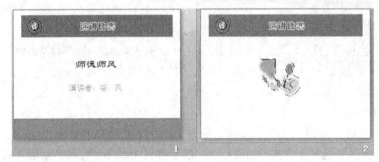

图 5-31 例 5.3 效果图

5.5 添加动画效果

动画效果是指幻灯片放映时出现的一系列的动作特技。具有动画效果的幻灯片可以有效地增强演示文稿对听众的吸引力，产生更好的感染效果。

在演示文稿的放映过程中，可以为幻灯片中的标题、副标题、文本、图片等对象设置动画效果，从而使得幻灯片的放映生动活泼。幻灯片中的动画效果有两类：幻灯片间切换动画和幻灯片中对象的动画。

5.5.1 片间切换动画

幻灯片间切换动画是指演示文稿播放过程中幻灯片进入和离开屏幕时产生的视觉效果。在演示文稿制作过程中，可为指定的一张幻灯片设计片间切换效果，也可为一组幻灯片设计相同的切换效果。

PowerPoint 2010 为幻灯片切换提供了多种预设的动画方案，包括"淡出与溶解""擦除""推进与覆盖""条纹和横纹""随机"等类型，每种类型下又包括了更丰富的具体方案。

设置片间切换动画的操作方法如下。

选择"切换"选项卡，在"切换到此幻灯片"组中，单击"其他"按钮，在弹出的菜单中选择自己所需要这些切换方案即可，如图 5-32 所示。

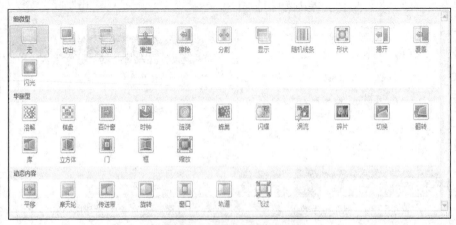

图 5-32 幻灯片切换方案

5.5.2 片内对象的动画设置

用户可以对幻灯片上的文本、图形、声音、图像、图表和其他对象设置动画效果，这样可以突出重点，控制信息的流程，并提高演示文稿的趣味性。

1．快速设置对象动画

快速设置对象动画效果的操作步骤如下。

① 选中幻灯片中要设置动画效果的对象（可同时选中多个对象）。

② 单击"动画"选项卡的"动画"组中的"动画"后的下拉按钮，在弹出的下拉列表中选择"飞入"选项。

③ 单击"预览"组中的"预览"按钮，可以看到所选对象从幻灯片底部快速飞入。

2．更多动画效果

"动画"下拉列表中提供的快速设置对象动画效果非常有限，如果不能满足用户要求，可以通过 PowerPoint 2010 提供的更多动画功能进行设置，方法如下。

① 在幻灯片视图中，选中要自定义动画的幻灯片，并选中要设置动画的对象。

② 单击"动画"选项卡的"高级动画"组中的"添加动画"按钮，会弹出如图 5-33 所示的菜单。

③ 在下方会出现"进入""强调""退出"和"动作路径"4 个选项，点选菜单下方的选项还可以进一步选择具体的动画效果，如图 5-34～图 5-37 所示。

图 5-33　自定义动画

图 5-34　"添加进入效果"子菜单

图 5-35　"添加强调效果"子菜单

④ 在"动画窗格"单击"播放"按钮，可预览动画效果。单击"重新排序"按钮，可调整对象在放映时出现的顺序。单击"删除"按钮，可删除自定义动画。

图 5-36 "添加退出效果"子菜单   图 5-37 "添加动作路径"子菜单

【例 5.4】打开"美丽大自然.pptx"演示文稿,将第 1 张幻灯片的标题设置为"自顶部"飞入、"中速"单击时进入动画效果,为文本"神奇九寨"添加"字体颜色"的强调动画效果。将第 2 张幻灯片中的文本设置为"随机线条"的退出效果;再将第 2 张幻灯片中的"笑脸"图片设置为"陀螺旋"强调效果。

操作步骤如下。

① 打开"美丽大自然.pptx"演示文稿,选择第 1 张幻灯片的标题占位符。

② 选择"动画"选项卡中"高级动画"组,并单击"动画窗格"按钮,在右边将会弹出"动画窗格"窗口。

③ 在"高级动画"组中单击"添加动画"按钮,在弹出的菜单中选择"进入"中的"飞入"。

④ 在"动画窗格"窗口中单击鼠标右键,在弹出的快捷菜单中选择"效果选项",弹出"飞入"对话框,如图 5-38 所示,依次设置单击时飞入,其方向为"自顶部"、速度为"中速"。

⑤ 选中文本"神奇九寨",单击"添加动画"按钮,选择"强调"中的"字体颜色"命令,设置相应的颜色。

⑥ 选中第 2 张幻灯片中的文本,单击"添加动画"按钮,选择"退出"命令中的"随机线条"。

⑦ 选中第 2 张幻灯片中的"笑脸"图片,单击"添加动画"按钮,选择"强调"命令中的"陀螺旋"。

图 5-38 "效果选项"对话框

5.6 设置超链接

在演示文稿中使用超链接，可以使用户从一张幻灯片跳转至另一张幻灯片或其他演示文稿、Word 文档、Excel 表格或 Internet 上的某一个网址等。当鼠标指针指向建立了超链接的对象上时，鼠标指针变为手形，单击即可跳转至超链接设置的位置。

5.6.1 幻灯片中创建超链接

创建超链接时，起点可以是一段文字、一张图片或不同的按钮对象。只要单击这些对象可以链接并跳转到相应的幻灯片中。

1．使用"超链接"命令创建超链接

幻灯片中的任意文本和图形都可以建立超链接，创建后必须在放映幻灯片时才能看到链接效果。

使用"超链接"命令创建超链接的操作步骤如下。

① 在幻灯片上选中要链接的文本。

② 选择"插入"选项卡的"链接"组，单击"超链接"按钮，弹出如图 5-39 所示的"插入超链接"对话框。

③ 在"链接到"列表中选择要插入的超级链接类型。若是链接到已有的文件或网页上，则单击"现有文件或网页"图标；若要链接到当前演示文稿的某个幻灯片，则可单击"本文档中的位置"图标；若要链接一个新演示文稿，则单击"新建文档"图标；若要链接到电子邮件，可单击"电子邮件地址"图标。

④ 在"要显示的文字"文本框中显示的是所选中的用于显示链接的文字，可以更改。

⑤ 在"地址"框中显示的是所链接文档的路径和文件名，在其下拉列表中，还可以选择要链接的网页地址。

⑥ 单击"屏幕提示"按钮，弹出如图 5-40 所示的提示框，可以输入相应的提示信息，在放映幻灯片时，当鼠标指向该超级链接时会出现提示信息。

图 5-39 "插入超链接"对话框

图 5-40 "设置超链接屏幕提示"对话框

⑦ 完成各种设置后，单击"确定"按钮。

一个超链接创建完成后，有时需要改变超链接的目标位置或删除原有的超链接等，可用鼠标右键单击需要编辑超链接的对象，打开快捷菜单，在弹出的"编辑超链接"对话框中，单击"编辑超链接"或"删除链接"按钮即可。

2．使用"动作设置"命令建立超链接

在 PowerPoint 2010 中还有一种重要的链接对象——动作按钮。它是形状中一个现成的按

钮，可以通过在"插入"选项卡上的"插图"组中单击"形状"下的箭头，找到并将其插入到演示文稿中来自动定义超链接，如图5-41所示。

图 5-41　动作按钮

使用"动作设置"命令创建超链接的操作步骤如下。

① 在幻灯片中选定要建立超级链接的文本。

② 选择"插入"选项卡，在"链接"组单击"动作"命令，弹出如图 5-42 所示"动作设置"对话框。

③ 选择"单击鼠标"选项卡，并在其中进行相应项目的选择。

● 选中"超链接到"选项，可以单击"超链接到"下拉列表并在其中选择一个超链接的目标位置。例如，选择"幻灯片..."选项，则出现"超链接到幻灯片"对话框，如图5-43 所示。

图 5-42　"动作设置"对话框

图 5-43　"超链接到幻灯片"对话框

● 选中"运行程序"选项，可通过单击"浏览"按钮找到要求运行程序存放的位置，使超链接到指定的程序。

● 选中"无动作"选项，可以取消超链接。

● 选中"播放声音"复选框，然后选择要播放的声音，可以为动作设置音效。

④ 单击"确定"按钮。

5.6.2　电子相册

如果希望在演示文稿中添加一组喜爱的图片并配上美妙背景音乐及动画效果制作成自己的相册夹，使用 PowerPoint 2010 的相册功能非常方便。它可以从硬盘、扫描仪、摄像机、数字照相机、Web 照相机或 Internet 网络向相册中添加多张图片。当创建相册时，PowerPoint 2010会创建一个新的演示文稿。

创建相册之前要准备好所有素材图片，其制作步骤如下。

① 新建一个空白演示文稿，选择"插入"选项卡。在下方的"图像"组中单击"相册"按钮。

② 在弹出的菜单中选择"新建相册"选项，打开"相册"对话框。

③ 单击"文件/磁盘"按钮，弹出"插入新图片"对话框，如图 5-44 所示，可添加希望出现在相册中的图片，若选择多个图片文件，可先选中第 1 个文件，按住<Ctrl>键后，再单击

若干个图片文件。

④ 单击"插入"按钮，返回"相册"对话框，如图 5-45 所示。

⑤ 在"图片版式"下拉列表框中选择"4 张图片"选项。

⑥ 在"相框形状"下拉列表框中选择"复杂框架，黑色"选项。

⑦ 单击"创建"按钮。随后返回幻灯片编辑区中，自动新建一个相册。

⑧ 最后保存文件即可。

图 5-44　"插入新图片"对话框　　　　　　　图 5-45　"相册"对话框

5.7　演示文稿放映设置与放映操作

5.7.1　幻灯片放映

PowerPoint 2010 的幻灯片有多种放映方式，在放映时，演讲者可以根据情况在幻灯片上使用绘图笔做标记，或者将放映时的即席反应记录下来。

1．在 PowerPoint 2010 中放映

一般情况下，启动幻灯片放映的方法有多种，用户可以选择下列方法之一。

① 单击演示文稿窗口工作界面的最下方右侧视图栏中"幻灯片放映"按钮。

② 单击"幻灯片放映"功能选项卡中"开始放映幻灯片"组中的"从头开始放映幻灯片（F5）"按钮。

2．在桌面上激活幻灯片放映

不进入 PowerPoint 2010 而直接在 Windows 环境下放映已制作好的演示文稿文件，方法如下：当用户将演示文稿保存为"PowerPoint 放映"类型的文件后，可在"我的电脑"或"Windows 资源管理器"中找到该文件（扩展名为.ppsx）并双击，系统就会自动放映该演示文稿，而不再启动 PowerPoint 2010，直接在 Windows 桌面上进行放映。

3．终止放映

在幻灯片放映过程中，可以单击屏幕左下角的箭头按钮，或用鼠标右键单击幻灯片任意区域，系统将出现如图 5-46 所示的快捷菜单。运用该菜单中的命令可以控制幻灯片的放映，单击"结束放映"命令，即可终止幻灯片放映。

图 5-46　屏幕演示控制菜单

在任何一种放映方式中，都可以按<Esc>键强行终止放映的幻灯片。

5.7.2 设置放映方式

PowerPoint 2010 提供了 3 种在计算机中播放演示文稿的方式：演讲者放映、观众自行浏览和在展台浏览。其操作步骤为单击"幻灯片放映"选项卡中"设置"组中的"设置放映幻灯片"按钮，出现如图 5-47 所示的"设置放映方式"对话框。在"设置放映方式"对话框中可以选择所需的选项。用户可以根据需要设置演示文稿放映的方式。

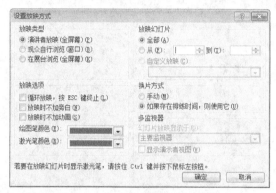

图 5-47 "设置放映方式"对话框

1．在"放映类型"栏中选择相应的放映类型

① 演讲者放映：放映时将演示文稿全屏显示，这是最常用的幻灯片播放方式，也是系统默认的选项。它的最大特点是演讲者现场能控制演示速度，可采用自动或人工方式放映，可以暂停甚至可以在放映过程中录制旁白。此种类型常用于授课及会议演讲。

② 观众自行浏览：适用于小规模的演示。这种方式在演示文稿播放时提供移动、编辑、复制和打印等命令，便于观众自己浏览演示文稿。

③ 在展台浏览：选择该项可自动反复运行演示文稿，适用于无人值守的展览会场的幻灯片放映。当选择这种放映方式后，PowerPoint 2010 会自动选中"循环放映，按 ESC 键终止"复选框。

2．在"放映幻灯片"栏中设置幻灯片放映范围

PowerPoint 2010 默认范围是放映全部幻灯片，用户可以根据需要设置只放映部分幻灯片，可以在"放映幻灯片"栏中的"从""到"两个微调器中设置放映的起始幻灯片和终止幻灯片。

此外，用户还可以选择已创建的"自定义放映"方式来控制演示文稿中一部分幻灯片的放映。例如，只放映 1、3、5、…单数幻灯片等。

创建"自定义放映"操作步骤如下。

① 单击"幻灯片放映"功能选项卡中"开始放映幻灯片"组中的"自定义放映幻灯片"按钮，打开"自定义放映"对话框。

② 单击"新建"按钮，在文本框中输入"幻灯片放映文件名"，按住<Ctrl>键，在"在演示文稿中的幻灯片"列表框中选择要放映的幻灯片。

③ 单击"添加"按钮，再单击"确定"按钮。

④ 返回到"自定义放映"对话框，此时"自定义放映"列表框中会显示刚才创建的自定义放映名称。

⑤ 单击"关闭"按钮。

如果此时要播放刚创建的"自定义放映"文件，则可通过单击"幻灯片放映"功能选项卡中"设置"组中的"设置放映幻灯片"按钮，在如图 5-47 所示的"设置放映方式"对话框中选择"自定义放映"选项中的名称，单击"确定"按钮后，再按<F5>键，此时则按"自定义放映"文件中所选定的幻灯片演示。

3．换片方式

　　换片方式有两种，一种是根据预设的时间进行自动放映，另一种是人工放映。默认的换片方式是"如果存在排练时间，则使用它"，即如果用户已经设置了放映时间，则按放映时间演示幻灯片，否则就按人工方式切换幻灯片。

　　【例 5.5】修改"美丽大自然.pptx"演示文稿放映方式为"随机"切换效果，并配有声音讲解，使得在放映中每张幻灯片都按随机动态演示，并按声音讲解时间自动切换。

　　操作步骤如下。

　　① 选择"切换"功能选项卡中"切换到幻灯片"组，单击"切换方案"下拉列表框中"随机线条"选项。

　　② 单击"全部应用"按钮。

　　③ 接好麦克风，选择"幻灯片放映"功能选项卡中"设置"组，单击"录制幻灯片演示"按钮，在弹出的菜单中选择"从开始录制"，选择后，边手工切换边讲解。

　　④ 单击"幻灯片放映"功能选项卡中"设置"组中的"设置放映幻灯片"按钮，在弹出的对话框中，选中"循环放映，按 ESC 键终止"复选项。

　　⑤ 单击"确定"按钮。此时演示文稿就按照配音和设置的排练时间进行自动播放。

5.8　打印与输出

5.8.1　打印幻灯片

　　演示文稿制作完成后，可以将其打印出来。在 PowerPoint 2010 中可以用彩色、灰度或黑白打印整个演示文稿的幻灯片、大纲、备注页和观众讲义，也可打印特定的幻灯片、大纲、备注页或大纲页等。

1．页面设置

　　页面设置用于为当前正在编辑的文件设置纸张大小、页面方向和打印的起始幻灯片。在打印之前，一般要对幻灯片进行页面设置，方法如下。

　　① 选择"设计"选项卡的"页面设置"组，单击"页面设置"按钮，打开如图 5-48 所示的"页面设置"对话框。

　　② 在"幻灯片大小"下拉列表框中选择一种纸张格式，在"宽度""高度""幻灯片编号起始值"等选项框中设置打印范围的高度、宽度和打印幻灯片的起始编号等。

　　③ 在"方向"选项组中，设置幻灯片、备注、讲义和大纲的打印方向，单击"确定"按钮。

　　其中"幻灯片大小"下拉列表框中包含若干选项，其含义如下。

- 全屏显示：幻灯片按不同比例显示大小在屏幕上全屏显示。
- 信纸：幻灯片打印在 8.5×11 英寸的纸张上。
- 分类账纸张：幻灯片打印在 11×17 英寸的纸张上。
- A3～A5 纸张：幻灯片打印在对应的各型号的纸张上。

- 35 毫米幻灯片：生成 35 毫米幻灯片。
- 横幅：设计 8×1 英寸的标题。
- 定义：选择该项后，用户可以自行设置纸张大小。

2. 打印

进行打印的操作步骤如下。

① 单击"文件"按钮，单击"打印"命令，在右边即可看见该文档的打印预览。

② 单击"打印"命令，打开"打印"对话框，如图 5-49 所示，在"打印机"栏中，选择所需的打印机（一般为默认打印机）。

③ 在"打印范围"栏中设置打印范围，打印演示文稿全部内容、当前幻灯片或选定幻灯片等，还可设置打印份数。

④ 在"打印内容"下拉列表中可指定打印内容。在列表中选择要打印的项目，如讲义、大纲视图等。在打印讲义时，还可以设置"讲义"选项中的值，如每页可打印的讲义数量 1、2、…、6、9 及顺序等。在很多情形下，设置在一页中打印多张幻灯片是很有价值的，这样可以节省纸张，使得内容更加紧凑。

⑤ 最后单击"确定"按钮，开始打印工作。

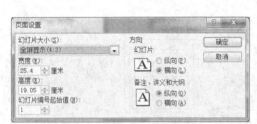

图 5-48 "页面设置"对话框   图 5-49 "打印"对话框

5.8.2 发布幻灯片

1. 发布幻灯片

发布幻灯片是指将幻灯片保存到幻灯片库或其他位置，以备将来重复使用，其操作步骤如下。

① 打开已有的演示文稿。

② 单击"文件"按钮，选择"保存并发送"命令下的"发布幻灯片"命令，打开"发布幻灯片"对话框。

③ 选中全部或部分幻灯片前面的复选框，选中"只显示选定的幻灯片"复选框，单击"浏览"按钮。

④ 在"选择幻灯片库"对话框中，单击"新建文件夹"按钮并输入该文件夹名称，单击"确定"按钮。

⑤ 单击“选择”按钮，返回“发布幻灯片”对话框中，单击“发布”按钮将选择的幻灯片发布到幻灯片库中。

2．打包演示文稿

在 PowerPoint 2010 中提供了将演示文稿和 PowerPoint 2010 播放器压缩到 CD 或文件夹等存储媒体中的功能，俗称“打包”。利用该打包工具可以将演示文稿中所使用的文件和字体全部压缩为一个磁盘文件，以便可以在其他的计算机上放映，而不用考虑该计算机是否安装 PowerPoint 软件。

（1）打包成 CD

如果要打包的演示文稿已经打开，则操作步骤如下。

① 单击“文件”按钮，选择“保存并发送”命令下的“将演示文稿打包成 CD”命令，打开“打包成 CD”对话框。

② 系统默认是对当前演示文稿进行打包，可以通过单击“添加文件”按钮找到其他文件。

③ 单击“复制到”按钮，此时弹出提示，要求插入空白 CD，确定后即可完成打包操作。

（2）打包复制到文件夹

如果要打包的演示文稿已经打开，则操作步骤如下。

① 单击“文件”按钮，选择“保存并发送”命令下的“将演示文稿打包成 CD”命令，打开“打包成 CD”对话框。

② 系统默认是对当前演示文稿进行打包，可以通过单击“添加文件”按钮找到其他文件。

③ 单击“复制到文件夹”按钮，在弹出的对话框中单击“浏览”按钮并修改位置，单击“确定”按钮开始复制。复制完成后该文件夹中保存相应的文件。

本章小结

PowerPoint 2010 是最为常用的多媒体演示软件，在学习和工作的各个领域都有着广泛的应用。读者通过学习本章内容，要掌握一些基本操作，如启动、退出 PowerPoint 2010，演示文稿的创建、保存和打开，设计模板、母版的基本概念和应用等；掌握幻灯片组成元素（图片、声音、视频和动画）的添加和属性设置的方法，尤其是针对幻灯片的插入、复制、删除和移动的基本操作。幻灯片的背景设置和模板应用是丰富版面、突出文字的重要手段，尤其是自定义动画、幻灯片切换方式的有效设置，可以使演示文稿达到最佳的演示效果，读者要在实践中多练习，以提高 PowerPoint 2010 的编辑技巧和能力。

习　题

一、简答题

1. PowerPoint 2010 有几种视图方式？如何切换？
2. 如何使用模板创建演示文稿？
3. 在幻灯片中如何插入各种对象？
4. 如何设置幻灯片背景、页码、页眉与页脚？
5. 如何设置对象的动画效果、片间切换效果及超链接？
6. 幻灯片有几种放映方式？如何设置？

7. PowerPoint 2010 文件存储格式有几种？如何打包？

二、操作题

（1）新建一张幻灯片，使用标题版式，在标题区中输入"Mooc 教育网站"，字体设置为黑体，加粗，60 磅，红色；在副标题中输入"开放大学"，字体设置为隶书，加粗，40 磅，蓝色。

（2）插入版式为"标题"的新幻灯片，标题内容为"部门信息"；项目分别为"文学艺术系""信息与工程系""管理系"；背景预设颜色为"雨后初晴"，方向为"线性向下"。

（3）插入版式为"仅标题"的新幻灯片，标题内容为"文学艺术系课程介绍"。左侧插入一个横排文本框，文本内容分别为"古代文学""现代文学"和"写作"，并设置字体为宋体、加粗、44 磅。右侧插入剪贴画（任意一张）。幻灯片背景颜色为红色 204、绿色 236、蓝色 105，透明度 50%。

（4）插入版式为"标题、竖排文字"的新幻灯片，标题内容为"艺术专业"。文本分别为"音乐""美术""电影"，去除项目符号。背景纹理设置为"水滴"。

（5）插入版式为"空白"的新幻灯片，插入一个音乐文件（自己找），不要设置为自动播放。插入一个 3 行 2 列的表格，表格样式为中度样式 2-强调 3，内容自行确定，适当改变行的高度。在表格的下方插入一张剪贴画，剪贴画为工作人员类别的工作人员图像，设置图片的高度和宽度分别为 5 厘米。

（6）插入版式为"空白"的新幻灯片，在幻灯片中上部插入艺术字（第 2 行第 1 列）"谢谢！"，设置字体颜色为蓝色。在幻灯片的左下角插入 Smartart 形状"流程"的"漏斗"选项，输入相关文字"立志、奋斗、坚持、成功"。

（7）设置第 2 张幻灯片的切换效果为"百叶窗"，第 3 张幻灯片的切换效果为"翻转，向右"，速度均为"2"秒。

（8）设置第 4 张幻灯片的动画效果为标题自左侧飞入，文本为随机线条垂直。

（9）设置第 6 张幻灯片的主题为"聚合"，并将 Smartart 图形设置为 2 秒钟"陀螺旋"的效果。

（10）设置幻灯片母版，在日期区和页脚区添加日期（自动更新）和页码。

（11）在最后一张幻灯片的左下角插入文本，内容为"返回"设置超链接，链接到第 1 张幻灯片。在右下角插入一个动作按钮：自定义，单击该按钮时，链接到第 2 张幻灯片。

（12）设置绘图笔的颜色为红色。

（13）将第 3 张幻灯片设置为隐藏状态。

（14）将文件保存在硬盘 E:\下，文件名为"综合练习"。

（15）新建一个倒序放映的方式，放映名称为"倒序"，并将文件另存为"综合练习 1"。

PART 6

第6章
数据库管理软件
Access 2010

学习目标

- 了解 Access 2010 数据库的特点、操作界面和 6 个操作对象的基本概念；
- 掌握 Access 2010 数据库的建立和使用方法；
- 掌握表对象的创建方法和有关操作；
- 掌握查询对象的创建方法和有关操作；
- 掌握窗体对象的创建方法和有关操作；
- 掌握报表对象的创建方法和有关操作。

6.1 Access 2010 基础

6.1.1 Access 的主要功能与特点

Access 是 Microsoft 公司开发的 Office 办公套件中一个功能强大的数据库管理软件。它与 Oracle、DB2、Sybase、SQL Server 等软件一样都是以关系模型为基础的，因此，属于关系型数据库管理系统。

对于 Access 2010 而言，它是一个典型的开放式数据库管理程序，它比以往版本赋予了用户更佳的体验。利用 Access 系统开发数据管理软件，一般不需要编写程序，只要根据任务提出要求，通过键盘和鼠标器，选择必需的命令，就能够开发出简单、实用、美观大方的应用软件，有效地处理日常数据。

Access 的主要功能如下。

① 具有方便实用的功能和较好的集成开发功能。

② 可以利用各种图例快速获得数据。

③ 能够进行更精确的数据筛选与排序。

④ 赋予窗体新的外观、新式导航窗格及交互式的窗体设计。

⑤ 交互式的报表设计工具，可以非常方便地生成美观的数据报表。

⑥ 采用 OLE 技术，能够方便地创建和编辑多媒体数据库。

⑦ 能够处理多种数据类型。

⑧ 支持 ODBC 标准的 SQL 数据库的数据。

6.1.2 Access 2010 的启动与退出

1. 启动

从【开始】菜单启动 Access。单击"开始"→"所有程序"→"Microsoft Office"→"Microsoft Office Access 2010",启动后进入如图 6-1 所示的启动界面。随后可以在窗口中选择已有的数据库文件并打开它,也可选择系统已有的模板来启动 Access,打开相应类型的数据库。

图 6-1 Access 启动界面

2. 退出

退出 Access 的方法有下面几种。

① 单击"文件"按钮,在菜单中选择"退出"命令按钮。

② 单击窗口右上角的"关闭"按钮 ⊠ "。

③ 按<Alt+F4>组合键。

6.1.3 窗口组成

启动 Access 2010 后,打开如图 6-2 所示的用户界面,主要包括"文件"按钮、快速访问工具栏、标题栏、选项卡、功能区、帮助、导航窗格、对象编辑窗口、状态栏等几部分,下面分别进行介绍。

① "文件"按钮:用户可以选择相关命令对文档进行新建、打开、保存并发布、打印、关闭等操作。

② 快速访问工具栏:默认情况下,快速访问工具栏位于 Access 工作界面的顶部。它为用户提供了一些常用的按钮,如"保存""撤销""恢复"等,用户单击按钮旁的下拉箭头,在弹出的菜单中可以将频繁使用的工具添加到快速访问工具栏中。

③ 选项卡和功能区：选择某个选项卡可打开对应的功能区，在功能区中有许多工具组，为用户提供常用的命令按钮或列表框。有的工具组右下角会有一个小图标即"功能扩展"按钮，单击"功能扩展"按钮将打开相关的对话框或任务窗格，在其中可以进行更详细的设置。

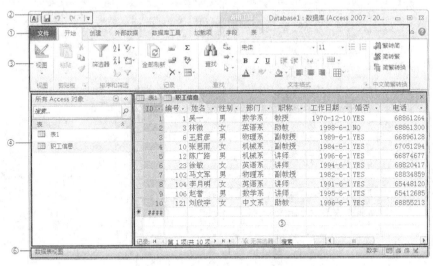

图 6-2　Access 用户工作界面

④ 导航窗格：位于 Access 2010 主窗口的左侧，是显示文档所有对象和项目的面板组，用户通过它可以打开任意对象和数据库项目进行编辑。在导航窗格中，用户可以设置浏览类别和筛选。

⑤ 对象编辑窗口：位于软件主窗口中央，是主要的工作区域，用户可以对数据库对象进行各种编辑，如在数据表中输入数据，在窗体设计视图中设计窗体，在报表设计视图中设计报表等。

⑥ 状态栏：位于工作界面的最下方，用于显示与数据库操作相关的状态信息，以及调整数据库对象的视图方式。

6.2　数据库文件的创建

6.2.1　数据库文件的创建

数据库是与特定主题或任务相关数据的集合。在 Access 2010 中创建新数据库，就是在计算机上创建一个容纳数据库中的所有对象（包括表）的数据库文件，扩展名为.accdb，用户也可选择保存为原 Access 2000-2003 格式文件，其扩展名为.mdb。

Access 2010 包含了多种类型的数据库对象，在应用这些数据库对象之前，用户必须先创建一个新的数据库文件。通常简单的数据库（如联系人列表）仅使用一个表，但许多数据库可使用多个表。

1．创建一个空白数据库文件

这是创建数据库最灵活、最常用的方法，即先建立空数据库，再添加对象，即建立一个没有表、查询、窗体、报表等内容的空数据库。

首先启动 Access 2010 应用程序，然后在"开始使用 Microsoft Office Access"界面中，选择"空白数据库"选项，在右侧窗格中指定要新建的数据库的文件名"学生"和保存位置，最后单击"创建"按钮，如图 6-3 所示。

创建数据库文件后，在该窗口的标题栏中显示了新建数据库文件的名称，如图 6-4 所示的"学生"数据库，窗口工作区的左窗格中列出了数据库包含的主要对象类型"表"，系统默认打开"表 1"数据表，在右窗格中用户可以在此设置"表 1"数据表的字段，输入相应数据。

图 6-3 新建数据库

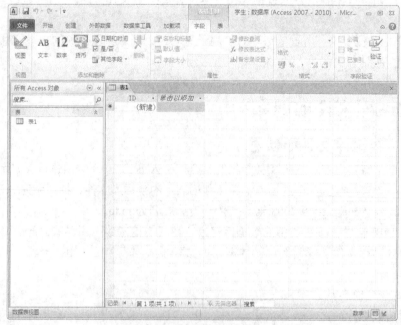

图 6-4 数据表视图

2．使用模板创建

为方便用户创建不同类型的数据库，Access 2010 提供了 12 种样本数据库模板类型，包括"慈善捐赠 Web""教职员""联系人 Web""任务""事件""项目 Web""学生"和"资产 Web"等数据库模板。利用它们可以快速地创建复杂的数据库文件。

下面利用"学生"模板来创建一个数据库，其操作步骤如下。

① 启动 Access 2010 应用程序，在"文件"按钮的"新建"项中的"可用模板"界面中选择"样本模板"选项，在中间窗格中选择"学生"模板，如图 6-5 所示。

② 单击"文件名"旁的"文件夹"按钮，可修改文件保存的位置和名称，也可以不做任何修改，选择默认保存路径和文件名（学生 1.accdb）。

③ 单击"创建"按钮。

④ 创建学生数据库后，该数据库将自动在 Access 2010 中打开，结果如图 6-6 所示。

图 6-5　创建"学生"模板数据库

图 6-6　学生数据库

提示 无论使用哪一种方法创建的数据库，在创建数据库后都可以任意修改或扩充 Access 数据库。

6.2.2 数据库文件的打开

打开数据库文件的方法：单击"文件"按钮，选择"打开"命令，弹出"打开对话框"，选择要打开的数据库文件，最后单击"打开"按钮。

其中"打开对话框"的"打开"按钮旁下三角按钮中有若干选项，其含义如下。

① 打开：直接打开当前数据库文件。

② 以只读方式打开：该方式打开的数据库只提供查看和阅读的权限，不允许用户修改数据库的设置和数据。

③ 以独占方式打开：使用该方式打开数据库只允许当前用户使用数据库文件，而其他用户无法打开。

④ 以独占只读方式打开：该方式不允许用户修改数据库，并且其他用户不能在当前用户正在使用数据库的情况下打开该数据库文件。

在一个 Access 窗口中，同一时刻只能打开一个 Access 数据库，当打开或新建一个数据库时，会自动关闭原来打开的数据库。如果需要打开多个数据库，则要启动多个 Access 窗口。

6.2.3 数据库对象

Access 2010 数据库包含了表、查询、窗体、报表、宏等对象，用户可以根据需要利用不同的对象管理数据。

① 表：也称数据表，是数据库中用来存放数据的场所，是数据库的核心和基础。一个数据库可以包括一个或多个表，每个表包含有关特定主题（如职工或学生）的数据，以行和列的形式组织存储数据项，这一点和电子表格有些类似。表中的单个信息单元（列）称为字段，在表的顶部可以看到这些不同类型的字段名；表的一行中所有数据字段的集合，称为记录。例如，在职工信息表中记录由字段（编号、姓名、性别、部门、职称、工作日期、婚否和电话）组成，如图 6-7 所示。

ID	编号	姓名	性别	部门	职称	工作日期	婚否	电话
1	1	吴一	男	数学系	教授	1970-12-10	YES	68861264
2	3	林微	女	英语系	助教	1998-6-1	NO	68861300
3	6	王君彦	男	物理系	副教授	1989-6-1	YES	66896128
4	10	张思雨	女	机械系	副教授	1984-6-1	YES	67051294
5	12	陈广路	男	机械系	讲师	1996-6-1	YES	66874677
6	23	徐敏	女	英语系	讲师	1994-6-1	YES	68820417
7	102	马文军	男	物理系	副教授	1982-6-1	YES	68834859
8	104	李月明	女	英语系	讲师	1991-6-1	YES	65448120
9	106	赵誉	男	数学系	讲师	1995-6-1	YES	65412685
10	121	刘欣宇	女	中文系	助教	1996-6-1	YES	68855213
*	####							

记录：第 1 项(共 10 项) ▶ ▶▶ 无筛选器 搜索

图 6-7 "职工信息"表

② 查询：在数据库的一个或多个表中查找所需信息的手段。要创建查询对象，用户可以通过查询设计视图将记录来源的表或查询添加到查询窗口，然后设置表和数据，再设置查询条件即可，如图 6-8 所示。

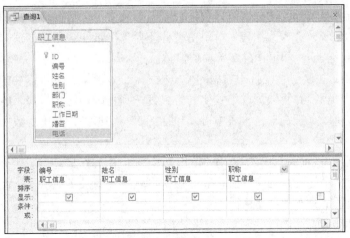

图 6-8　查询设计视图

此外，查询的结果还可以作为窗体、报表等其他组件的数据源。

③ 窗体：用于显示、输入、编辑数据及控制应用程序执行的操作界面，也是数据库与用户进行交互操作的界面。它使得数据的显示与输入更为灵活、方便。窗体中所显示的内容，可以来自一个或多个数据表，也可以来自查询结果。在窗体中可以加入不同的控件显示图片、图形等多种对象，也可以包含 VBA 代码来提供事件处理。

用户可以通过向导和设计视图来创建窗体，如图 6-9 和图 6-10 所示。

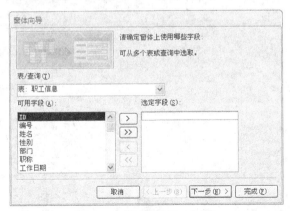

图 6-9　"窗体向导"对话框

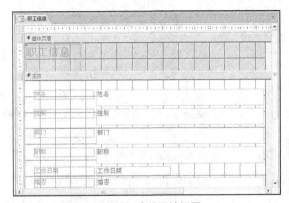

图 6-10　窗体设计视图

除了一般窗体类型外，用户还可以创建分割窗体和多个项目窗体。其创建方法：首先切换到"创建"选项卡，选择数据表，再单击"分割窗体"按钮，即可创建分割类型窗体；若单击"多个项目"按钮，即可创建多个项目窗体。

④ 报表：用于控制显示或打印数据的输出格式，通常将数据库中需要的数据提取出来进行分析、整理和计算，并将数据以格式化的方式发送到打印机输出。报表的建立可以基于一个或多个表、也可以基于查询，报表中可以包括图表、图形等，并可对数据进行统计、汇总等操作。

⑤ 宏：对若干 Access 操作命令序列的定义，使应用程序自动化。执行宏实际上是由系统自动执行宏定义中的一系列命令。一般的操作可直接一步一步地手工执行，但频繁使用的重复操作可以通过定义宏来自动执行。

在 Access 2010 中，用户可以通过宏设计视图定义宏。当创建宏时，用户可以在设计视图的"操作"区域输入要执行的操作，然后在"参数"窗格中指定操作参数即可，如图 6-11 所示。

图 6-11　设计宏

⑥ 模块：用 Access 提供的 Microsoft Visual Basic 语言编写的程序段。通过在数据库中添加复杂的 VBA 代码，以完成宏不能完成的任务。用户就可以创建出自定义菜单、工具栏和具有其他功能的数据库应用系统。

当用户创建模块时，需要通过 Microsoft Visual Basic 应用程序进行编辑。首先在 Access 2010 中切换到"创建"选项卡，单击"宏"下拉按钮，选择"模块"或"类模块"命令，如图 6-12 所示。当打开 Microsoft Visual Basic 应用程序后，用户即可在模块代码窗口中输入模块代码。

图 6-12　创建模块

综上所述，在一个数据库文件中，"表"用来保存原始数据，"查询"用来查找数据，"窗体"和"报表"用不同的方式获取数据，而"宏"和"模块"则用来实现数据的自动操作。在后续章节中，会依次对这 6 个对象（表、查询、窗体、报表、宏、模块）进行进一步的学习。

6.2.4　保存和备份数据库

1．保存与另存数据库

（1）直接保存

如果需要将对象的编辑结果直接保存在当前数据库中，可以单击"文件"按钮，选择"保存"命令（或按<Ctrl+S>组合键）或单击快速访问工具栏上的"保存"按钮。

（2）数据库另存为

单击"文件"按钮，选择"另存为"命令或单击"另存为"旁的三角按钮，选择将数据库另存为其他格式，如另存为"Access2002-2003"兼容的格式或"Access2007"，在弹出的"另存为"对话框中设置名称和保存位置，然后单击"保存"按钮。

2．备份数据库

为防止数据库因发生意外而遭到破坏或出现数据丢失，常常需要备份数据库。备份数据库操作步骤如下。

① 打开需要备份数据库文件，单击"文件"菜单项。

② 选择"保存并发布"命令项，在中部的"文件类型"处选"数据库另存为"，"此时在右侧可单击"备份数据库"命令。

③ 在"另存为"对话框中设置备份数据库名称。

④ 单击"保存"按钮。

6.3　数据表的设计和应用

表是 Access 数据库的操作对象之一，是数据库中用来存放数据的场所，是 Access 数据库中最基本、最重要的一个部分。其他数据库对象，如查询、窗体、报表等都是在表的基础上建立和使用的。因此，要想建立一个完整数据库系统，首先必须掌握建立表的方法。

图 6-7 所示是一个已建立的职工信息表，该表有编号、姓名、性别、部门、职称、工作日期、婚否和电话字段，这些字段的名称、数据类型、长度等信息是用户在新建表时指定的，称为表的结构。表结构的建立和修改是在表的"设计视图"完成的。表中字段名行下面的每

一行是一个记录，一个职工的信息用一条记录表示。记录的输入、修改等操作是在表的"数据表视图"完成的。总地来说，一个表由表结构和记录两部分构成，创建表时要设计表结构和输入记录。

6.3.1 创建表

1．表的结构

定义字段就是确定表的结构，即确定表中字段的名称、类型、属性、说明等。

在 Access 2010 中，最常用是通过表设计功能创建表。这种方法可以通过表设计视图定义表中记录的字段名、数据类型、字段长度、记录属性等信息，如图 6-13 所示。

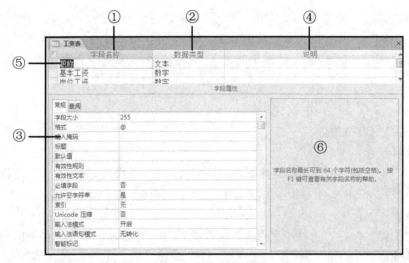

图 6-13　表设计视图

（1）字段名称

字段是表的基本存储单元，是同类型数据的标识符，为字段命名可以方便地使用和识别字段。

（2）字段的数据类型

Access 2010 提供了 10 种数据类型供用户使用，可在下拉列表中选择，也可直接输入。它决定可以存储哪种类型的数据。通常"文本"类型用来存储文本或数字字符组成的数据，"数字"类型只能存储数值型数据。下面详细介绍 Access 表中字段的数据类型和它们的作用。

① 文本。文本类型是 Access 中最常用的数据类型，也是 Access 的默认数据类型，一个文本字段的最大长度是 255 个字符。通常文本类型的作用是存储一些字符串信息，它可以存储数字，如电话号码、邮政编码、区号等，但这些数字是以字符串的形式存储的，不具有计算能力，但具有字符串的性质。

② 备注。这种类型用来保存长度较长的文本及数字，它允许字段能够存储长达 64 000 个字符的内容。通常情况下，这种字段只用来提供描述性的注释，不具有排序和索引的属性，更不能作为表的主键存在。

③ 数字型。这种字段类型主要用于进行数学计算，由于取值范围不同，又可分为字节、整型、长整型、单精度型、双精度型、同步复制 ID、小数等类型。

④ 自动编号。这种类型较为特殊，以长整型的形式存储。当向表格添加新记录时，Access 会自动插入唯一顺序或者随机编号，即在自动编号字段中指定某一数值。自动编号一旦被指

定，就会永久地与记录连接。如果删除了表格中含有自动编号字段的一个记录，Access 并不会为表格自动编号字段重新编号。

⑤ 是/否（Yes/No）。这种字段是针对于某一字段中只包含两个不同的可选值而设立的字段，主要用来存储那些只有两种可能的数据，如性别、婚姻状况等。

⑥ 货币。这种类型是数字数据类型的特殊类型，等价于具有双精度属性的数字字段类型。用户不需要输入货币的符号和千位分隔符，Access 会根据用户输入的数字自动地添加货币符号和分隔符，并添加两位小数到货币字段。当小数部分多于两位时，Access 会对数据进行四舍五入。

⑦ 日期/时间。这种类型是用来存储日期、时间或日期时间一起的，每个日期/时间字段需要 8 个字节来存储空间。

⑧ OLE 对象。这个字段允许单独地"链接"或"嵌入"OLE 对象。主要用来存储大对象，包括 Word 文档、Excel 电子表格、图像、声音或其他二进制数据，最大容量可达 1GB（受可用磁盘空间限制）。

⑨ 超级链接。用来存储超级链接，包含作为超级链接地址的文本或以文本形式存储的字符与数字的组合。单击"超级链接"字段，将导致 Access 启动 Web 浏览器并且显示所指向的Web 页面。可以通过"插入"菜单中的"超级链接"命令向表中加入一个超级链接的地址。

⑩ 附件。可允许向 Access 数据库附加外部文件的特殊字段。"附件"字段和"OLE 对象"字段相比，有着更大的灵活性，而且可以更高效地使用存储空间。

⑪ 查阅向导。这个字段类型为用户提供了一个建立字段内容的列表，可以在列表中选择所列内容作为添入字段的内容。

（3）字段的属性

要为表设置字段属性，可以在打开数据表后，选择"表格工具"中"字段"选项卡中的"视图"组，单击"视图"下拉按钮，选择表的"设计视图"，弹出该表的"字段属性"窗口，如图 6-14 所示。

图 6-14　字段属性

字段的属性包括字段大小、格式、输入掩码、标题、默认值、有效性规则、有效性文本、索引等。Access 2010 中字段的属性很多，在此只简单介绍其中常用的几个属性。

① 字段大小：指定字段的长度，限定文本字段的字符数及数字字段的数据类型。对文本型数据，大小范围为 0～255，长度默认为 50。日期/时间、货币、备注、是否、超级链接等类型不需要指定该值。

② 格式：用来决定数据的打印方式和屏幕上的显示方式。

③ 输入掩码：与格式类似，用来指定在数据输入和编辑时如何显示数据。对于文本、货币、数字、日期/时间等数据类型，Access 会启动输入掩码向导，为用户提供一个标准的掩码。

④ 标题：确定在"数据表"视图中，该字段名标题按钮上显示的名字，如果不输入任何文字，默认情况下，将字段名作为该字段的标题。

⑤ 默认值：为该字段指定一个默认值，当用户加入新的记录时，Access 会自动为该字段赋予这个默认值。

⑥ 有效性规则：用来限定字段取值范围的表达式。用于测试在字段中输入的值是否满足用户在 Access 表达式窗口中输入的条件，只有满足才能输入。

⑦ 有效性文本：当用户输入的数据不满足有效性规则时，系统将显示该信息作为错误提示。

⑧ 必填字段：如果选择"是"，则对于每一个记录，用户必须在该字段中输入一个值。

⑨ 允许空字符串：如果用户设为"是"，并且必填字段也设为"是"，则该字段必须包含至少一个字符，空格和不填（NULL）是不同的。"允许空字符串"只适用于文本、备注和超级链接类型。

（4）字段说明

它是字段的简要说明内容。如果输入了字段说明内容，则在数据表视图中选中该字段，状态栏就会出现相应的说明内容，它主要是便于以后的数据库系统维护。

2．创建表

在 Access 2010 中创建表有多种方法，下面介绍常用的 3 种方法。

方法 1：通过表设计视图创建新表——工资表。

① 单击"文件"菜单，在弹出的下拉菜单中选择"打开"命令，在"打开"对话框中，选择并打开数据库"职工情况"。

② 在"创建"选项卡上的"表格"组中，单击"表设计"按钮，打开表设计视图，如图 6-15 所示。此时系统将一个新表"表 1"插入该数据库中，并在数据表视图中打开。

③ 在第 1 行的"字段名称"列中输入字段名称"职称"，用鼠标单击"数据类型"列，在下拉框中选择"文本"选项，字段大小为 8 位，如图 6-16 所示。

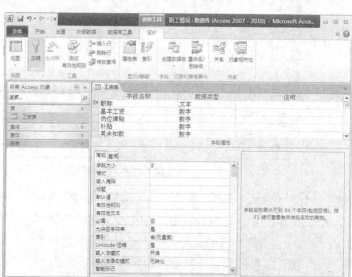

图 6-15　表设计　　　　　　　　　　图 6-16　设置数据类型

④ 依此类推，分别设置其他字段名和对应的数据类型、字段宽度等，工资表结构如表 6-1 所示，工资表记录如表 6-2 所示。

表 6-1　工资表结构

字段名	字段类型	字段宽度	说明
职称	文本	8	主键
基本工资	数字	双精度	保留 2 位小数
岗位津贴	数字	长整型	
补贴	数字	长整型	
其余扣款	数字	长整型	

表 6-2　工资表记录

职称	基本工资	岗位津贴	补贴	其余扣款
教授	2 200.00	580	200	120
副教授	1 710.50	400	150	80
讲师	1 510.50	300	100	60
助教	1 350.00	200	80	40
其他	1 000.50	100	60	20

⑤ 输入完成后，将鼠标指针移到"职称"字段的行上，右键单击鼠标，在弹出的快捷菜单中选择"主键"命令或单击"主键"按钮（钥匙图标），为"职称"字段设置数据表的主键。

⑥ 单击"表"窗口的"关闭"按钮，在弹出窗口中单击"是"按钮保存表，并修改表名为"工资表"，最后单击"确定"按钮。

⑦ 保存表后，在导航窗格中双击"工资表：表"选项，打开数据表视图，依次输入表 6-2 中的所有数据，如图 6-17 所示。

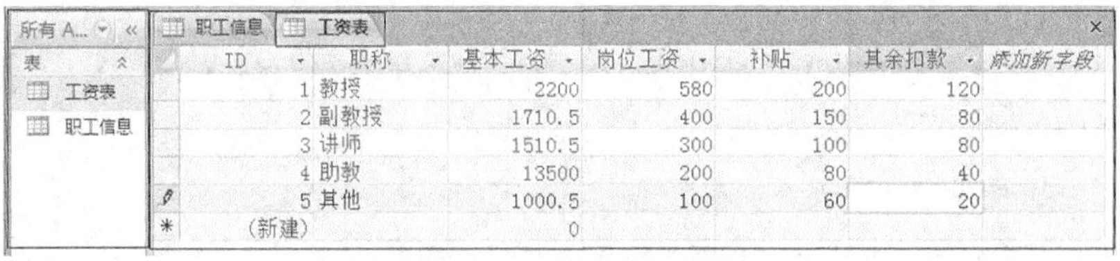

图 6-17　输入工资表记录

方法 2：　在数据库中通过"表"模板创建——职工信息表。

① 启动 Access 2010，在"文件"菜单中单击"打开"按钮，在"打开"对话框中选中要打开的数据库文件，如"职工情况"数据库，单击"打开"按钮。

② 在"创建"选项卡的"模板"组中，单击"应用程序部件"命令，在下拉列表中单击"快速入门"中的"联系人"按钮。

③ 此时出现"创建关系"对话框，选择"不存在关系"单选钮，单击"创建"按钮。

④ 此时在"职工情况"数据库中的所有 Access 对象窗口中，会出现刚创建的"联系人"数据表。特别注意的是，由于是采用"联系人"表模板创建的数据表，因此通常会根据实际需要修改"联系人"表中的部分字段内容才能达到要求。

⑤ 选中"联系人"数据表，单击鼠标右键，选择"设计视图"，此时打开了"联系人"

数据表结构，类似图 6-16。此时你就可以按照需要创建的"职工信息表"结构中各字段进行了修改。

方法 3：导入外部数据表——工作量表

通过导入外部数据表 Excel 来创建新表的操作步骤如下。

① 在"打开"对话框中，选择并打开数据库"职工信息"。

② 在"外部数据"选项卡上的"导入并链接"组中，单击"Excel"按钮。

③ 打开"获取外部数据-Excel 电子表格"对话框，单击"浏览"按钮并指定该 Excel 电子表格文件，选中"将源数据导入当前数据库的新表中"单选钮，单击"确定"按钮，如图 6-18 所示。

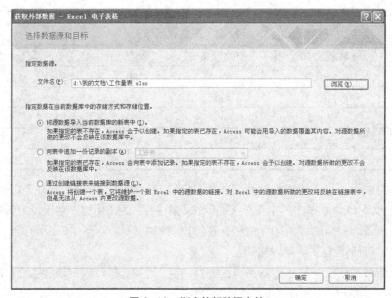

图 6-18　指定外部数据文件

④ 弹出"导入数据表向导"对话框，选择"显示工作表"单选钮中的"工作量"，单击"下一步"按钮，如图 6-19 所示。

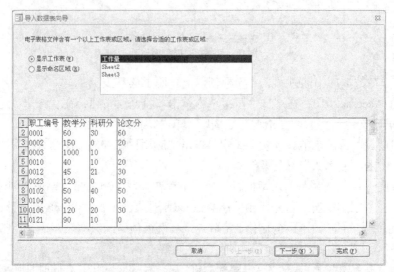

图 6-19　导入数据表

⑤ 依次单击"下一步"按钮，选中"我自己选择主键"按钮，选择"职工编号"，单击"下一步。在"保存导入步骤"复选框，输入说明内容，最后单击"保存导入"按钮，如图 6-20 所示。系统将创建新表并在"导航"窗格中显示该表。

⑥ 此时导入的"工作量表"就呈现在"职工信息"数据库中了，如图 6-21 所示。

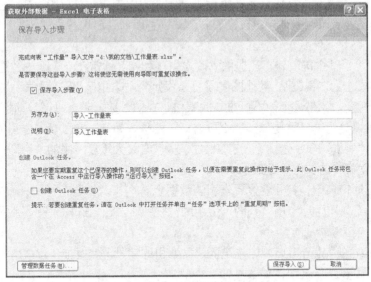

图 6-20　保存导入步骤

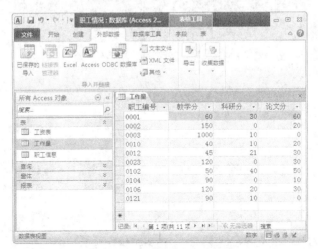

图 6-21　工作量表导入库结果

3．主键与索引的创建

（1）设置主键

在数据库中，常常有多个表，这些表之间不是相互独立的，不同的表之间需要建立一种关系，才能将它们的数据相互沟通。而在沟通的过程中，就需要表中有一个字段作为联系的"桥梁"，该字段称为主键（又称主码）。每个表至少要有一个主键，主键是能使表中记录唯一的字段，它的作用是用于与其他表取得关联，是数据检索与排序的依据，具有唯一性。因此，应根据数据库设计知识选择一个能够唯一标识记录（即无重复值）的字段作为主键。通常用"钥匙"图标表示主键。

设置主键的操作步骤如下。

① 在数据库窗口中，打开要设置主键的数据表。

② 单击"开始"选项卡中"视图"组中的"视图"按钮，选择"设计视图"选项，进入"表"结构设计窗口。

③ 选中可作为主键的字段，单击鼠标右键，在弹出的快捷菜单中选择"主键" 命令，就可把该字段设为该表的主键，设置完成后，主键字段前会出现一个"钥匙"图标。

（2）建立索引

Access 中除了"主键"外，还提供了"索引"功能。通常在一个表中，选择一个能唯一识别记录的字段作为"主键"，其他的字段可以设定为"索引"。设定"索引"可以提高查找及排序记录的速度。如果设定为不可重复的索引，在输入数据时，可以自动检查是否重复。

"索引"可以分为"可重复"和"不可重复"两种。为某一字段设定索引的方法很简单，在字段属性的"索引"项中选择无、有（有重复）、有（无重复）中的一个即可。

在表中建立索引的操作步骤如下。

① 在数据库窗口中，打开要设置索引的数据表。

② 单击"开始"选项卡中"视图"组中的"视图"按钮，选择"设计视图"选项，进入"表"结构设计窗口。

③ 在"表结构"设计窗口中，选定要建立索引的字段，然后打开"索引"下拉框，选择其中的"有（无重复）"选项，如图 6-22 所示。

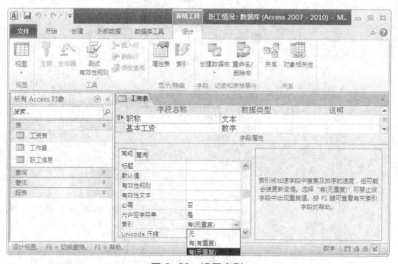

图 6-22　设置索引

④ 保存表，结束表索引的建立。

6.3.2　修改表结构

在数据库使用过程中，用户会根据需要经常对创建的数据表结构进行修改和完善。例如，新建字段、删除字段、重命名字段及更改字段数据类型等。

1．在表结构中插入字段

选中"邮政编码"一行，单击鼠标右键，在弹出的快捷菜单中选择"插入行"，如图 6-23 所示。

图 6-23 插入行

此时，将在"邮政编码"一行的上面出现一个空白行，如图 6-24 所示。我们可以在这里为数据表添加字段，如图 6-25 所示。

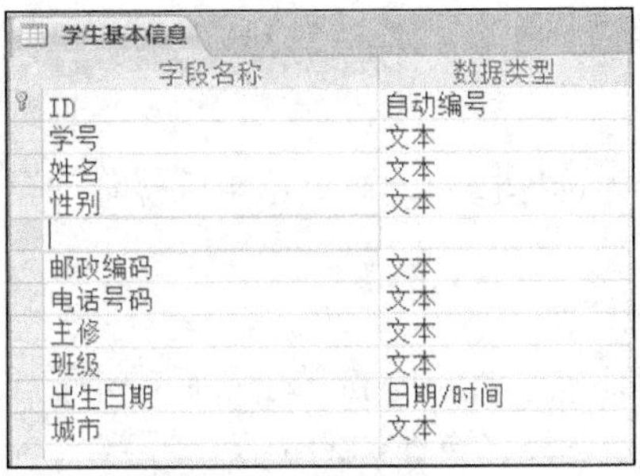

图 6-24 出现空白行 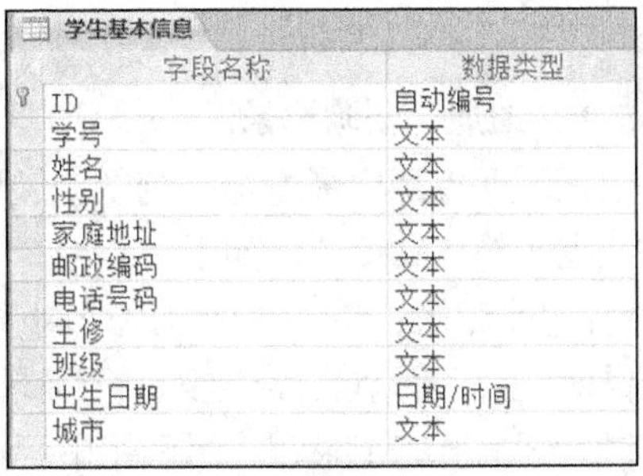　　　　　　　　图 6-25 为数据表添加字段

2．在删除表结构中的字段

删除字段比插入字段要简单，只需选中需要删除的字段进行删除即可，但在删除字段前应把与该字段有关的关联关系删除。

3．更改字段的属性

可在图 6-22 所示的常用字段的属性中直接修改某字段的属性，如字段大小等。为了需要，还可设置字段查阅属性，在查阅属性中用户可以设置显示该字段时所用的"显示控件"，默认情况下为文本框，另两个常用的控件就是组合框和列表框；在"行来源"中可以为该字段指定查询来源；在"列数"中指定了在组合框中所能显示的列；在"列表宽度"中指定每一列的宽度。

6.3.3　记录的处理

Access 提供了两种表的视图方式，即"设计"视图和"数据表"视图。"设计"视图允许用户以自定义的方式创建表及修改表的结构；"数据表"视图允许用户添加、编辑、浏览数据记录及排序、筛选、查找记录，且还可以定义显示数据的字体和大小，调整字段的显示次序，改变列的宽度及记录行的高度。

在表的设计视图设计好表结构后，可切换到数据表视图为该表输入记录、追加记录或修改记录等。

切换数据表视图的操作步骤如下。

① 在数据库中选择已创建好的数据表，单击鼠标右键，在弹出的快捷菜单中选择"打开"命令。

② 选择"开始"选项卡的"视图"组，单击"视图"下拉按钮中的"数据表视图"选项，如图 6-26 所示。

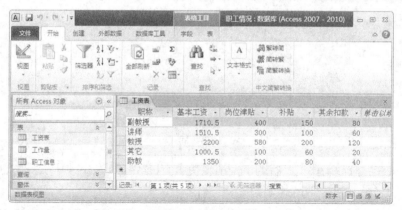

图 6-26　数据表视图

1．选择、追加、删除记录

在"数据表"视图中最左边一列灰色按钮称为选择按钮，选定记录的操作通常是通过这些选择按钮完成的，具体方法如下。

① 选择单个记录：单击该记录左边的选择按钮。

② 选择一组连续记录：选定第 1 个记录，然后按住<Shift>键单击最后一个记录，即可选中两个记录之间的所有记录；也可以用鼠标拖曳来选择多个连续的记录。

③ 追加一个记录：在数据表中最后一个记录的选择按钮上有一个星号，该星号用来表示这是一个假设追加记录，如果用户以只读的方式打开数据库，则假设追加记录不会出现。当用户将光标放到假设追加记录中的某个字段，输入记录的内容，就可以追加一个记录。

④ 删除一个记录：选定该记录，按<Delete>键或单击鼠标右键在菜单中选择"删除"命令，系统将弹出确认对话框，确认后就永久地删除了该记录。从表中删除记录是无法撤销的，记录将永远消失。

2．OLE 对象的输入

当表中含有 OLE 对象的字段时，通常可以使用两种方法向该类字段中输入数据。

① 从剪贴板中粘贴数据。

② 选择右键菜单中的"插入对象"命令。

一个 OLE 对象类型的字段，可以包含位图图像、声音文件、商业图表、Word 或 Excel 文件等。OLE 服务器支持的任何对象都可以存储在一个 Access OLE 字段中，OLE 对象通常被输入到窗体中，以便让用户看、听或者使用该值。实际应用中，经常需要在数据表中存储如照片等类型的字段。

3．排序记录和冻结表中字段显示

数据开发环境的一个基本功能就是排序记录。在默认情况下，Access 会按主键的次序显示记录，如果表中没有主键，则以输入的次序来显示记录。如果排序记录的关键字段上设置了索引，则排序过程会更快。如果索引存在，Access 会自动地使用索引来加速排序，这个过程称为查询优化。

在排序的关键字段的任意位置单击鼠标右键，从弹出的快捷菜单中选择"升序"或"降序"命令，可将记录按该关键字段排序。这种操作方法不能实现多个关键字段的排序。

如果表中包含较多字段，无法在 Access 的"数据表"视图中完全显示，用户可以冻结一个或多个字段，使这些被冻结的字段总是显示出来，从而使排序后的数据更加容易浏览，冻结的字段将一直显示在"数据表"视图的最左边，而不管用户是否滚动了水平滚动条。

冻结字段的操作步骤如下。

① 在"数据表"视图中打开数据表。

② 选定需要冻结的字段，操作方法是在字段名按钮上单击鼠标左键。

③ 单击鼠标右键，从弹出的快捷菜单中选择"冻结列"命令。

4．查找记录

在上千条的数据记录中要快速地查看一个或一系列的数据，并不是件容易的事，Access 的查找数据功能可帮助做到这一点。

操作步骤：在"数据表"视图中打开要查找的表，选择"开始"选项卡中的"查找"组，单击"查找"命令，打开"查找和替换"对话框，如图 6-27 所示。查找的范围可以是一个字段或者整个数据表；匹配的方式可以是整个字段匹配，也可以匹配一个字段中的若干字符，或者是在字段中任意匹配。

图 6-27 "查找和替换"对话框

 提示　　　　如果要查找空字段，可以在"查找内容"中输入"NULL"，并同时清除"按格式搜索字段"复选框。

5．筛选记录

Access 2010 提供了"筛选器"，可以进行"按选定内容筛选""按窗体筛选""应用筛选/排序"和"高级筛选/排序"4 种筛选方式，用来指定哪些记录出现在表或者查询结果中。其中，"筛选器"只针对某一列进行筛选，可用筛选列表取决于所选字段的数据类型和值。除了 OLE 对象字段和显示计算值的字段以外，所有字段类型都提供了筛选器。"按窗体筛选"是在表的一个空白数据窗体中输入筛选准则，Access 将显示那些与由多个字段组成的合成准则相匹配的记录。"按选定内容筛选"是应用筛选中最简单和快速的方法，可以选择某个表的全部或者部分数据建立筛选准则；"高级筛选"针对一些需要指定复杂条件的筛选，如要查找所含日期在过去 7 天或过去 6 个月之内的记录，那么可能必须自己编写筛选条件。

下面分别介绍建立筛选的具体步骤。

方法 1：筛选器。

① 单击与要筛选的第一个字段对应的列或控件中的任意位置。

② 在"开始"选项卡中的"排序和筛选"组中，单击"筛选器"按钮。

③ 执行下列操作之一。

- 若要应用筛选器，则指向"文本筛选器""数字筛选器"或"日期筛选器"，然后单击想要的筛选。筛选（如"等于"或"介于"）将提示用户输入必要的值。
- 若要基于字段值应用筛选，则需清除不想筛选的值旁边的复选框，然后单击"确定"按钮。
- 若要筛选文本、数字和日期字段中的 Null 值（Null 值表示不包含数据），需在复选框列表中清除"（全选）"复选框，然后选中"（空白）"旁边的复选框。

方法 2：按选定内容筛选。

即把选择的记录从当前的数据表中筛选出来，并显示在数据表窗口中，操作步骤如下。

① 在"数据表"视图中打开所需要的表。

② 选择要参加筛选的记录的一个字段中的全部或部分内容。

③ 在"开始"选项卡中的"排序和筛选"组中，单击"选中内容"，然后单击要应用的筛选器，就可以看到筛选结果。

6．改变数据字体

如果没有对数据表进行字体设定，那么表中的数据均用系统的默认字体，为了使界面更加漂亮，用户可以为表设定自己喜欢的字体。操作步骤如下。

① 在"数据表"视图中打开所需要的表。

② 选择"开始"选项卡，单击"文本格式"组中的"字体"下拉框。

③ 在其中可以设置字体的类型、字形、字体效果等。

④ 选好设置后，表中的字体则变为用户设定的效果。

7．改变字段顺序

默认情况下，数据表显示记录时字段的次序和设计时的次序是一致的，为了更好地分析数据，有时需要把相关的字段放在一起。操作步骤如下。

① 在"数据表"视图中打开所需要的表。

② 单击要移动的字段即选中该列，用户也可以选中多列（用<Shift>键或用鼠标拖曳）。

③ 在选中的字段上按住鼠标左键并拖曳到合适的位置，放开鼠标左键即可。

移动"数据表"视图中字段的显示次序并不会影响到"设计"视图中字段的次序，而只是改变表的显示布局。

8．设置行高和列宽

有时由于字段中的数据太多而无法全部显示出来，如备注类型的字段。这时可以调整数据表的行高，使数据分行显示在窗口中。也可以调整字段的列宽到适当的大小，使数据能够正常地显示出来。

改变表的默认行高或列宽的方法通常是使用鼠标拖曳，这是比较直观和简单的做法，也是常用的方法。

操作步骤：在"数据表"视图中打开需要调整的表，将鼠标指针移动到字段行或列的分割线上，这时鼠标指针变为一个垂直或水平的双向箭头，然后按住鼠标左键向上或向下拖曳即可改变行高，向左或向右拖曳即可改变列宽。

9．隐藏列和取消隐藏

有时一些字段只是为了联系两个表而引入的，并不想让用户看到，这时可以把它们隐藏起来，在用户想看到的时候再把它们显示出来。具体的操作步骤如下。

在"数据表"视图中打开所需要的表，将插入点定位在需要隐藏的列上，如果想隐藏多列，可以同时选中多列，单击鼠标右键中的"隐藏列"命令。

如果要取消隐藏，可以单击鼠标右键中的"取消隐藏列"命令，在弹出的"取消隐藏列"对话框中选择要取消的列即可。

6.3.4 建立表间关系

在 Access 数据库中，不同表中的数据之间都存在一种关系，指定表间的关系是非常重要的，它告诉系统如何从两张或多张表的字段中查找显示数据记录。通常在一个数据库的两个表使用了共同字段，就应该为这两个表建立一个关系，通过表间关系就可以指出一个表中的数据与另一个表中数据的相关方式。表间关系有 3 种，如表 6-3 所示。

表 6-3　表间关系

类型	描述
一对一	主表的每个记录只与辅表中的一个记录匹配
一对多	主表中的每个记录与辅表中的一个或多个记录匹配，但辅表中的每个记录只与主表中的一个记录匹配
多对多	主表中的每个记录与辅表中的多个记录匹配，反之相同

当用户创建表间关系时必须遵从"参照完整性"规则，这是一组控制删除或修改相关表间数据方式的规则。参照完整性可以防止错误地更改相关表中所需要的主表中的数据。

1. 建立表间联系的方法

在两个表"职工信息表"和"工作量表"之间建立联系，操作步骤如下。

① 在数据库窗口中，单击"数据库工具"选项卡中"关系"组中的"关系"按钮 。如果数据库中还没有定义任何关系，Access 2010 会在弹出关系窗口的同时弹出"显示表"对话框，用户可以从中选择需要创建关系的"职工信息"表和"工作量"表，如图 6-28 所示。然后单击"添加"按钮，把要建立关联关系的表添加到"关系"窗口中。

② 在"关系"窗口中，在第 1 个表中单击公用字段，把它拖曳到第 2 个表中的公用字段上，弹出"编辑关系"对话框，如图 6-29 所示。

③ 在"编辑关系"对话框中，选择"实施参照完整性"复选框，单击"创建"按钮，在两个表间就建立了一个关系，两表中的关联字段间就有了一条连线，如图 6-30 所示。

图 6-28　"显示表"对话框

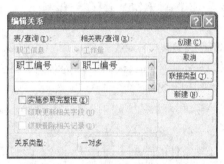

图 6-29　"编辑关系"对话框

④ 关闭"关系"窗口，结束操作。

要查看两表中的对应字段是否正确，可单击"连接类型"按钮，修改联接属性，如图 6-31 所示。

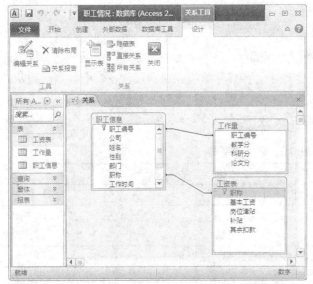

图 6-30　表间关系图

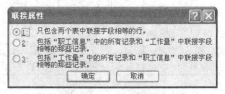

图 6-31　联接属性

 提示

在"编辑关系"对话框中"实施参照完整性"，可以防止用户无意间删除或更改相关的数据；如果想更改自动复制到相关表相关字段的主表字段，用户可选中"级联更新相关字段"复选框；如果要在删除主表的记录时自动删除相关表中的记录，可选中"级联删除相关记录"复选框。

2．修改表之间的关系

在如图 6-30 所示的"关系"窗口中，右键单击关系连线，在弹出的快捷菜单中选择"编辑"命令，弹出"编辑关系"对话框供修改关系，或者用鼠标双击关系连线也可进行修改。

3．删除表间关系

在如图 6-30 所示的"关系"窗口中，右键单击关系连线，在弹出的快捷菜单中选择"删除"命令，即可完成删除操作，或者单击关系连线使其变粗后按<Del>键也可完成删除操作。

6.4　创建和使用查询

查询（Query）对象是数据库中的第 2 个非常重要的对象，利用它可以获得指定条件下的数据动态集合。Access 中的查询对象通常分为 5 大类：选择查询、交叉表查询、参数查询、操作查询和 SQL 查询。

一般可先利用查询向导建立查询，再利用设计器修改查询。使用向导创建查询简单方便，但不够灵活，它只能对字段进行选择。在"设计视图"中创建或修改查询，不但可完成复杂的、任意条件的查询，而且还可对查询的结果进行排序。

使用查询的"设计视图"创建查询的基本步骤如下。

打开查询"设计视图"→选择与查询相关的表→选择查询类型→选择字段→设置准则→执行查询→保存查询。

6.4.1 选择查询

选择查询是从一个或多个表中查找出符合条件的数据，把这些数据显示在新的查询数据表中，并可对记录进行统计、排序等操作。

使用查询向导创建"选择查询"的操作步骤如下。

① 在数据库窗口中，选择"创建"选项卡，单击"查询"组中的"查询向导"按钮，选择"简单查询向导"，出现"简单查询向导"对话框，如图 6-32 所示。

② 单击"表/查询"下拉按钮，选择查询所基于的表，然后在"可用字段"列表框中选择要用到的查询字段，单击">"按钮将其添加到"选定字段"列表框中。

③ 单击"下一步"按钮，出现如图 6-33 所示的对话框。在该对话框中，选择"明细"单选钮。如果选择"汇总"单选钮，可以计算字段的总和、平均值、最大值、最小值等。

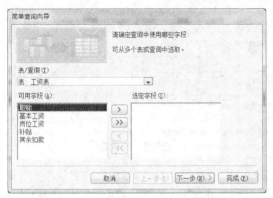

图 6-32 "简单查询向导"对话框

图 6-33 查询类型

④ 单击"下一步"按钮，出现如图 6-34 所示的对话框。在对话框中输入生成的查询文件名称，单击"完成"按钮，系统自动按用户的要求创建一个查询文件。

当查询保存后，系统自动运行一次，此时用户可看到查询的结果。关闭查询结果显示窗口，在数据库窗口的查询对象列表中可以看到刚建立的查询文件名称。要再次显示查询结果，可双击查询文件名称。

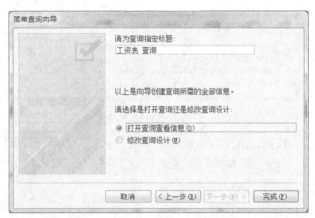

图 6-34 指定查询文件名称

6.4.2　交叉表查询

交叉表查询是将表中某些字段数据转换成行标题（第 1 列数据）或列标题（字段名），从而将表中数据按不同的要求显示出来。这种查询非常灵活，用于记录不唯一的表的查询。

使用"向导"创建"交叉表查询"的操作步骤如下。

① 在数据库窗口中，选择"创建"选项卡中"其他"组中的"查询向导"按钮，选择"交叉表查询向导"，出现如图 6-35 所示的对话框。

② 单击"确定"按钮后，出现如图 6-36 所示的对话框，在该对话框中选择用来建立交叉表查询的表，如"教师情况表"。

图 6-35　"新建查询"对话框

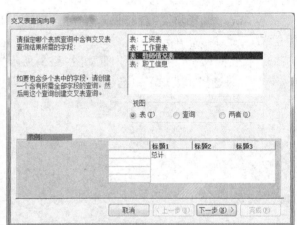

图 6-36　交叉表查询向导

③ 单击"下一步"按钮，出现如图 6-37 所示的对话框，在"可用字段"列表框中选择作为行标题的字段"职工编号"和"姓名"，单击">"按钮将其添加到"选定字段"列表框中。

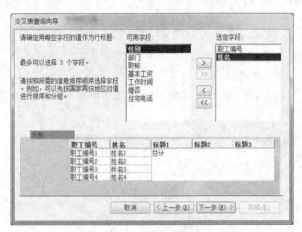

图 6-37　选择行标题字段

④ 单击"下一步"按钮，出现如图 6-38 所示的对话框，选择作为列标题的字段"职称"，单击"下一步"按钮，出现如图 6-39 所示的对话框，在该对话框中指定"基本工资"字段作为交叉值。

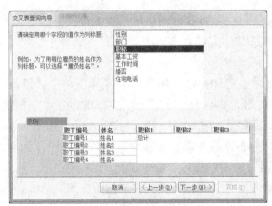

图 6-38 选择列标题字段

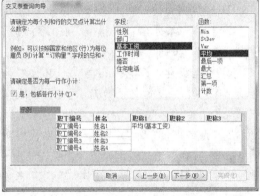

图 6-39 设置交叉值

⑤ 单击"下一步"按钮，出现如图 6-40 所示的对话框，输入查询名称，单击"完成"按钮。此时弹出"教师情况表_交叉表"，从中可看到查询结果，如图 6-41 所示。

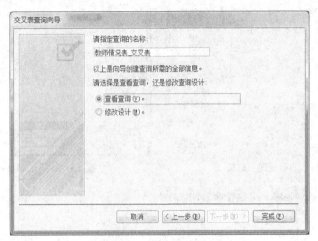

图 6-40 指定交叉表名称

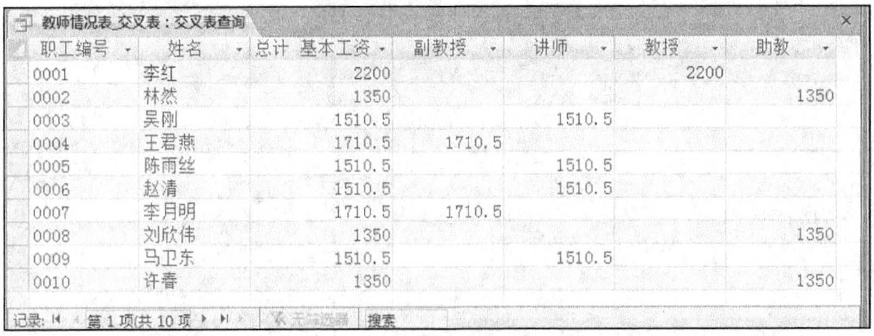

职工编号	姓名	总计	基本工资	副教授	讲师	教授	助教
0001	李红		2200			2200	
0002	林然		1350				1350
0003	吴刚		1510.5		1510.5		
0004	王君燕		1710.5	1710.5			
0005	陈雨丝		1510.5		1510.5		
0006	赵清		1510.5		1510.5		
0007	李月明		1710.5	1710.5			
0008	刘欣伟		1350				1350
0009	马卫东		1510.5		1510.5		
0010	许春		1350				1350

记录: ◄ ◄ 第 1 项(共 10 项 ► ► ► ► ► 无筛选器 搜索

图 6-41 交叉表查询结果

6.4.3 参数查询

参数查询是指根据用户提供的数据进行查询。它主要用于解决事先无法确定查询条件的查询。参数查询的方法：将准则表达式中的数据改为[ ]就形成了参数查询。[ ]的功能是让用户在执行查询时输入数据，[ ]中输入的内容是作为用户输入数据时的提示信息。操作步骤如下。

① 在数据库窗口中，选择"创建"选项卡，单击"查询"组中的"查询设计"按钮。

② 出现"显示表"对话框，在该对话框中选择用来建立参数查询的表，如"工资表"，单击"添加"按钮。

③ 双击创建查询需要的字段，如职称、基本工资和补贴，如图6-42所示。单击"设计"选项卡中"显示/隐藏"组中的"参数"按钮，在如图6-43所示的对话框中，输入参数并指定数据类型，如输入参数"m"，指定类型为"单精度型"，单击"确定"按钮，返回如图6-42所示的"选择查询"窗口。在该窗口中直接输入字段准则，即查询条件，如图6-44所示为[补贴]>[m]，或者单击"查询设置"组中的"生成器"按钮，打开"表达式生成器"对话框，输入字段条件，如图6-45所示。单击"确定"按钮，返回如图6-42所示的"选择查询"窗口。

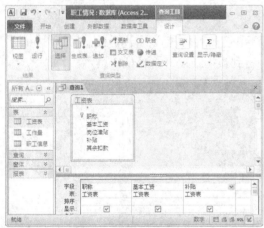

图6-42 "选择查询"窗口

图6-43 "查询参数"对话框

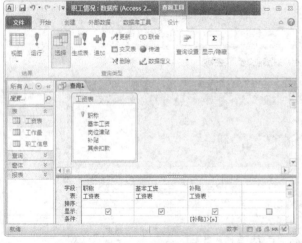

图6-44 查询条件

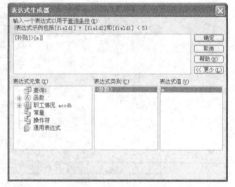

图6-45 表达式生成器

④ 在"选择查询"窗口，单击"结果"组中的"运行"按钮，出现如图6-46所示的对话框，在其中输入参数值为"80"，单击"确定"按钮，出现如图6-47所示的查询结果。

⑤ 保存查询。

图 6-46 "输入参数值"对话框

图 6-47 参数查询结果

6.4.4 操作查询

操作查询共有 4 种类型：删除查询、更新查询、追加查询和生成表查询，常用来按指定条件对表中的数据进行修改、添加、删除、合并等处理，从而可以提高工作效率。

利用"设计视图"创建"更新查询"的操作步骤如下。

① 在数据库窗口中，选择"创建"选项卡，单击"查询"组中的"查询设计"按钮。

② 出现"显示表"对话框，在该对话框中选择用来建立更新查询的表，如"工资表"，单击"添加"按钮。

③ 选择"设计"选项卡，单击"查询类型"组中的"更新"按钮，在"字段"行处选择"补贴"字段，在"更新到"行中输入更新内容，如[补贴]+50，如图 6-48 所示，如果有必要，还可以在"条件"单元格中指定条件。在简单的情形下，可以直接写一个比较表达式即可，如"<300"等。

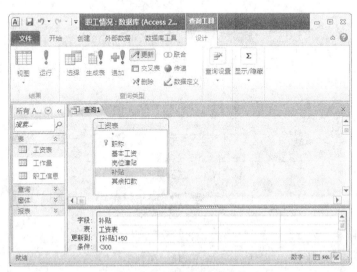

图 6-48 设置更新查询条件

④ 单击"结果"组中的"运行"按钮，以更新数据表中的记录。这时系统也会出现如图 6-49 的所示的更新提示，单击"是"按钮即可实现数据表记录的更新。此时用户可以打开原表来查看已经更新的记录，如图 6-50 所示。

⑤ 设计完毕后，保存查询。

图 6-49　更新提示

图 6-50　更新查询后的结果

6.4.5　SQL 查询

SQL 查询就是利用 SQL 语句创建的查询，是使用最为灵活的一种查询方式，用户可以利用 SQL 语句创建出更加复杂的查询条件。

创建 SQL 查询的操作步骤如下。

① 在数据库窗口中，选择"创建"选项卡，单击"查询"组中的"查询设计"按钮。

② 出现"显示表"对话框，在该对话框中选择用来建立查询的表，如"职工信息表"，单击"添加"按钮。

③ 在如图 6-51 所示的窗口中选择"设计"选项卡，单击"查询类型"组中的"联合"按钮，在如图 6-52 窗口中输入 SQL 语句，然后单击"结果"组中的"运行"按钮，出现如图 6-53 所示的查询结果。

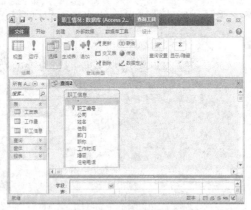

图 6-51　"选择查询"窗口

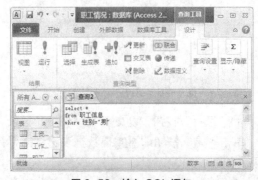

图 6-52　输入 SQL 语句

图 6-53　SQL 查询结果

④ 保存查询。

6.5　窗体的创建和使用

窗体是 Access 中的另一种数据库对象，用于在数据库中输入和显示数据。窗体能为用户提供更为直观、方便的数据操作界面，包括对数据的查看、输入、编辑和删除等，还可以插入各种控件，使窗体的功能更强，使用更加灵活。

6.5.1　创建窗体

1．窗体的组成

Access 2010 中一个窗体由窗体页眉、页面页眉、主体、页面页脚和窗体页脚 5 个部分组成。如图 6-54 所示。

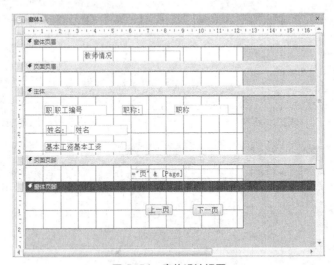

图 6-54　窗体设计视图

2．窗体的创建

使用"窗体向导"可创建基于一个或多个表或查询的包含若干字段的窗体（如果是涉及多表或查询，必须先建立表之间的关联），操作步骤如下。

① 在数据库窗口中，选择"创建"选项卡中的"窗体"组，单击"窗体向导"按钮，出现如图 6-55 所示的"窗体向导"对话框。

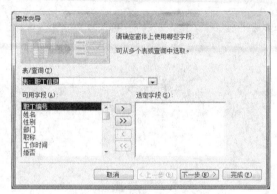

图 6-55 "窗体向导"对话框

② 在"表/查询"下拉列表中选择数据来源，如"职工信息"表，在"可用字段"列表框中选择所需字段，并将其添加到右边"选定字段"列表框中，然后单击"下一步"按钮，出现如图 6-56 所示的对话框。

③ 在对话框中，选择窗体使用的布局，单击"下一步"按钮，选择所用样式，再单击"下一步"按钮。

④ 出现如图 6-57 所示的对话框，输入窗体的标题名称，然后单击"完成"按钮，即建立了如图 6-58 所示的窗体。

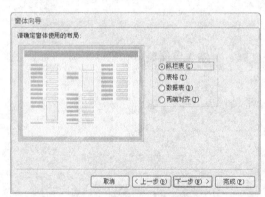

图 6-56　确定窗体布局

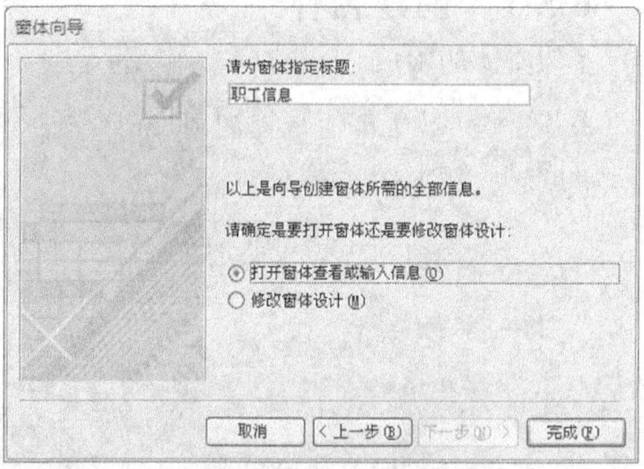

图 6-57　设置窗体标题

图 6-58　新窗体的显示结果

6.5.2　在窗体中操作数据

1．打开窗体

在输入和编辑数据之前，用户要在适当的视图中打开相应的窗体。打开窗体的操作步骤如下。

① 在数据库窗口中，选择"窗体"对象，双击它，就打开了已创建的窗体。

② 如果要修改窗体的设计，可以选择"开始"选项卡中的"视图"组，单击"视图"下拉按钮中的"设计视图"，在该视图中进行修改。

2．在窗体中添加记录

在窗体中添加记录类似在数据表中添加记录，操作步骤如下。

① 在数据库窗口中，双击"窗体"对象。

② 在图 6-58 所示的窗体中，单击窗体下方"记录定位器"中的"新记录"按钮 ，屏幕上显示一个空白窗体，在其中的字段中输入新的数据，然后按<Tab>键或鼠标单击将插入点移到下一个字段，直到所有字段的数据输入完毕为止。

③ 保存窗体，结束添加新记录的操作。

3．在窗体中修改记录

在窗体中不仅可以添加记录，还可以对记录进行修改，操作步骤如下。

① 在数据库窗口中，双击"窗体"对象。

② 在图 6-58 所示的窗体中，单击窗体下方"记录定位器"中输入要修改记录的记录号，或者通过单击"下一条记录"按钮或"上一条记录"按钮定位到所需修改的记录上。

③ 对记录中的数据进行修改，按<Tab>键或鼠标单击，可以使插入点在不同字段间移动。

4．记录的排序与筛选

（1）记录的排序

在数据表和窗体中都可以对记录进行排序，不同的是，在窗体中只能按一个字段排序，即可以按指定字段的值从小到大或从大到小排序。操作步骤如下。

① 在数据库窗口中，双击"窗体"对象。

② 在图 6-58 所示的窗体中，用鼠标单击窗体中要排序的字段名，如果要按"升序"排序，单击"排序和筛选"组中的"升序"按钮；如果要按"降序"排序，单击"排序和筛选"组中的"降序"按钮。

提示

対记录排序后，如果要撤销排序，可以用鼠标单击"排序和筛选"组中"清除所有排序"按钮，取消排序操作。

（2）记录的筛选

在窗体中筛选数据和排序类似，操作步骤如下。

① 在数据库窗口中，双击"窗体"对象。

② 在图 6-58 所示的窗体中，用鼠标单击窗体中要筛选的字段名。单击"排序和筛选"组中"高级筛选选项"下拉按钮，可以选择"按窗体筛选""应用筛选""高级筛选"等选项。

6.5.3 美化窗体

1．修改窗体

（1）调整窗体的位置和大小

调整窗体的位置和大小与在 Windows 中调整窗口的位置和大小类似，这里就不详细介绍了。

（2）设置窗体的背景颜色

一般情况下，窗体的背景颜色为银灰色。如要更改窗体背景颜色，操作步骤如下。

① 在数据库窗口中，双击"窗体"对象。

② 在窗体空白处单击鼠标右键，在弹出的快捷菜单中选择"设计视图"。

③ 在"设计视图"中用鼠标单击"主体"栏，再单击鼠标右键，选择"填充/背景色"命令下级子菜单，选择一种颜色作为窗体的背景色，如图 6-59 所示。

（3）显示、隐藏网格及标尺

在窗体的"设计视图"中，可以在"主体"中显示网格或标尺，以便调整控件的大小和位置。如果需要也可将它们隐藏起来。操作步骤如下。

① 在数据库窗口中，双击"窗体"对象。

② 在窗体空白处单击鼠标右键，在弹出的快捷菜单中选择"设计视图"。

③ 在"设计视图"中单击鼠标右键，选择"网格"命令。如果当前的窗体中已经显示了网格，执行该操作会将网格隐藏起来；反之，将显示网格。

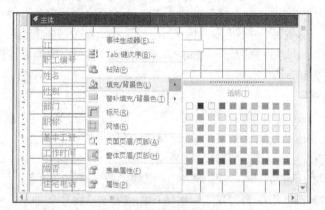

图 6-59　设置窗体背景色

同样，用类似方法可以设置标尺的显示或隐藏。

2．控件的概念

控件是窗体或报表中用于显示数据、执行操作及装饰窗体或报表的对象，如图 6-60 所示。当打开"窗体设计"窗口、"报表设计"窗口时，其控件工具箱会自动呈现。

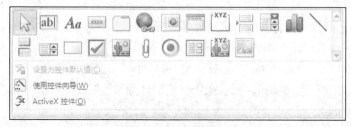

图 6-60　控件工具

如果没有看到工具箱，可用如下方法打开它。

在导航窗格中用鼠标右键单击窗体或报表，然后单击"设计视图"命令。在"设计"选项卡上的"控件"组中，单击用于要创建的控件类型的工具。

6.5.4 主/子窗体

子窗体就是窗体中的窗体，主要用来在窗体中显示来自多个表的数据。如果同时创建窗体和子窗体，可以使用"窗体向导"。操作步骤如下。

① 在数据库窗口中，选择"创建"选项卡的"窗体"组，单击"窗体向导"按钮，出现如图 6-61 所示的"窗体向导"对话框。

② 在"表/查询"下拉列表中选择数据来源表或查询，首先选择"职工信息"表，单击"全部移动"按钮，将所选字段全部添加到右边"选定字段"列表框中，然后再选择"工资表"，同样单击"全部移动"按钮，将所选字段全部添加到右边"选定字段"列表框中。

③ 单击"下一步"按钮，出现如图 6-62 所示的对话框。在"请确定查看数据的方式"列表框中选择表的名称，然后选择"带有子窗体的窗体"单选钮。

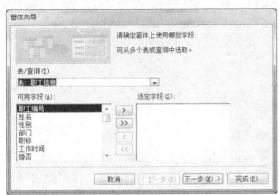

图 6-61 "窗体向导"对话框

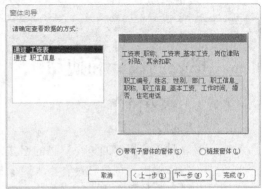

图 6-62 确定查看数据方式

④ 单击"下一步"按钮，出现如图 6-63 所示的对话框，选择子窗体使用的布局。

图 6-63 设置子窗体布局

⑤ 单击"下一步"按钮，将窗体命名为"工资表"，将子窗体命名为"职工信息子窗体"。

⑥ 单击"完成"按钮，显示结果如图 6-64 所示。

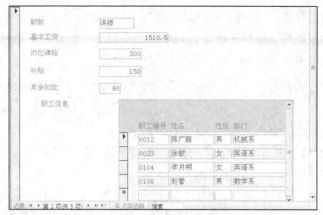

图 6-64　创建的窗体和子窗体显示结果

　提示

　　在创建子窗体之前，要确定作为主窗体的数据源与作为子窗体的数据源之间已经存在着"1对多"的关系才行。

6.6　报表的设计和使用

6.6.1　报表简介

1．报表的概念

报表是一种用户指定的呈现信息的格式，可以将数据表中的数据以一张表格或一张清单的形式进行打印输出。创建和设计报表对象与设计窗体对象有许多相同之处，即都要使用控件工具，但不同之处是报表不能用来输入数据，而窗体可以输入数据。建立报表的目的是为用户提供实用、灵活的输出格式，即可以按用户要求的格式进行数据的打印输出，也可以对数值型数据进行统计、汇总后将操作结果打印输出。

2．报表类型

报表的类型主要可分为详细报表、分组报表、汇总报表、标签报表、图表报表等几种。

3．报表窗口组成

在报表的"设计"视图中可以看到，报表由报表页眉、页面页眉、主体、页面页脚和报表页脚 5 部分组成。

① 报表页眉：用来在报表的开头放置信息，如标题、日期等。

② 页面页眉：用来在报表页面的上方放置信息。

③ 主体：用来包含报表的主体（来自表中的数据），通常在主体中放置控件以呈现数据。

④ 页面页脚：用来在报表页面的下方放置信息。

⑤ 报表页脚：用来在报表的底部放置信息，如报表总结、合计等。

6.6.2　建立报表

在 Access 2010 中使用报表工具创建报表是最简单的一种方法，该工具能够方便快捷地生成显示基础表或查询中所有字段的报表。虽然报表工具无法创建用户最终需要的完美报表，但在用户想快速查看基础数据时却极其有用。

创建报表的操作步骤如下。

① 打开"职工管理"数据库，在该数据库窗口的导航窗格中选择"职工信息"表，然后切换到"创建"选项卡，在选项卡的"报表"组中单击"报表"按钮，快速生成报表，如图6-65所示。

② 在报表的布局视图中双击标题，切换到输入状态时，修改标题为"职工信息报表"。

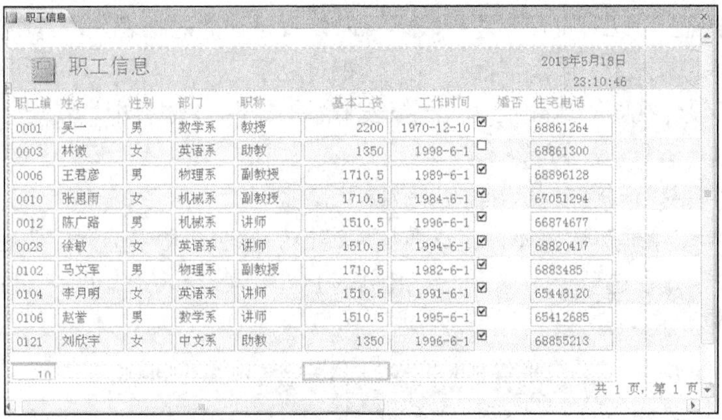

图6-65　生成的"职工信息"报表

③ 单击布局视图右上角的"关闭"按钮，在打开的对话框中单击"是"按钮，在打开的"另存为"对话框中输入报表的名称，单击"确定"按钮。

④ 单击导航窗格右上角的"选项"按钮，在打开的列表框中选择"所有 Access 对象"选项，即可显示所有对象。

⑤ 双击刚创建的报表打开报表视图，即可查看报表效果，如图6-66所示。

图6-66　打开"职工信息报表"

此外，还可以利用"报表向导""标签""空报表"等创建报表。其中，使用"报表向导"可以基于一个或多个表或查询，它将提示输入有关记录源、字段、版面及所需的格式，并根据用户的设置来创建；利用"标签"来创建标签类型的报表，可以按适合用户的标签材料的样式和格式显示项目的数据，如制作通信录标签报表；用户还可以利用"空报表"工具，按自己的需要进行报表的基本设计，如在报表上放置数据表字段，并设置字段在报表中的格式和排列方式等。鉴于篇幅所限，以上这些创建报表的方法请同学们自己动手实践。

6.6.3 设计报表

使用"设计视图"既可直接创建报表还可以修改已建立的报表。用这种方法创建报表是根据用户要求来定制报表，虽然灵活，但操作相对复杂一些。因此，一般可先利用向导创建报表，然后用"设计视图"修改报表，向报表中添加控件、徽标图片等，最终美化报表并满足用户的需要。

利用"设计视图"创建报表的操作步骤如下。

① 打开"职工管理"数据库，在该数据库窗口的导航窗格中选择"职工信息表"，切换到"创建"选项卡，在选项卡的"报表"组中单击"报表设计"按钮，打开报表的"设计"视图，如图 6-67 所示。

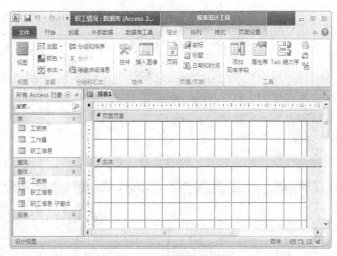

图 6-67　报表设计视图

② 在"设计"选项卡的"工具"组中单击"属性表"按钮，在打开的"属性表"窗格中设置报表的标题，如"职工信息"，选择记录源为"职工信息"，如图 6-68 所示。

图 6-68　设置报表的标题和记录源

③ 关闭"属性表"窗格，单击"设计"选项卡中"页眉/页脚"组中的"徽标"按钮，为报表添加徽标对象。在"插入图片"对话框中，选择徽标图片，然后单击"确定"按钮。

④ 在功能区中单击"标签"按钮，在"报表页眉"上用鼠标拖出标签文本框，在标签文本框中输入报表标题"职工信息"，选择整个标签控件，并设置标签文本格式为隶书、红色、24磅，如图6-69所示。

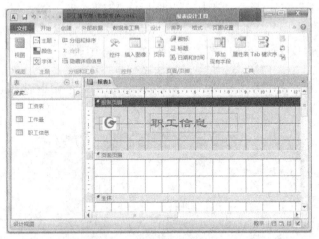

图6-69　添加徽标和标题文本

⑤ 在"设计"选项卡的"控件"组中单击"直线"按钮，在"报表页眉"下方绘制一条水平直线。

⑥ 双击该直线，或在"设计"选项卡的"工具"组中单击"属性表"按钮打开"属性表"窗格，设置直线的边框宽度为"6pt"，颜色为"#0072BC"，如图6-70所示。

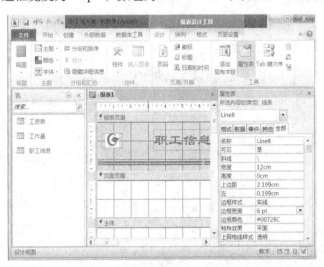

图6-70　绘制直线并设置其宽度和颜色

提示

在绘制直线时，按住<Shift>键，向水平方向拖曳鼠标，即可绘制水平直线。在调整直线长度时，按住<Shift>键，向水平方向拖曳鼠标，即可向水平方向增加直线的长度。

⑦ 在报表设计视图的"页面页眉"边框上右键单击鼠标，从弹出的快捷菜单中选择"页面页眉/页脚"命令，单击"报表页脚"区域的底框，按住鼠标左键向上拖曳，取消显示"报表页脚"区域。

⑧ 在"设计"选项卡的"视图"组中单击"视图"按钮，在打开的下拉菜单中选择"布局视图"选项，如图 6-71 所示。

⑨ 切换到布局视图后，选择"设计"选项卡的"工具"组，单击"添加现有字段"按钮，在打开的"字段列表"中将"职工编号"字段添加到报表主体中，如图 6-72 所示。

⑩ 按照步骤⑨的方法，将表中其他字段添加到主体中。

⑪ 如要个别修改某字段列的宽度，可以切换到设计视图，例如选择"职工编号"字段右边的边框，按住鼠标左键向左拖曳，即可缩小字段列的宽度。用类似方法，调整其他字段列的宽度。

图 6-71 选择"布局视图"选项

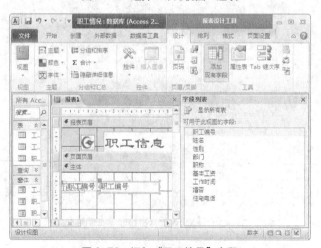

图 6-72 添加"职工编号"字段

⑫ 将鼠标指针移到直线右端处，按住鼠标左键向右拖曳，可增加直线的长度。选中要设置的字段，在"报表设计工具"中"格式"选项卡的"字体"组中，单击"居中"按钮或单击"字体颜色"按钮，可调整字段的对齐方式与格式等，如图 6-73 所示。

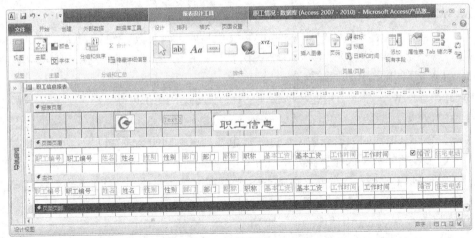

图 6-73 设置字段列的属性

⑬ 设置完成后，单击"关闭"按钮，在打开的对话框中单击"是"按钮，在"另存为"对话框中输入报表名称，单击"确定"按钮。报表结果如图 6-74 所示。

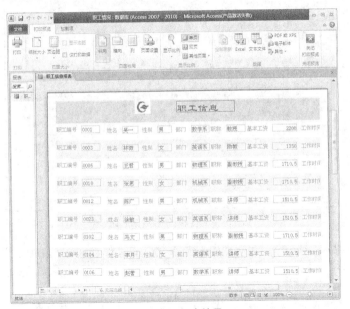

图 6-74 报表结果

6.7 数据导入与导出

数据的导入、导出是指 Access 当前数据库与其他数据库或外部数据源之间的数据复制。其他数据库可以是 Access 数据库或非 Access 数据库，外部数据库可以是 Excel 电子表格、文本格式的文件、XML 文件、SharePoint 列表或其他文件格式。数据的导入、导出功能大大增加了数据的共享程度，提高数据的处理能力，从而提高了工作的效率。

6.7.1 数据的导入

数据的导入就是指将外部数据转化为 Access 2010 的数据或数据库对象。导入的数据可以来自数据库，也可以来自电子表格、HTML 文档甚至 Outlook 文件夹等其他文件格式。

1. 导入其他 Access 数据库的数据

导入其他 Access 数据库的数据的操作，实际上就是把 Access 数据库或对象从一个 Access 数据库复制到另一个 Access 数据库。其导入步骤和方法详见 6.3.1 小节中的图 6-18，在此不再赘述。

2. 导入来自电子表格的数据

Excel 电子表格是经常使用的数据管理工具，Access 2010 可以从电子表格导入数据，生成数据库的数据表。但要注意，在从电子表格导入数据前，必须确保电子表格中数据的每一列（字段）都具有相同的数据类型，且每一行也都具有相同的字段并以适当的表格形式排列。

导入电子表格的数据操作步骤如下。

① 打开"职工管理"数据库，在 Access 数据库窗口中，选择"外部数据"选项卡的"导入并链接"组，单击"Excel"按钮，打开"导入"对话框。

② 选择事先在 Excel 中创建的"学生信息"电子表格，单击"确定"按钮。选中"将源数据导入当前数据库的新表中"单选钮，单击"确定"按钮，如图 6-75 所示。

图 6-75 获取外部数据对话框

③ 在"导入数据表向导"对话框中，选择合适的工作表区域 Sheet1，单击"下一步"按钮，如图 6-76 所示。

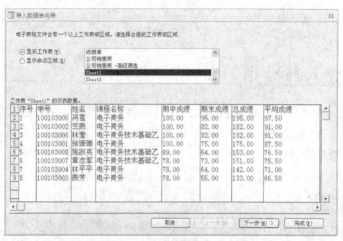

图 6-76 "导入数据表向导"对话框

④ 选中"第一行包含列标题"复选框，如图 6-77 所示。

⑤ 单击"下一步"按钮，设置字段选项，如图 6-78 所示。

⑥ 单击"下一步"按钮，在如图 6-79 所示对话框中定义主键，单击"下一步"按钮，打开"确认保存表名"对话框，单击"完成"按钮。

⑦ 单击"确定"按钮，完成导入数据的操作，可以看到"学生成绩"电子表格数据被导入到"职工管理"数据库的"Sheet1"数据表中了，如图 6-80 所示。

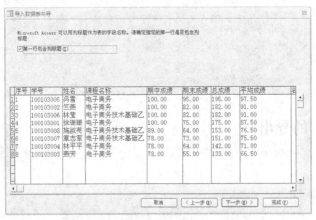

图 6-77　确定第一行是否包含列标题

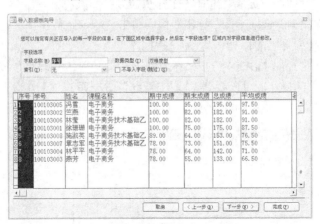

图 6-78　设置字段选项

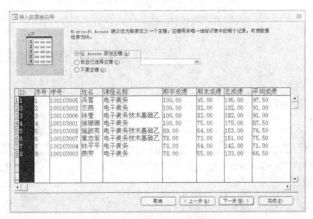

图 6-79　确定主键

图 6-80　导入数据后的结果

6.7.2　数据的导出

数据的导出是指将 Access 数据库中的数据（表、查询、窗体或报表等）输出到其他数据库或外部数据源。

1．导出到其他 Access 数据库

可以将一个 Access 数据库对象导出到另一个 Access 数据库中，操作步骤如下。

① 打开"职工管理"数据库，选择"工作量表"并将其打开。

② 选择"外部数据"选项卡的"导出"组，单击"Access 数据库"选项，打开如图 6-81 所示的对话框，选择要导出的目标："教师"数据库。

③ 在图 6-82 所示的对话框中，按系统默认的选择，单击"确定"按钮，单击"关闭"按钮，完成导出数据的操作。可以看到，"职工管理"数据库的"工作量"数据表被导出到了"教师.accdb"数据库中，如图 6-83 所示。

图 6-81　"导出–Access"数据库对话框

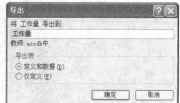

图 6-82　"导出"对话框

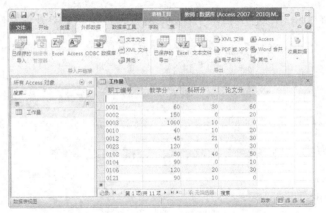

图 6-83　导出后的结果

2．导出到电子表格

下面以"职工管理"数据库的"工资表"为例，导出一个名为"工资表.xlsx"的文件或"工资表.xls"的文件，操作步骤如下。

① 打开"职工管理"数据库，在 Access 数据库窗口中，选择"外部数据"选项卡的"导出"组，单击"Excel"按钮，打开"导出-Excel 电子表格"对话框。

② 在对话框中输入导出的文件名，文件格式为"Excel 97-2003 工作簿"，选中"导出数据时包含格式和布局"和"完成导出操作后打开目标文件"两个复选框，单击"确定"按钮。

③ 打开"保存导出步骤"对话框，如图 6-85 所示，单击"关闭"按钮。

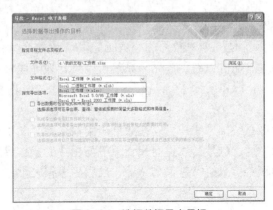

图 6-84　选择数据导出目标

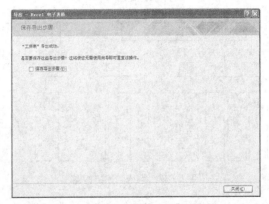

图 6-85　"保存导出步骤"对话框

④ 此时可以看到在所保存的目录下有"工资表.xls"文件，打开该文件，如图6-86所示。

	A	B	C	D	E	F	G
1	职称	基本工资	岗位津贴	补贴	其余扣款		
2	副教授	1710.5	400	200	80		
3	讲师	1510.5	300	150	60		
4	教授	2200	580	250	120		
5	其它	1000.5	100	110	20		
6	助教	1350	200	130	40		
7							

图6-86 "工资表.xls"文件

6.8 应用实例

本节将以一个简单的数据库管理系统"学校教学信息管理"系统为例，简单介绍 Access 数据库管理系统开发的一般过程，即如何综合应用前面所学的有关 Access 的知识来开发和设计一个实际的信息管理系统，包括数据库的设计、表的创建、查询的使用、窗体的建立和报表的产生。

6.8.1 系统功能

学校教学信息管理系统是一个对教师的个人信息和学生的个人信息及选课信息进行查询、修改、增加、删除和存储的系统。利用该系统可以统计教师职称情况和课程学分，打印各种报表资料。通过需求分析和系统分析，该系统至少应该由4张基本表和若干查询、窗体、报表及模块组成。

在学校教学信息管理系统中，用户可以在数据表中输入教师和学生的个人信息、学生选课信息和课程信息，然后通过创建窗体建立起计算机与用户的操作界面，由信息管理系统根据需要对教师和学生的相关信息进行查询和统计，最后生成报表供打印输出。本系统功能结构如图6-87所示。

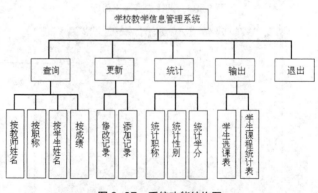

图6-87 系统功能结构图

6.8.2 系统设计

1．数据库的建立

创建一个"学校教学信息管理系统"数据库，建库的操作过程参见 6.2 节。

2．创建与设置数据库表

创建数据表是制作学校教学信息管理系统的基础，所以在制作系统前，应先创建相关的数据表，并根据数据表的内容设置表关系。

（1）表的结构

在"学校教学信息管理系统"数据库中建立 4 个表，分别是教师情况表、学生情况表、课程情况表、选课表。其表结构分别如表 6-4～表 6-7 所示。

表 6-4　教师情况表

字段名称	数据类型	字段大小	约束控制	索引否
教师编号	文本	6	主键	有（无重复）
教师姓名	文本	10	Not null	有（有重复）
性别	文本	2	'男'或'女'	无
出生年月	日期/时间	–		无
职称	文本	10		无
电话	文本	30		无
系名	文本	10	Not null	

表 6-5　学生情况表

字段名称	数据类型	字段大小	约束控制	索引否
学号	文本	6	主键	有（无重复）
学生姓名	文本	10	Not null	有（有重复）
性别	文本	2	'男'或'女'	无
出生年月	日期/时间	–		无
系名	文本	10	Not null	无

表 6-6　课程情况表

字段名称	数据类型	字段大小	格式	索引否
课程号	文本	5	主键	有（无重复）
课程名称	文本	20	Not null	无
学分	数字	小数	常规数字	无
教师编号	文本	6		

表 6-7　选课表

字段名称	数据类型	字段大小	格式	索引否
学号	文本	6	主键	有（无重复）
课程号	文本	5	主键	有（无重复）
成绩	数字	小数	默认	无

创建"教师情况"数据表的结果如图 6-88 所示。

创建"学生情况"数据表的结果如图 6-89 所示。

教师情况	
字段名称	数据类型
教师编号	文本
教师姓名	文本
性别	文本
出生日期	日期/时间
职称	文本
电话	文本
系名	文本

图 6-88 "教师情况"表结构

学生情况	
字段名称	数据类型
学号	文本
学生姓名	文本
性别	文本
出生年月	日期/时间
系名	文本

图 6-89 "学生情况"表结构

创建"课程情况"数据表的结果如图 6-90 所示。

创建"选课"数据表的结果如图 6-91 所示。

课程情况	
字段名称	数据类型
课程号	文本
课程名称	文本
学分	数字
教师编号	文本

图 6-90 "课程情况"表结构

选课	
字段名称	数据类型
学号	文本
课程号	文本
成绩	数字

图 6-91 "选课"表结构

（2）输入表记录

在"学校教学信息管理系统"数据库中建立 4 个数据表结构后，就要分别对 4 个数据表添加记录，其操作过程参见 6.3 节。

（3）建立表间关系

为了让系统的各个数据表中相同的字段匹配起来，下面将利用系统的所有数据表创建表间关系，其中，在"学生情况"表与"选课"表之间建立 1 对多的关系（学号是"学生情况"表的主键、"选课"表的外键，这两个表之间可以建立 1 对多的关系）；在"课程情况"表与"选课"表之间建立 1 对多的关系（课程号是"课程情况"表的主键、"选课"表的外键，这两个表之间可以建立 1 对多的关系）；在"教师情况"表和"课程情况"表之间建立 1 对多的关系（教师编号是"教师情况"表的主键、"课程情况"表中的外键），如图 6-92 所示。建立表间关系的操作过程参见 6.3 节。

图 6-92 表间关系

（4）设置表查询和数据

查询是数据库中非常灵活的对象，可以作为报表、窗体和数据访问页的数据来源。根据系统分析，可以设计 4 种查询，分别是按教师姓名查询、按教师职称查询、按成绩查询、按学生性别统计平均年龄查询。创建查询的操作过程参见 6.4 节。其设计视图窗口和查询结果分别如图 6-93～图 6-100 所示。

图 6-93　按教师姓名查询设计视图窗口　　　　图 6-94　按教师姓名查询结果

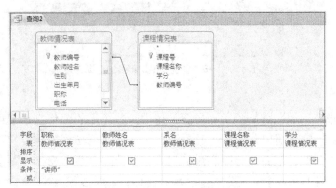

图 6-95　按教师职称查询设计视图窗口

图 6-96　按教师职称选择查询多表查询的结果

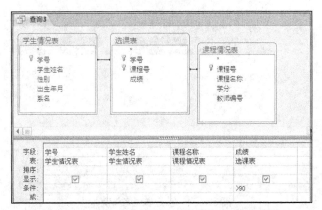

图 6-97　查询成绩大于 90 分的学生设计视图窗口

图 6-98　成绩大于 90 分的查询结果

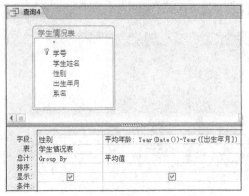

图 6-99　按性别统计平均年龄的设计视图窗口

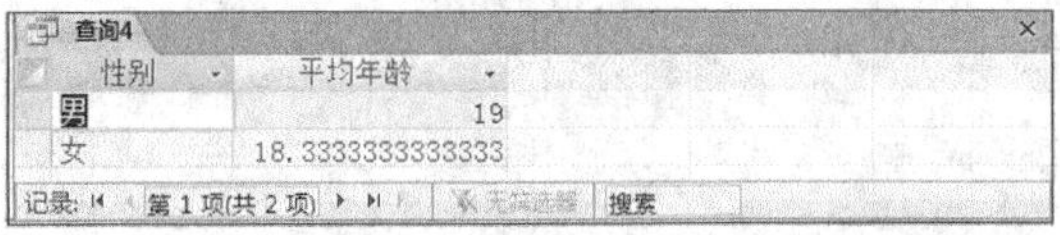

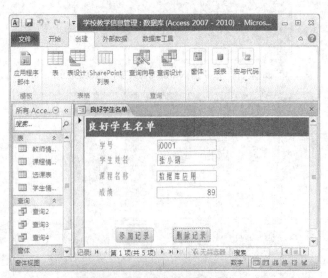

图 6-100　按性别统计平均年龄的查询结果

3．制作窗体

窗体是用户和应用程序之间的主要界面，用户对数据库的任何操作都可以通过窗体来完成。该系统中设计的窗体可以作为输入数据及用户操作界面使用，主要实现"更新"和"统计"模块的功能，如统计汇总、修改和添加记录。创建"学生"窗体（要求有"添加记录"和"删除记录"按钮）和一个"良好学生名单"窗体，显示成绩大于 80 分的所有选修学生名单的"学号""学生姓名""课程名称"和"成绩"信息，如图 6-101 所示。制作窗体的操作过程参见 6.5 节。

图 6-101　良好学生名单窗体

4．创建报表

报表是以打印的格式表现用户数据的一种有效的方式，用户可以对报表上每一个对象的大小和外观进行设置，并按照所需要的方式显示信息以便查看信息。本系统主要创建"学生选课报表"和"学生课程统计"两个报表，分别如图 6-102 和图 6-103 所示。创建报表的操作过程参见 6.6 节。

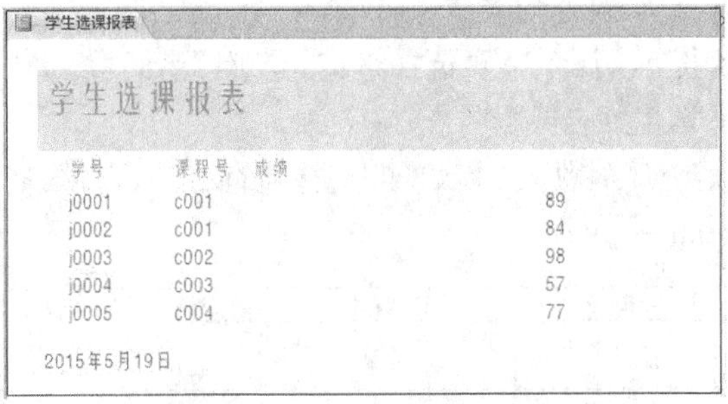

图 6-102　学生选课报表

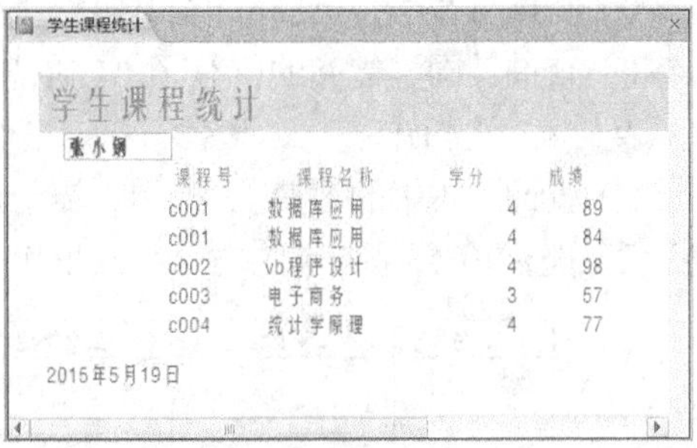

图 6-103　学生课程统计报表

本章小结

Access 2010 被广泛应用于数据的管理和使用，在本章中介绍了在 Access 2010 中建立数据库和表以及查询的方法。通过对 Access 数据库系统的特点、操作界面和 Access 2010 数据库所包含的操作对象，如表、查询、窗体、报表等，以及针对这些对象的创建方法和有关操作方法的学习，尤其是本章最后以一个实例讲解 Access 2010 数据库管理系统的开发过程，读者对本章的主要内容有了一个整体的认识，熟悉了它，就可以建立和管理小到一个通信录大到一个公司的事务。

习　题

一、简答题

1．一个 Access 2010 数据库中包含哪些数据对象，各自什么作用？

2．在 Access 2010 中如何创建数据库和数据表？

3．如何设置表的主键？字段有效性规则的作用是什么？如何设置？

4．如何建立数据表之间的关系？

5．如何创建和保存选择查询？哪种类型查询会改变原来的数据表？

6．如何创建窗体？窗体中的窗体页眉、页脚和页面页眉、页脚有什么用途？如何设计？

7．创建报表的方法有哪些？报表具有计算功能吗？如何实现？

8．如何将外部数据导入 Access 数据库中？如何实现不同版本 Access 数据文档之间的格式转换？

二、操作题

按照以下给出的数据表结构，创建一个"图书借阅"数据库的设计，实现对学生、图书借阅信息的简单管理。

（1）创建"图书借阅"数据库和表，该库中包含 3 张数据表，其表结构如图 6-104 所示。完成表结构后，输入相应记录。

（2）设置表的主键，创建 3 个表间的关系和约束。

（3）创建如下查询。

① 查询书名为"数据库原理"或其他书名的书籍。

② 查询每位学生借阅图书的信息。（提示：参数查询）

③ 查询某同学借阅的所有图书的信息。（提示：属于多表选择查询，涉及"借阅登记""学生信息"和"图书信息"3 张表，指定条件是学生姓名或学号）

④ 查询某本书的数量。（提示：属于使用统计函数 COUNT 的选择查询，涉及"图书信息"表，选择条件是指定的书号，数量用 count()）

表名	字段名	数据类型	字段大小	属性要求	说明
学生信息	学号	文本	8	主键	唯一
	姓名	文本	6	Not null	
	性别	文本	2	'男'或'女'	
	年龄	数字	整型	15 岁~25 岁	
图书信息	书号	文本	4	主键	唯一
	书名	文本	20		
	数量	数字	整型		
借阅登记	学号	文本	8	主键	唯一
	书号	文本	4	主键	唯一
	借阅日期	日期/时间			
	是否归还	是/否			

图 6-104 "图书借阅"数据库的表结构

（4）创建一个包含每本图书的数量及数量合计的报表。创建一个未归还图书的读者信息报表。

（5）创建一个包含学号、姓名、书名、借阅日期、是否归还字段的窗体。

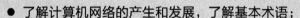

PART 7

第 7 章
网络基础与 Internet
应用

学习目标

- 了解计算机网络的产生和发展，了解基本术语；
- 掌握局域网、城域网、广域网的工作方式；
- 掌握网络地址，特别是 IP 地址的有关计算和操作；
- 了解常见的接入 Internet 的方式；
- 了解常用的 Internet 工具。

7.1 计算机网络基本知识

7.1.1 网络的形成与发展

计算机网络就是将分散的计算机，通过通信线路有机地结合在一起，实现相互通信、软硬件资源共享的综合系统。也可以解释为将地理位置不同的、功能独立的多台计算机系统，利用通信设备和线路互连起来，以功能完善的网络软件（网络协议、网络操作系统等）实现网络中资源共享和信息传递的系统。

现在计算机网络已经深入我们的生活、学习与工作。信息化社会的基础是计算机和将计算机互相连接起来的信息网络。从技术的角度来看，计算机网络的形成与发展，大致可分为 4 个阶段。

第 1 个阶段：以主机为中心的第一代计算机网络。

第一代计算机网络中，计算机是网络的控制中心，终端围绕着中心分布在各处，而计算机的主要任务是进行批处理。人们利用通信线路、集中器、多路复用器、公用电话网等设备，将一台计算机与多台用户终端相连接，用户通过终端命令以交互的方式使用计算机系统，从而将单一计算机系统的各种资源分散到了每个用户手中。多终端计算机如图 7-1 所示。

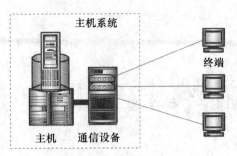

图7-1　多终端计算机

20世纪60年代初,美国航空订票系统SABRE-1就是这种计算机通信网络的典型应用。该系统由一台中心计算机和分布在全美范围内的2 000多个终端组成,各终端通过电话线连接到中心计算机上。终端是一台计算机的外部设备,包括显示器和键盘,无CPU和内存,如我国高校和科研院所早先引进的VAX计算机。

第2个阶段:以通信子网为中心的第二代计算机网络。

从概念上来说,第二代计算机网络及以后的计算机网络才算真正的计算机网络。整个网络被分为由计算机系统和通信子网组成,若干计算机系统以通信子网为中心构成一个网络,在该网络中通信子网是独立的,不依赖于某一台计算机系统而存在。

通信子网是指网络中实现网络通信功能的设备和通信介质的集合,它承担全网的数据传输、转接、加工、交换等通信处理工作。通信子网的设计一般有两种方式:点到点通道和广播通道。通信子网主要包括中继器、集线器、网桥、路由器、网关等硬件设备。通信子网和资源子网如图7-2所示。

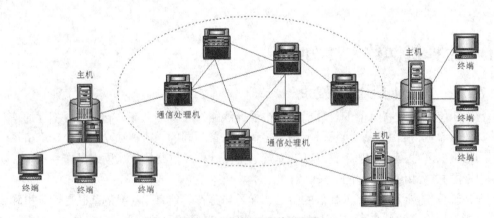

图7-2　通信子网和资源子网

第2个阶段的典型代表是1969年美国ARPA(美国国防部高级研究计划署)的计算机分组交换网ARPANet投入运行。ARPANet的成功,标志着计算机网络的发展进入了一个新纪元,使计算机网络的概念发生了根本性的变化。这种以通信子网为中心的计算机网络比最初的面向终端的计算机网络的功能扩大了很多,成为20世纪70年代计算机网络的主要形式。

第3个阶段:体系结构标准化的第三代计算机网络。

网络体系结构使得一个公司所生产的各种机器和网络设备可以非常容易地被连接起来，但由于各个公司的网络体系结构各不相同，不同公司之间的网络不能互连互通。针对上述情况，国际标准化组织（ISO）于 1977 年设立专门的机构对其进行研究解决，并于 1984 年颁布了开放系统互连标准（OSI/RM），简称 OSI 参考模型。

OSI 参考模型是一个开放体系结构，它规定将网络分为 7 层，并规定每层的功能。OSI 参考模型自下而上依次为物理层、数据链路层、网络层、传输层、会话层、表示层和应用层。在 OSI 参考模型推出后，网络的发展一直走标准化道路，而网络标准化的最大体现就是 Internet 的飞速发展。现在，Internet 已成为世界上最大的国际性计算机互联网。Internet 遵循 TCP/IP（传输控制协议/网际协议）参考模型，由于 TCP/IP 仍然使用分层模型，因此 Internet 仍属于第三代计算机网络。

第 4 个阶段：以下一代 Internet 为中心的新一代网络。

计算机网络经过第一代、第二代和第三代的发展，表现出其巨大的使用价值和良好的应用前景。进入 20 世纪 90 年代以来，微电子技术、大规模集成电路技术、光通信技术和计算机技术不断发展，为网络技术的发展提供了有力的支持；而网络应用正迅速朝着高速化、实时化、智能化、集成化和多媒体化的方向不断深入，新型应用向计算机网络提出了挑战，新一代网络的出现已成必然。曾经独立发展的电信网、闭路电视网和计算机网将合而为一，三网迅速融合，信息孤岛现象逐渐消失。

7.1.2　计算机网络的功能

计算机网络不仅使计算机的作用范围超越了地理位置的限制，而且也增大了计算机本身的威力，这是因为计算机网络具有以下功能和作用。

1．数据通信

数据通信是计算机网络最基本的功能。它用来快速传送计算机与终端、计算机与计算机之间的各种信息，包括文字信件、新闻消息、资讯信息、图片资料、报纸版面等。利用这一特点，可实现将分散在各个地区的单位或部门用计算机网络联系起来，进行统一的调配、控制和管理。

2．资源共享

资源共享是计算机网络最重要的功能。"资源"指的是网络中所有的软件、硬件和数据资源。"共享"是指网络中的用户都能够部分或全部地使用这些资源。例如，某些地区或部门的数据库（如飞机票、饭店客房等）可供全网使用，某些部门设计的软件可供需要的用户有偿或无偿调用。

3．集中管理

由于计算机网络提供资源共享能力，在一台或多台服务器上管理其他计算机上的资源成为可能。如银行系统通过计算机网络，可以将分布于各地的计算机上的财务信息传到服务器上实现集中管理。事实上，银行系统之所以能够实现"通存通兑"，就是因为采用了网络技术。

4．实现分布式处理

网络技术的发展，使得分布式处理成为可能。对于大型的课题，可以分解为若干个子问题或子任务，分散到网络的各个计算机中进行处理。这种分布处理能力对于一些重大课题的研究开发具有重要的意义。

5．负载平衡

负载平衡是指工作被均匀地分配给网络上的各台计算机。当某台计算机负担过重或该计算机正在处理某项工作时，网络可将新任务转交给空闲的计算机来完成。这种处理方式能均衡各计算机的负载，提高信息处理的实时性。

7.1.3 计算机网络的分类

计算机网络的分类标准很多，通常按网络覆盖范围的大小，将计算机网络分为个人区域网（PAN）、局域网（LAN）、城域网（MAN）和广域网（WAN）。

1．个人区域网

个人区域网一般指在 100 米以内范围的网络，用于把 PDA、手机、数码相机、打印机和扫描仪等设备与计算机相连接。蓝牙技术是目前流行的个人区域网技术。

2．局域网

局域网（LAN）是在一个局部的地理范围（约 10km 以内，如一个学校、工厂和机关内），将各种计算机、外部设备、数据库等互相连接起来组成的计算机通信网。实现文件管理、应用软件共享、打印机共享、扫描仪共享、工作组内的日程安排、电子邮件、传真通信服务等功能。LAN 是当前计算机网络发展中最活跃的分支。

局域网一般由服务器、用户工作站、网卡、传输介质和网络交换机或集线器 5 部分组成。

① 服务器运行网络操作系统，提供硬盘、文件数据、打印机共享等服务功能，是网络控制的核心。服务器和用户工作站可以基于客户/服务器模式（C/S 模式），如数据库服务器、文件服务器、打印服务器等，也可以基于浏览器/服务器模式（B/S 模式），如网站服务器、电子邮件服务器等。

② 用户工作站有自己的操作系统，独立工作，通过运行工作站网络软件，访问服务器共享资源。常见的用户工作站有 Windows 工作站、Linux 工作站。工作站之间构成对等网。

③ 网卡将工作站或服务器连到网络上，实现资源共享和相互通信，数据转换和电信号匹配。局域网的通信处理一般由网卡完成。

④ 目前常用的传输介质有双绞线、同轴电缆、光纤、无线等。

⑤ 网络交换机或集线器通过传输介质和网卡将服务器和用户工作站连接成一体，形成局域网。

局域网具有如下特点。

① 局域网覆盖有限的地理范围，它适用于公司、机关、校园、工厂等有限范围内的计算机终端与各类信息处理设备联网的需求。

② 局域网一般提供高数据传输速率（10Mbit/s 以上）、低误码率的高质量数据传输环境，支持传输介质种类较多。

③ 局域网一般属于一个单位所有，易于建立、维护与扩展，可靠性及安全性高。

④ 决定局域网特性的主要技术因素有拓扑结构、传输形式（基带、宽带）和介质访问控制方法。

⑤ 从介质访问控制方法的角度，局域网可分为共享式局域网和交换式局域网两类。

3．城域网

城域网（MAN）基于一种大型的 LAN，通常使用与 LAN 相似的技术。将 MAN 单独列出的一个主要标准是分布式队列双总线拓扑图（Distributed Queue Dual Bus，DQDB），即 IEEE 802.6。DQDB 是由双总线构成，所有的计算机都连接在上面。城域网如图 7-3 所示。

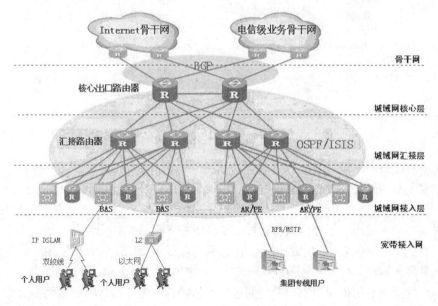

图 7-3 城域网

这种网络一般将在一个城市，但不在同一地理小区范围内的计算机互连。连接距离可以在 10～100km，它采用的是 IEEE 802.6 标准。在地理范围上可以说是 LAN 网络的延伸。在一个大型城市或都市地区，一个 MAN 网络通常连接着多个 LAN，如连接政府机构的 LAN、医院的 LAN、电信的 LAN、公司企业的 LAN 等。光纤连接的引入，使 MAN 中高速的 LAN 互连成为可能。

城域网多采用 ATM 技术做骨干网。ATM 是一个用于数据、语音、视频及多媒体应用程序的高速网络传输方法，它提供一个可伸缩的主干基础设施，以便能够适应不同规模、速度及寻址技术的网络。ATM 的最大缺点就是成本太高，所以一般在政府城域网中应用，如邮政、银行、医院等。

城域网技术和局域网技术有很多相似之处，但是也有以下两点区别。

① 局域网通常是为一个单位或系统服务的，而城域网则是为整个城市服务的。

② 建设局域网包括资源子网和通信子网两个方面，而城域网的建设主要集中在通信子网上。

4．广域网

广域网（WAN）的涉辖范围很大，可以是一个国家或洲际网络，规模十分庞大且复杂。它的传输媒体由专门负责公共数据通信的机构提供。Internet(互联网)就是典型的广域网。

广域网对通信的要求高，其复杂性也高。广域网包含很多用来运行用户应用程序的机器集合，通常把这些机器叫作主机（Host），把这些主机连接在一起的是通信子网。通信子网的任务是在主机之间传送报文。在大多数广域网中，通信子网一般都包括两部分：传输信道和转接设备。传输信道用于在机器间传送数据。转接设备是专用计算机，用来连接两条或多条传输线。

图 7-4 所示为广域网，图中大的圆圈区域内是广域网通信子网部分，其中的小圆圈代表路由器。每个局域网都是通过连接到一个路由器上来接入广域网的。对于广域网来说，为了保证复杂网络的畅通性，其物理拓扑结构都是网状的结构，这样当某个链路出现故障后，网络仍然可以选择其他通路实现数据传输。

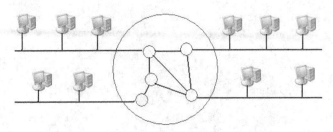

图7-4 广域网

广域网一般最多只包含 OSI 参考模型的下三层，除了使用卫星的广域网外，几乎所有的广域网都采用存储转发方式进行数据交换。也就是说，广域网是基于报文交换或分组交换技术的（传统的公用电话交换网除外）。广域网中的交换机先将发送给它的数据包完整接收下来，然后经过路径选择找出一条输出线路，最后交换机将接收到的数据包发送到该线路上去，依此类推，直到将数据包发送到目的结点。广域网可以提供面向连接和无连接两种服务模式。对应于两种服务模式，广域网有两种组网方式，即虚电路方式和数据报方式。

通常广域网的数据传输速率比局域网低，而信号的传播延迟却比局域网要大得多。广域网的典型速率是从 56kbit/s～155Mbit/s，现在已有 622Mbit/s、2.4Gbit/s 甚至更高速率的广域网，传播延迟可从几毫秒到几百毫秒。

7.1.4 网络协议的基本概念

网络协议是指计算机网络中为进行数据交换而建立的规则、标准或约定的集合。如同人与人之间相互交流需要遵循一定的语言一样（如汉语、英语），计算机之间的相互通信也需要共同遵守一定的规则，这些规则就称为网络协议。

一个网络协议至少包括3个基本要素。

① 语法：用来规定信息格式，数据及控制信息的格式，编码，信号电平等。

② 语义：用来说明通信双方应当怎么做，用于控制信息的协调与差错处理。

③ 时序：详细说明事件的先后顺序、速度匹配、排序等。

由于网络结点之间联系的复杂性，在制订协议时，通常把复杂成分分解成一些简单成分，然后再将它们复合起来。最常用的复合技术就是层次方式，网络协议的层次结构说明如下。

① 结构中的每一层都规定有明确的服务及接口标准。

② 把用户的应用程序作为最高层。

③ 除了最高层外，中间的每一层都向上一层提供服务，同时又是下一层的用户。

④ 把物理通信线路作为最低层，它使用从最高层传送来的参数，是提供服务的基础。

下面介绍局域网常用的3种网络协议。

① TCP/IP（传输控制协议/网际协议）：这是 Internet 采用的主要协议。TCP/IP 为互联网的基础协议，任何和互联网有关的操作都离不开 TCP/IP。通过局域网访问互联网，需要详细设置 IP 地址、网关、子网掩码、DNS 服务器等参数。

TCP/IP 尽管是目前最流行的网络协议，但在局域网中的通信效率并不高，使用它在浏览"网上邻居"中的计算机时，经常会出现不能正常浏览的现象，此时安装 NetBEUI 协议就会解决这个问题。

② IPX/SPX（互联网包交换/顺序包交换）协议：Novell 开发的专用于 NetWare 网络的协议，现在已经不仅用于 NetWare 网络，大部分可以联机的游戏都支持 IPX/SPX 协议，如星际争霸等游戏。虽然这些游戏也都支持 TCP/IP，但使用 IPX/SPX 协议更方便，不需要任何设置。IPX/SPX 协议在局域网中的用途不大。它和 TCP/IP 显著的不同是它不使用 IP 地址，而使用 MAC 地址。如果确定不在局域网中联机玩游戏，那么这个协议可有可无。

③ NetBIOS（网络基础输入/输出系统）协议：NetBEUI 协议是由 IBM 开发的非路由协议，实际上是 NetBIOS 增强用户接口，是 Windows 98 前的操作系统的默认协议。NetBEUI 协议是一种短小精悍、通信效率高的广播型协议，安装后不需要进行设置，特别适合于在"网络邻居"传送数据。所以对于采用 Windows XP 以前版本操作系统的用户建议，除了 TCP/IP 之外，也可以安装 NetBEUI 协议。

7.1.5　网络地址的基本概念

Internet 是一个庞大的网络，在这样大的网络上进行信息交换的基本要求是计算机、路由器等都要有一个唯一可标识的地址。地址的表示方式有两种，一种是 MAC 地址，另一种是 IP 地址。

1. MAC 地址

介质访问控制（Media Access Control，MAC）地址，或称为 MAC 位址、硬件位址，用来定义网络设备的位置。在 OSI 参考模型中，第 3 层网络层负责 IP 地址，第 2 层数据链路层则负责 MAC 位址。因此，一个主机会有一个 IP 地址，而每个网络位置会有一个专属于它的 MAC 位址。

（1）MAC 地址简介

MAC 地址是烧录在网卡（Network Interface Card，NIC）里的。MAC 地址是由 48bit 长（6 字节），十六进制的数字组成。0～23 位叫作组织唯一标志符（Organizationally Unique），是识别 LAN 结点的标识。24～47 位由厂家自己分配。其中，第 40 位是组播地址标志位。网卡的物理地址通常由网卡生产厂家烧入网卡的 EPROM（一种闪存芯片，通常可以通过程序擦写），它存储的是传输数据时计算和接收数据的主机的地址。也就是说，在网络底层的物理传输过程中，是通过物理地址来识别主机的，它一般也是全球唯一的。例如，著名的以太网卡，其物理地址是 48bit 的整数，如 44-45-53-54-00-00，以机器可读的方式存入主机接口中。以太网地址管理机构（IEEE）将以太网地址，也就是 48bit 的不同组合，分为若干独立的连续地址组，生产以太网网卡的厂家就购买其中一组，具体生产时，逐个将唯一地址赋予以太网卡。形象地说，MAC 地址就如同我们身份证上的身份证号码，具有全球唯一性。

（2）查看获取网卡的 MAC 地址

① 使用命令查看 MAC 地址。

在 Windows 2000/XP 中，依次单击【开始】菜单→"运行"→输入"CMD"→回车→输入"ipconfig/all"→回车，或者依次单击【开始】菜单→"所有程序"→"附件"→"命令提示符"→输入"ipconfig/all"→回车，即可看到 MAC 地址。使用命令查看本地连接配置参数如图 7-5 所示。

```
C:\Documents and Settings\Administrator>ipconfig/all

Windows IP Configuration

        Host Name . . . . . . . . . . . . : WWW-1C4B14DBE92
        Primary Dns Suffix  . . . . . . . :
        Node Type . . . . . . . . . . . . : Unknown
        IP Routing Enabled. . . . . . . . : No
        WINS Proxy Enabled. . . . . . . . : No
        DNS Suffix Search List. . . . . . : domain

Ethernet adapter 本地连接 2:

        Connection-specific DNS Suffix  . : domain
        Description . . . . . . . . . . . : Broadcom NetLink (TM) Gigabit Ether
et
        Physical Address. . . . . . . . . : 00-26-9E-93-9A-C7
        Dhcp Enabled. . . . . . . . . . . : No
        IP Address. . . . . . . . . . . . : 192.168.176.160
        Subnet Mask . . . . . . . . . . . : 255.255.255.0
        Default Gateway . . . . . . . . . : 192.168.176.1
        DNS Servers . . . . . . . . . . . : 192.168.252.253
                                            221.5.203.98
```

图 7-5　使用命令查看本地连接配置参数

对于早先版本的 Windows 操作系统，可以使用 "winipcfg" 命令来查看，如图 7-6 所示。

② 使用可视化的方式查看 MAC 地址。

在 Windows XP 操作系统中还可以通过查看本地连接获取 MAC 地址。依次单击 "本地连接" → "状态" → "支持" → "详细信息"，即可看到 MAC 地址（实际地址），如图 7-7 所示。

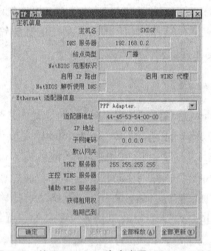

图 7-6　使用 winipcfg 命令查看 Windows 98、　　　　图 7-7　本地连接 IP 地址配置

　　　　Windows Me 系统本地连接配置

2．IP 地址

Internet 上的每台主机（Host）都有一个唯一的 IP 地址。使用这个地址可以在主机之间传递信息，这是 Internet 能够运行的基础。IP 地址的描述在不同的版本中各不相同，目前最广泛采用的是 IPv4 版本。除非单独进行说明，本章中的 IP 地址均采用 IPv4。

在 Internet 中，一台计算机可以有一个或多个 IP 地址，就像一个人可以有多个通信地址一样，但两台或多台计算机却不能共用一个 IP 地址。如果有两台计算机的 IP 地址相同，则会引起异常现象，无论哪台计算机都将无法正常工作。

（1）IP 地址的表示

在 IPv4 中，一个 IP 地址由 32 个二进制比特数字组成，通常被分割为 4 段，每段 8 比特位，并用 "点分十进制" 表示，即每段数字范围为 0~255 的十进制数，段与段之间用句点隔开。

格式：aaa.bbb.ccc.ddd。

例如，192.168.10.86。

（2）IP 地址的组合

IP 地址由两部分组成，一部分为网络地址（前面部分），另一部分为主机地址（后面部分）。网络地址用于确定主机归属，而主机地址则是确定该主机是网络内的具体哪一台计算机，同一网络的主机必须拥有相同的网络编号。当网络上的数据处理设备（如路由器）接收到一个数据包时，首先检查数据包的目的 IP 地址的网络地址和它已知的网络地址是否有相同的，如果有，则发送到相应的网络路由器去，如果是本地网络则直接发送到本地网络端口。数据包进入对应网络内部后，再根据目标 IP 地址确定接收者（由 ARP 将 IP 地址转换为 MAC 地址）。

子网掩码（Subnet Mask）又叫网络掩码、地址掩码、子网络遮罩，它是一种用来指明一个 IP 地址的哪些位标识的是主机所在的子网及哪些位标识的是主机的位掩码。子网掩码不能单独存在，它必须结合 IP 地址一起使用。子网掩码只有一个作用，就是将某个 IP 地址划分成网络地址和主机地址。TCP/IP 中的 IP 地址和子网掩码如图 7-9 所示。

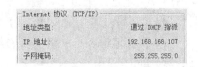

图 7-8 TCP/IP 中的 IP 地址和子网掩码

例如，有两个主机的 IP 地址分别为 222.16.8.3 和 222.16.8.11，所处的网络子网掩码为 255.255.255.0，判断两个主机是否处在同一子网中。

① 第一台主机的 IP 地址为 222.16.8.3。

对应的二进制为 11011110.00010000.00001000.00000011。

②第二台主机的 IP 地址为 222.16.8.11。

对应的二进制为 11011110.00010000.00001000.00001011。

网络子网掩码为 255.255.255.0。

对应的二进制为 11111111.11111111.11111111.00000000。

若要判断这两个 IP 地址是否属于同一网络，其操作是将每个 IP 地址与子网掩码按位进行与逻辑运算，所得的结果即网络地址，如果两个网络地址相同，则表示两个 IP 地址属于同一子网，否则属于不同子网。

222.16.8.3 地址按位与运算后为 11011110.00010000.00001000.00000000。

222.16.8.11 地址按位与运算后为 11011110.00010000.00001000.00000000。

因为运算结果相同，因此这两个 IP 地址属于同一子网。

（3）IP 地址的分类

Internet 委员会定义了 5 种 IP 地址类型以适合不同容量的网络，即 A 类~E 类。

① A 类地址中使用第 1 个字节标识网络地址，并且最左边 1 位（bit）是 "0"，网络地址有 7 位，第 1 字节的取值范围为 0~127。后 3 个字节表示主机地址，即 24 位表示主机地址。A 类地址默认的子网掩码是 255.0.0.0，适用于大型网络，每个 A 类地址网络中最多可拥有大约 $256^3 - 2$ 台主机。

例如，中国电信 DNS 服务器的 IP 地址为 61.128.128.68。其中 61 是网络地址，128.128.68 表示 61 网络内的一台主机。

② B 类地址中使用前两个字节标识网络地址，并且最左边 2 位（bit）是 "10"，网络地址有 14 位，第 1 字节范围为 128～191。后两个字节表示主机地址，即 16 位表示主机地址。B 类地址默认的子网掩码是 255.255.0.0，适用于中型网络，每个 B 类地址网络中最多可容纳约 $256^2 - 2$ 台主机。

例如，IP 地址为 166.111.8.248，其中 166.111 是网络地址，8.248 表示该网络中的一台主机。

③ C 类地址中使用前 3 个字节来标识网络地址，并且最左边 3 位（bit）是 "110"，网络地址有 21 位，第 1 字节的取值范围为 192～223。最后一个字节表示主机地址，即有 8 位主机地址。C 类地址默认的子网掩码是 255.255.255.0，它适用于小型网络，最多可连接 256 - 2 台主机。

例如，IP 地址为 210.33.80.8 的主机，其中 210.33.80 是网络地址，8 表示该网络中一台主机的号码。

④ D 类地址用于组播传输，该地址中无网络地址与主机地址之分，它用来识别一组计算机。其格式：最左边 4 位（bit）为 "1110"，其余 28 位全部用来表示多目广播地址。

一个 D 类地址表示一组主机的共享地址，任何发送到该地址的信息将传送副本到该组中的每一台主机。

⑤ E 类地址，该类地址最左边 5 位为 "11110"，后面没做划分，留作扩展用。

常见 IP 分类的主要属性如表 7-1 所示。

表 7-1　常见 IP 分类的主要属性

地址类	网络号位数	网络号最大数	主机号位数	网络中最大主机数	地址首字节范围
A 类	7	126	24	16 777 214	1～126
B 类	14	16 382	16	65 534	128～191
C 类	21	2 097 150	8	254	192～223

实际应用中还有一些特殊的 IP 地址，它们有着特定含义和用途。特殊 IP 地址的含义如表 7-2 所示。

表 7-2　特殊 IP 地址的含义

网络号	主机号	含义
0	0	在本网络上的本主机
0	主机号	在本网络上的某个主机
全 1	全 1	只在本网络上进行广播（各路由器不进行转发）
网络号	全 0	表示一个网络（网络地址）
网络号	全 1	对网络号表明的网络的所有主机进行广播
127	任何数	用作本地软件回送测试用，典型如 127.0.0.1

（4）公有 IP 地址和私有 IP 地址

公有地址（Public address）由因特网信息中心（Internet Network Information Center，Inter NIC）负责。这些 IP 地址分配给注册并向 Inter NIC 提出申请的组织机构，通过它直接访问 Internet。

　　私有地址（Private address）属于非注册地址，专门为组织机构内部使用。一般局域网内部采用的都是私有地址。以下列出留用的内部私有地址：

　　A 类　10.0.0.0～10.255.255.255

　　B 类　172.16.0.0～172.31.255.255

　　C 类　192.168.0.0～192.168.255.255

　　采用私有地址的局域网计算机默认情况下是不能直接访问 Internet 的，如果需要访问，则需要建立代理服务器，代理服务器必须具有公有地址，其他计算机经由代理服务器的公有地址代理上网。常见的代理服务器产品有 CCProxy、Wingate、Sygate 等。

　　代理服务器的主要功能如下。

　　① 节省 IP 地址。

　　② 在内部网络和外部网络之间构筑起防火墙（现在很多防火墙产品集成了代理服务器，或者是代理服务器产品可以整合入防火墙）。

　　③ 通过缓存区的使用降低网络通信费用。

　　④ 控制访问权限。

　　⑤ 统计信息流量等。

　　代理服务器的应用如图 7-9 所示。

3．域名地址

　　IP 地址的定义非常有用，但它记忆起来十分不方便。因此，可以给每台主机取一个便于记忆的名字，这个名字就是域名地址。如主机 61.186.170.100 的域名地址是 www.cqdd.cq.cn。

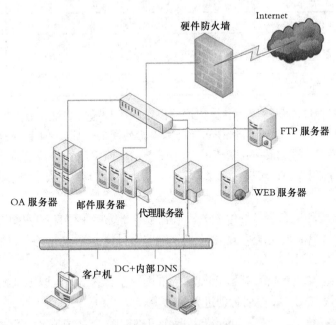

图 7-9　代理服务器的应用

　　一个完整的域名地址由若干部分（一般不超过 5 部分）组成，各部分之间由小数点隔开，每部分有一定的含义，且从右到左各部分之间大致上是上层与下层的包含关系。

域名地址就是通常所说的"网址"，每个域名地址唯一对应一个 IP 地址，而一个 IP 地址则可以对应多个域名地址。

例如，域名地址 www.cqdd.cq.cn 代表中国（cn）重庆（cq）的重庆广播电视大学校园网（cqdd）内的 www 服务器；域名地址 www. microsoft. com 代表商业公司（com）Microsoft 公司的 www 服务器。

一个域名地址的最右面的一部分称为顶级域名。顶级域名分为两大类：机构性域名和地理性域名。为了表示主机所属机构的性质，Internet 管理机构给出了 14 个顶级域名。其中前 7 个顶级域名定义于 20 世纪 80 年代，后 7 个顶级域名于 2000 年启用。美国之外的其他国家或地区的 Internet 管理机构还使用 ISO 规定的国别代码作为域名。

后缀用来表示主机所属的国家和地区，也是顶级域名。大多数美国以外的域名地址中都有国别代码。

Internet 部分顶级域名及其含义如表 7-3 所示。

表 7-3　Internet 部分顶级域名及其含义

域名	含义	域名	含义	域名	含义
com	商业公司	cn	中国	info	信息服务组织
edu	教育机构	jp	日本	web	与 WWW 特别相关的组织
net	大型网络	de	德国	firm	商业公司
mil	军事部门	ca	加拿大	arts	文化和娱乐组织
gov	政府部门	us	美国	nom	个体或个人
org	组织机构	uk	英国	rec	强调消遣娱乐组织
int	国际组织	au	澳大利亚	store	销售企业

MAC 地址、IP 地址本身就作为计算机网络系统的一种通信地址，能直接得到应用，如局域网寻址就直接使用 MAC 地址，Internet 寻址就直接使用 IP 地址。但是域名地址则不是这样工作的，域名地址的引入是 Internet 产生后为了便于记忆而采用的一种变通手段，因此域名地址实际上是不能直接用作通信地址的，域名要能被使用，需要域名系统（Domain Name System，DNS）的帮助。

DNS 是由解析器和域名服务器组成的。域名服务器是指保存有该网络中所有主机的域名和对应 IP 地址，并具有将域名转换为 IP 地址功能的服务器。当一台计算机使用了域名地址进行访问时，其互联网访问步骤如下。

① 查看 DNS 缓存，看是否曾经访问过对应的域名，如果有，则取出域名对应的 IP 地址，进入第③步；如果没有相应缓存信息则进入第②步。

查看 DNS 缓存信息，使用 Ipconfig/displayDNS 命令；清除 DNS 缓存信息，使用 Ipconfig/flushdns 命令。图 7-11 所示为查看的 DNS 缓存。

② 将域名地址发送给 TCP/IP 设定的 DNS 服务器，如果 DNS 服务器成功返回域名对应 IP 地址，则进入第③步，否则访问终止并报错。

TCP/IP 中的 DNS 服务器设定如图 7-11 所示。

```
www.open.edu.cn
―――――――――――――――――――――
Record Name . . . . . : www.open.edu.cn
Record Type . . . . . : 1
Time To Live . . . . : 122
Data Length . . . . . : 4
Section . . . . . . . : Answer
A (Host) Record . . . : 202.152.190.50


union.sogou.com
―――――――――――――――――――――
Record Name . . . . . : union.sogou.com
Record Type . . . . . : 1
Time To Live . . . . : 3706
Data Length . . . . . : 4
Section . . . . . . . : Answer
A (Host) Record . . . : 61.135.131.156
```

图 7-10　查看的 DNS 缓存

图 7-11　TCP/IP 中的 DNS 服务器设定

③ 将访问域名的用户请求，自动更换为访问 IP 的请求。

从上述步骤可以看出，真正在 Internet 访问中起作用的还是 IP 地址。

查看域名对应的 IP 地址，可以使用 Ping 命令，该命令不仅可以返回域名对应 IP 地址，还能返回本地计算机和该域名地址之间的网络访问速度。

C:\>ping www.yahoo com

Pinging www.yahoo.akadns net [66.218.71.81] with 32 bytes of data:

Reply from 66.218.71.81: bytes=32 time=160ms TTL=41

Reply from 66.218.71.81: bytes=32 time=150ms TTL=41

Reply from 66.218.71.81: bytes=32 time=160ms TTL=41

Reply from 66.218.71.81: bytes=32 time=161ms TTL=41

Ping statistics for 66.218.71.81:　　　　Packets: Sent = 4, Received = 4, Lost = 0 (0% loss),Approximate　　　　round trip times in milli-seconds:

Minimum = 150ms, Maximum = 161ms, Average = 157ms

7.2　Internet 基础知识

7.2.1　Internet 的发展历史

1．Internet 的诞生

在 20 世纪 60 年代，美国军方为寻求将其所属各军方网络互联的方法，由国防部下属的高级计划研究署（ARPA）出资赞助大学的研究人员开展网络互连技术的研究。研究人员最初在 4 所大学之间组建了一个实验性的网络，称作 ARPANet。随后，深入的研究导致了 TCP/IP 的出现与发展。为了推广 TCP/IP，在美国军方的赞助下，加州大学伯克利分校将 TCP/IP 嵌入到当时很多大学使用的网络操作系统 BSD UNIX 中，促成了 TCP/IP 的研究开发与推广应用。1983 年年初，美国军方正式将其所有军事基地的各子网都联到了 ARPANet 上，并全部采用 TCP/IP。这标志着 Internet 的正式诞生。

2．Internet 名称的由来

ARPANet 实际上是一个网际网，网际网的英文单词 Internetwork 被当时的研究人员简称

为 Internet，同时，开发人员用 Internet 这一称呼来特指为研究建立的网络原型，这一称呼被沿袭至今。作为 Internet 的第一代主干网，ARPANet 虽然如今已经"退役"，但它的技术对网络技术的发展却产生了重要的影响。

3．Internet 的初步发展

20 世纪 80 年代，美国国家科学基金会（NSF）认识到为使美国在未来的竞争中保持不败，必须将网络扩充到每一位科学家和工程人员。最初 NSF 想利用已有的 ARPANet 来达到这一目的，但却发现与军方打交道是一件令人头疼的事。于是 NSF 游说美国国会，获得资金组建了一个从开始就使用 TCP/IP 的网络 NSFNet。随后，NSFNet 取代 ARPANet，于 1988 年正式成为 Internet 的主干网。NSFNet 采取的是一种层次结构，分为主干网、地区网与校园网。各主机连入校园网，校园网连入地区网，地区网连入主干网。NSFNet 扩大了网络的容量，入网者主要是大学和科研机构。它同 ARPANet 一样，都是由美国政府出资的，不允许商业机构介入用于商业用途。

4．Internet 的迅猛发展

20 世纪 90 年代，每年加入 Internet 的计算机成指数式增长，NSFNet 在完成的同时就出现了网络负荷过重的问题。因为认识到美国政府无力承担组建一个新的更大容量网络的全部费用，NSF 鼓励 MERIT、MCI 与 IBM 三家商业公司接管了 NSFNet。三家公司组建了一个非营利性的公司 ANS，并在 1990 年接管了 NSFNet。到 1991 年年底，NSFNet 的全部主干网都与 ANS 提供的新的主干网连通，构成了 ANSNet。与此同时，很多的商业机构也开始运行它们的商业网络并连接到主干网上。Internet 的商业化，开拓了其在通信、资料检索、客户服务等方面的巨大潜力，使 Internet 产生了新的飞跃，并最终走向全球。

从 Internet 的发展过程可以看到，Internet 是历史的变革造成的，是千万个可单独运作的子网以 TCP/IP 互连起来形成的，各个子网属于不同的组织或机构，而整个 Internet 不属于任何国家、政府或机构。

5．Internet 的特点

（1）Internet 的开放性

Internet 专指全球最大的、开放的、由众多网络相互连接而成的计算机网络。Internet 设计上最大的优点就是对各种类型的计算机开放。任何计算机（从掌上 PC 到超级计算机）都可以使用 TCP/IP，因此它们都能够连接到 Internet。Internet 覆盖全球，任何能通电话的地方均可上网。

（2）Internet 的平等性

Internet 的一个重要特点是没有一个机构能把整个网全部管理起来。一个国家有中央政府、地方政府形成了一个自上而下、统一管理的网。但 Internet 不属于任何个人、企业、部门和国家，也没有任何固定的设备和传输介质；Internet 是一个无所不在的网络，覆盖到了世界各地，覆盖了各行各业。Internet 的成员可以自由地"接入"和"退出" Internet，没有任何限制。Internet 是由许许多多属于不同国家、部门和机构的网络互连起来的网络（网间网），任何运行 TCP/IP，且愿意接入 Internet 的网络都可以成为 Internet 的一部分，其用户可以共享 Internet 的资源，用户自身的资源也可向 Internet 开放。

（3）Internet 技术通用性

Internet 允许使用各种通信媒介，即计算机通信使用的线路。把 Internet 上数以百万计的计算机连接在一起的电缆包括办公室中构造小型网络的电缆、专用数据线、本地电话线、全国性的电话网络（通过电缆、微波和卫星传送信号）和国家间的电话载体。

（4）Internet 专用协议

Internet 使用 TCP/IP，这是一种简洁但很实用的计算机协议。由于 TCP/IP 的通用性，使得 Internet 增长如此迅速，变得如此庞大。

（5）Internet 内容广泛

Internet 非常庞大，是一个包罗万象的网络，蕴含的内容异常丰富：天文、地理、政治、时事、人文、喜好等，具有无穷的信息资源。

6．Internet 的管理机构

Internet 的标准特点，是自发而非政府干预的，称为请求评价（Request For Comments，RFC）。实际上没有任何组织、企业或政府能够拥有 Internet，但是它也设有一些独立的管理机构管理，每个机构都有自己特定的职责。

（1）美国国家科学基金会（NSF）

尽管 NSF 并不是一个官方的 Internet 组织，并且也不能参与 Internet 的管理，但它对 Internet 的过去和未来都有非常重要的作用。NSF 创建于 1950 年，它每年都会对很多非营利的 Internet 研究和管理机构提供经费，支持 Internet 的非政府式的发展。

（2）Internet 协会

Internet 协会（Internet Society，ISOC）创建于 1992 年，是一个最权威的"Internet 全球协调与使用的国际化组织"。它由 Internet 专业人员和专家组成，其重要任务是与其他组织合作，共同完成 Internet 标准与协议的制定。

（3）Internet 体系结构委员会

Internet 体系结构委员会（Internet Architecture Board，IAB）创建于 1992 年 6 月，是 ISOC 的技术咨询机构。

IAB 监督 Internet 协议体系结构和发展，提供创建 Internet 标准的步骤，管理 Internet 标准化（草案）RFC 文档系列，管理各种已分配的 Internet 地址号码。

7．中国 Internet 的发展现状

中国目前的 Internet 由十大互联网络组成，也可称作十大 ISP（Internet Service Provider），它们是中国科技网（CSTNet）、中国教育和科研计算机网（CERNet）、中国公用计算机互联网（ChinaNet）、中国网通公用互联网（网通控股）（CNCNet）、宽带中国 China169 网（网通集团）、中国移动互联网（CMNet）、中国联通互联网（UNINet）、中国国际经济贸易互联网（CIETNet）、中国长城互联网（CGWNet）、中国卫星集团互联网（CSNet）。

根据中国互联网络信息中心（CNNIC）第 35 次中国互联网报告统计，截至 2014 年 12 月，中国网民规模达 6.49 亿，互联网普及率为 47.9%。我国手机网民规模达 5.57 亿，其中只使用手机上网的网民占整体网民比例提升至 85.8%，平板电脑使用率达到 34.8%。中国网民统计表如图 7-12 所示。

图 7-12　中国网民统计表

7.2.2　接入 Internet

目前，个人接入 Internet 一般使用电话拨号、ADSL 和小区宽带 3 种方式。

1．电话拨号

电话拨号接入是个人用户接入 Internet 最早使用的方式之一。它的接入非常简单，只要具备一条能打通 ISP 特服电话（比如 169、263 等）的电话线、一台计算机、一台调制解调器（Modem），并且办理了必要的手续后（得到用户名和口令），就可以轻轻松松上网了。与其他入网方式相比，它的收费也较为低廉。电话拨号方式致命的缺点在于它的接入速度慢，它的最高接入速度一般只能达到 56kbit/s。

2．xDSL

数字用户线路（Digital subscriber line，DSL）是以铜质电话线为传输介质的传输技术组合，包括 ADSL、HDSL、SDSL、VDSL 和 RADSL 等，统称为 xDSL。各种 DSL 的主要区别体现在传输速率、传输距离及上下行速率是否对称 3 个方面。

ADSL 是一种非对称的 DSL 技术，它是运行在原有普通电话线上的一种新的高速、宽带技术，具有较高的带宽及安全性，它还是局域网互连远程访问的理想选择。ADSL 接入 Internet 有虚拟拨号和专线接入两种方式。采用虚拟拨号方式的用户采用类似调制解调器和 ISDN 的拨号程序，采用专线接入的用户只要开机即可接入 Internet。

ADSL 可直接利用现有用户电话线，无需另铺电缆，节省投资，渗入能力强、接入快，适合于集中与分散的用户。为用户提供上行、下行不对称的传输带宽（下行速率可达 8Mbit/s，上行速率可达 2Mbit/s），具有传统拨号上网和 ISDN 所无法比拟的优势，可广泛用于视频业务及高速 Internet 等数据的接入，而且节省费用。上网时又同时可以打电话，互不影响，而且上网时不需要另交电话费。

3．小区宽带

如果所在的单位或者社区已经建成了局域网并与 Internet 相连接，用户只要接入 Internet 即可以使用局域网方式。随着网络的普及和发展，各小型局域网和 Internet 接口带宽的扩充，高速度正在成为使用局域网的最大优势。

局域网接入 Internet 受到所在单位或社区规划的制约。如果所在的地方没有建立局域网，或者建成的局域网没有和 Internet 相连而仅仅是一个内部网络，那么就无法采取局域网访问 Internet。

7.3　Internet 常用工具

7.3.1　浏览器

　　用户要想进入 Internet 浏览、查询及获得 WWW 信息，必须使用网络浏览器。浏览器是一种访问 Internet 资源的客户端工具软件，通常它支持多种协议，如 HTTP（超文本传输协议）、SMTP（简单邮件传输协议）、WAIS（广域信息服务）、FTP（文件传输协议）等。有了浏览器就能快速地浏览网上信息，还可以收发电子邮件、下载文件。目前推出的浏览器软件较多，个人电脑上常见的网页浏览器包括 Microsoft 的 Internet Explorer，Mozilla 的 Firefox，Apple 的 Safari，Opera，HotBrowser，Google 的 Chrome，Avant 浏览器，360 安全浏览器，世界之窗，腾讯 TT，搜狗浏览器，傲游浏览器，orca 浏览器等。

　　图 7-13 所示为使用 Internet Explorer 8 浏览器打开的网页。

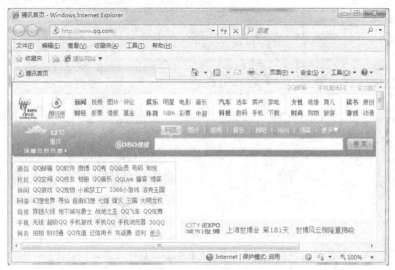

图 7-13　IE8 浏览器

　　图 7-14 所示为使用 Firefox 浏览器打开的网页。

图 7-14　FireFox 浏览器

7.3.2 电子邮件工具

电子邮件又称电子函件（E-mail），它是 Internet 提供的一项最基本服务，也是用户使用最广泛的 Internet 工具之一。电子邮件是一种利用计算机网络进行信息传递的现代化通信手段，其快速、高效、方便、价廉等特点使得人们越来越热衷于这项服务。

申请了电子邮箱后，可以通过浏览器访问网站提供的界面。现在的电子邮件收发网页提供了丰富的功能，让用户可以不安装任何软件就可以轻松地完成邮件收发和邮件管理。但是对于大量的电子邮件收发或者是商业电子邮件，使用电子邮件客户端工具则可能更适合。Outlook Express 是收发电子邮件的客户端软件，因为本身集成到系统内部免安装，成为人们处理电子邮件的首要选择；而其他邮件客户端工具因为功能更强大、使用更方便也有大量的使用人群，如 Foxmail 在我国就有广泛的使用人群。

图 7-15 所示为用户收发电子邮件的页面，图 7-16 所示为 Foxmail 邮件客户端工具打开后的页面。

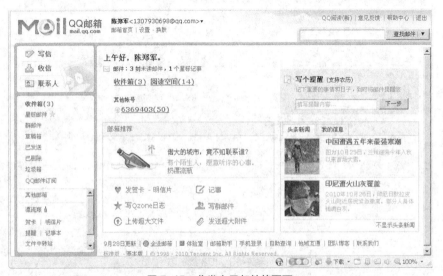

图 7-15 收发电子邮件的页面

图 7-16 Foxmail 邮件客户端工具

7.3.3 文件下载工具

上网时经常会将网上感兴趣的网页、图片、软件、音乐、电影等资源保存到本地计算机上,将远程服务器上的文件保存到本地计算机上的过程称为文件下载,简称下载(download)。通过下载可以将网上有用的资源保存下来,充实和丰富个人的学习和生活。

如果下载的文件较小,数量也较少时,可以使用浏览器(如 IE)提供的下载支持功能,直接用鼠标右键点选要下载的目标地址,在弹出的快捷菜单中选择"目标另存为"命令进行下载。这种方式非常简单,不需要安装其他软件就可以实现。这种方式的缺点是不能同时下载 3 个以上目标,且每个目标都要进行操作,是单线程的下载,具有速度慢,不支持断点下载等缺点。

尽管现在很多浏览器改善了下载性能,提供了下载管理,也实现了诸如断点续传等应用,但是其下载功能和专业的下载工具相比还是有很多不足。目前国内常用的下载工具有迅雷、电驴、Flashget 等,专业的下载工具提供广泛的下载支持,除了下载 HTTP 资源外,还能下载很多 P2P 资源、流媒体资源,并且能进行批量的智能下载。在众多下载工具中,迅雷是目前最受欢迎的下载工具,其下载界面如图 7-17 所示。

图 7-17　迅雷下载工具

本章小结

本章围绕计算机网络、Internet 的产生和发展,介绍了相关的网络名词、术语,以及浏览器、电子邮件工具和文件下载工具的使用。

习 题

一、简答题

1. 简述计算机网络的分类及特点。

2. 请说明 IP 地址与域名分别所表示的含义。

3. 如何让多台计算机共享一个 ADSL 拨号上网?

二、操作题

1. 已知某一网站的 IP 地址为 202.112.0.36,确认该地址是否可以访问,并选择确定网站的名称。

2. 查看你所用计算机上是否安装有网卡或内置调制解调器,若安装有,将网卡或调制解调器的型号写下来。

3. 在 IE 浏览器中,如何将主页更改为用户当前打开的网页?如何将主页设为新浪网站的首页?

4. 在 IE 浏览器中如何查找最近访问过的特定网页?

5. 如何设置让 Outlook Express 每隔 5 分钟检查一次新邮件?

6. 给 Outlook Express 通讯簿中添加 3 个邮箱地址:aa@163.com、bb@163.com、cc@163.com;然后编写一封新邮件,并将一幅图片作为附件群发给这 3 个邮箱。